아인슈타인의 우주

THE GREAT DISCOVERIES SERIES: EINSTEIN'S COSMOS by Michio Kaku
Copyright ⓒ 2004 by Michio Kaku
All rights reserved
Printed in the United States of America
First published as a Norton paperback 2005

Korean translation copyright ⓒ 2007 by Seung San Publishers.
Korean translation rights arranged with W. W. NORTON&COMPANY, INC.
through EYA(Eric Yang Agency).

이 책의 한국어판 저작권은 EYA(Eric Yang Agency)를 통한 W. W. NORTON&COMPANY, INC. 사와의 독점계약으로 한국어 판권을 '도서출판 승산 '이 소유합니다. 저작권법에 의하여 한국 내에서 보호를 받는 저작물이므로 무단전재와 복제를 금합니다.

(아인슈타인의) 우주 / 미치오 카쿠 지음 ; 고중숙 옮김. -- 서울 :
승산, 2007
    p. ;   cm

원서의 총서명: Great discoveries
원서명: Einstein's cosmos
원저자명: Kaku, Michio
참고문헌과 색인수록
ISBN 978-89-6139-006-4 03420 : ₩15000
ISBN 978-89-6139-005-7(세트)

420.12-KDC4
530.11-DDC21
                                CIP2007003205

아인슈타인의 우주

미치오 카쿠 지음 | 고중숙 옮김

알베르트 아인슈타인의 시각은 시간과 공간에 대한
우리의 이해를 어떻게 바꾸었나

EINSTEIN'S
COSMOS

승산

『아인슈타인의 우주』에 쏟아진 찬사

카쿠는 독자들도 아인슈타인처럼 보고 생각하게 한다.

〈파퓰러 사이언스 Popular Science〉

"미치오 카쿠는 20세기의 가장 위대한 과학자의 삶과 업적을 거장다운 필치 속에서도 누구나 쉽게 다가설 수 있도록 이 책을 재구성한다. 우리들을 아인슈타인의 마음속으로 이끌어 그가 어떻게 생각했는지 보여 준다. 카쿠는 아인슈타인의 위대한 아이디어들을 그림의 형태로 펼친다. 아인슈타인은 "빛과 같은 속도로 나란히 가면서 빛을 쳐다보면 어찌 보일 것인가?"라고 상상하는 첫째 그림으로부터 특수상대성이론과 함께 별들의 신비를 벗긴 유명한 $E=mc^2$ 이란 식을 얻었다. 또한 그는 베른Bern특허국의 의자 위에서 앉아 있는 자신이 한없이 밑으로 떨어진다고 상상하는 둘째 그림으로부터 시공간이 휘어졌음을 밝힌 일반상대성이론을 얻었는데, 이로부터 빅뱅과 블랙홀의 이론이 따라 나왔다. 하지만 자연의 모든 법칙들을 한데 엮는 이론을 창조하려는 아인슈타인의 시도는 실패로 돌아갔으며, 이는 그가 이에 대한 셋째 그림을 떠올리지 못한 데에 그 원인이 있다. 그럼에도 아인슈타인이 만년에 품었던 여러 아이디어들은 과학의 새로운 탐구 영역을 열었고 많은 기술과 노벨상 수상자들을 낳았다."

〈사이언스〉

"권위자의 책"

마커스 초운 Marcus Chown, 〈뉴 사이언티스트 New Scientist〉

"미치오 카쿠는 아인슈타인의 천재성을 시인의 감성으로 그려 냈다."

조지 윌George F. Will, 〈워싱턴 포스트Washington Post〉

"아인슈타인의 삶과 사상에 대한 간결하고도 쉬운 요약이다…. 아인슈타인의 해인 2005년을 맞아 그 분위기에 젖고자 할 때 미치오 카쿠의 도움을 받는 것보다 더 나은 길은 없을 것이다."

체트 레이모Chet Raymo, 〈토론토 글로브 앤드 메일Toronto Globe and Mail〉

『아인슈타인의 우주』는 아인슈타인의 경이로운 유산을 둘러볼 신선하고도 생생한 여행을 제시한다. 상대론의 발견에 얽힌 자취는 물론, 대중적인 책에서는 보기 힘든 최근의 이론 및 실험적 발전을 함께 다룸으로써 카쿠는 과학과 정치, 그리고 잠재력에 대한 아인슈타인의 비전을 거장다운 필치로 그려 낸다.

브라이언 그린Brian Greene, 『엘러건트 유니버스』, 『우주의 구조』의 저자

아인슈타인의 삶을 담은 수많은 책들은 그의 과학을 개인적이고 정치적인 삶의 부산물처럼 다룬다. 하지만 미치오 카쿠는 『아인슈타인의 우주』에서 그를 단순하고도 순수하게 물리학자로 그린다. 그러므로 신을 벗고 뒤로 물러앉아 20세기의 가장 창조적인 정신이 이룩하여 세상을 뒤바꾼 발견에 한껏 젖어 들어 보자.

닐 타이슨Neil Degrasse Tyson, 『오리진』, 『우주 교향곡』의 저자,
하이든 천문관Hayden Planetarium 소장, 천문학자

미치오 카쿠 덕택에 우리는 아인슈타인을 이해하기 위해 아인슈타인이 될 필요가 없어졌다. 『아인슈타인의 우주』는 아인슈타인이 시간과 공간을 엮어 냈던 것처럼 아인슈타인의 삶과 과학을 하나로 풀어낸다.

켄 크로스웰Dr. Ken Croswell,

『장엄한 우주와 장엄한 화성Magnificent Universe and Magnificent Mars』의 저자

"미치오 카쿠는 아인슈타인의 삶을 우주에 대한 경이로운 통찰과 함께 아름답게 엮어 냈다. 그의 업적은 상대론으로부터 블랙홀과 암흑에너지, 나아가 우주의 모든 힘을 한데 묶는 통일장이론의 탐구에 이른다.

도널드 골드스미스Donald Goldsmith, 『치닫는 우주The Runaway Universe』와

『우주의 연결Connecting with the Cosmos』의 저자

아마존 독자 서평(www.amazon.com)

아인슈타인에 대한 책 가운데 최고

뉴욕시립대학교의 존경받는 이론물리학자 미치오 카쿠 교수는 아인슈타인의 생애와 업적에 대해 내가 읽어 본 책들 가운데 가장 뛰어난 책을 창조해 냈다. …나는 특히 생애의 후반기에 들어 중력과 전자기력을 통합하려 했던 아인슈타인의 노력에 대한 분석에 열광했다. 카쿠는 많은 작가들이 이 시도를 부적절한 것으로 오도해 왔음을 지적한다. …아인슈타인의 비전은 동시대

인들보다 수십 년 앞선 것이었다. 그의 시도 자체는 실패였을지 모르지만 그의 유산은 오늘날에도 강한 영향력을 발휘하고 있다.

Michael Wischmeyer (Huston, Texas)

천재가 천재에 대해 쓰다

…카쿠의 이 책은 〈타임〉지가 세기의 위인으로 뽑은 천재에 대한 또 다른 책의 하나가 아니다. 카쿠 자신이 바로 아인슈타인이 가졌던 재능의 소유자이다. …아인슈타인은 어린이라도 이해할 수 있는 게 아니라면 과학으로서의 가치가 없다고 말했다. 아인슈타인의 이런 철학을 공유한 카쿠는 이 책을 포함한 많은 책들을 통해 황홀한 과학의 세계를 대중들에게 펼쳐 낸다. 『아인슈타인의 우주』를 읽자. 그러면 우리가 어디에 있는지, 아인슈타인이 우리를 위해 어떤 일을 했는지, 그리고 우리가 어디로 가고 있는지 명료하게 파악할 수 있다.

Mark Laflamme

편안한 책

미치오 카쿠 교수는 내가 가장 애호하는 과학저술가의 한 사람이다. 아인슈타인은 의문의 여지없이 지난 세기의 가장 위대한 과학자이다. 단순한 물리학자를 넘어선 지은이는 따뜻하고도 자상한 방법으로 아인슈타인이 어떻게 상상하고 마침내 어떻게 그의 이론을 완성했는지 이야기해 준다.

William Oterson (About 50 mile, or so, east of Manhattan)

FORTHCOMING TITLES IN THE GREAT DISCOVERIES SERIES

레베카 골드스타인 Rebecca Goldstein
『불완전성: 쿠르트 괴델의 증명과 역설 Incompleteness: The Proof and Paradox of Kurt Gödel』

David Quammen
『The Reluctant Mr. Darwin: An Intimate Portrait of Charles Darwin and the Making of his Theory of Evolution』

David Leavitt
『The Man Who Knew Too Much: Alan Turing and the Invention of the Computer』

Barbara Goldsmith
『Obsessive Genius: The Inner World of Marie Curie』

✝
미셸Michelle과 앨리슨Alyson에게 이 책을 바친다

Contents

차례

머리말: 알베르트 아인슈타인의 유산에 대한 새 시각 12
감사의 글 17

● 제1부 첫째 그림: 빛줄기와 함께 달리기

    제1장 아인슈타인 이전의 물리학 21

    제2장 어린 시절 33

    제3장 특수상대성이론과 '기적의 해' 61

● 제2부 둘째 그림: 휘어진 시공간

    제4장 일반상대성이론과 '평생 가장 행복한 생각' 95

    제5장 새 코페르니쿠스 117

    제6장 빅뱅과 블랙홀 137

제3부 합친 그림: 통일장이론

제7장 통일과 양자 문제 155
제8장 전쟁과 평화와 $E=mc^2$ 188
제9장 아인슈타인의 예언적 유산 215

근거 자료 252

참고 자료 273

옮긴이의 글 277

찾아보기 293

머리말 _
알베르트 아인슈타인의 유산에 대한 새 시각

텅 빈 눈빛의 천재 교수로 상대성이론의 아버지라 불리는 알베르트 아인슈타인은 바람에 흩날리는 푸석한 머릿결에 파이프를 물고 헐렁한 스웨터를 걸친 채 양말은 신지 않은 신비로운 모습으로 우리의 머릿속에 깊이 새겨져 있다. 전기 작가 데니스 브라이언Denis Brian은 "엘비스 프레슬리와 마릴린 먼로에 맞먹는 대중적 우상인 그는 엽서와 잡지 표지, 티셔츠와 실물보다 큰 포스터 속에서 수수께끼와 같은 눈길로 어딘가를 응시하고 있다. 비벌리힐스Beverly Hills의 광고업자들은 그의 이미지를 텔레비전 광고에 내보낸다. 하지만 그는 이 모두를 싫어할 것이다"라고 썼다.

아인슈타인은 모든 시대를 통틀어 가장 위대한 과학자들 가운데 한 사람으로, 과학에 대한 심대한 기여를 통해 아이작 뉴턴Isaac Newton과 쌍벽을 이룰 정도로 우뚝 솟아 있다. 〈타임Time〉지가 세기의 인물Person of the Century로 그를 뽑은 것은 놀랄 일이 아니며, 많은 역사가들은 지난 천 년 동안 가장 큰 영향력을 발휘한 100명 안에 그를 포함시켰다.

이러한 그의 역사적 지위를 생각해 보면 그의 삶을 재조명해 보려는 데 대한 몇 가지 이유를 찾을 수 있다. 첫째, 그의 이론은 참으로 심오하여 몇십 년 전에 예견한 것들이 아직도 뉴스의 헤드라인을 장식한다. 따라서 이런 이론들의 뿌리를 이해하려는 노력은 매우 중요하다. 1920년대에는 꿈도 꾸지 못했던 새 세대의 장비를 이용하여(인공위성, 레이저, 슈퍼컴퓨터, 나노기술nanotechnology, 중력파검출기 등) 원자의 내부로부터 우주의 끝자락까지 탐사할 수 있게 됨에 따라 다른 과학자들이 아인슈타인의 예측들로 노벨상을 타고 있다. 심지어 그가 식탁에 흘린 부스러기들조차 과학의 새 지평을 열고 있다. 예를 들어 1993년의 노벨상은 인접한 두 중성자별의 운동을 분석하여 아인슈타인이 1916년에 예언한 중력파를 간접적으로 확인한 두 물리학자들에게 주어졌다. 또한 2001년의 노벨상은 보스-아인슈타인응축상(凝縮相)Bose-Einstein condensates의 존재를 확인한 세 물리학자들에게 주어졌는데, 이는 절대영도 부근에서 물질들이 보여 주는 새로운 상태로, 아인슈타인이 1924년에 예언했다.

다른 예측들에 대한 입증도 진행 중이다. 블랙홀은 한때 아인슈타인 이론의 괴이한 귀결의 하나로 여겨졌지만 지금은 허블우주망원경Hubble Space Telescope과 광대열(廣大列)전파망원경Very Large Array Radio Telescope을 통해 찾아지고 있다. 아인슈타인링Einstein ring과 아인슈타인렌즈Einstein lense는 확인되었을 뿐 아니라 천문학자들이 외계의 보이지 않는 물체를 측정하는 핵심적 방법이 되었다.

나아가 아인슈타인의 '실수' 까지도 우주에 대한 우리의 지식에 심오한 기여를 한 것으로 인식되고 있다. 2001년에 천문학자들은 아인슈타인의 최대 실수로 여겨졌던 '우주상수cosmological constant' 가 실제로는 우주에서 가장 많은 에너지를 품고 있으며 궁극적으로 우주 자신의 운명을 결정지을 것이라는 데 대한 믿을 만한 증거를 찾아냈다. 따라서 실험적 측면에서 보자면 아인슈타인의 예측을 입증하는 증거들이 쌓여 감에 따라 그가 남긴 유산의 르네상스가 펼쳐지고 있는 셈이다.

둘째, 물리학자들은 그의 유산, 특히 그 가운데서도 사고 과정을 재평가하고 있다. 최근에 나온 전기들은 그가 펼친 이론의 원천에 대한 실마리를 얻기 위하여 그의 사생활을 세밀히 점검했지만, 물리학자들은 그의 이론이 불가사의한 수학보다는(사랑에 얽힌 이야기는 더욱 상관없고!) 단순하고도 우아한 물리학적 그림에 근거를 두고 있다는 점에 갈수록 주목하게 되었다. 아인슈타인은 가끔씩 어떤 새 이론이 어린이도 이해할 수 있는 간단한 물리적 이미지에 근거하지 않는다면 쓸모가 없을 것이라고 말하곤 했다.

그러므로 이 책에서는 아인슈타인의 과학적 상상력의 산물인 그림들을 정식의 구성원리로 삼아 이를 중심으로 그의 사고 과정과 가장 위대한 업적들을 서술한다.

제1부에서는 아인슈타인이 16살에 처음 품었던 그림을 사용한다. 이때 그는 빛과 나란히 달리면서 빛을 보면 어떻게 보일 것인지를 상상했는데, 이 그림에 대한 영감은 그가 읽은 어린이 책에서 나왔던 것으로 보인다. 이처럼 빛과 경주를 펼칠 때 무슨 일이 일어날지를 시각화함으로써 아인슈타인은 당시의 두 위대한 이론, 곧 뉴턴의 역학 이론과 맥스웰의 전자기장 이론 사이의 핵심적 모순을 분리해 냈다. 이 모순을 해소하는 과정에서 그는 위의 두 위대한 이론들 가운데 하나는 반드시 무너져야 함을 깨달았는데, 그것은 뉴턴의 이론으로 밝혀졌다. 어떤 의미로 볼 때 (궁극적으로 핵에너지와 별들의 비밀까지 드러내게 된) 특수상대성이론의 모든 것은 이 그림

속에 들어 있다.

제2부에서는 다른 그림을 소개한다. 아인슈타인은 행성이 태양을 중심으로 그 주변에 휘어져서 펼쳐져 있는 공간면 위를 굴러다닌다고 상상했으며, 이것은 중력이 공간과 시간의 만곡(彎曲)에서 유래한다는 아이디어의 시각화였다. 뉴턴의 힘을 부드러운 면의 만곡으로 대체함으로써 아인슈타인은 중력에 대해 완전히 새롭고도 혁신적인 그림을 내놓았다. 이 틀 안에서 뉴턴의 '힘'이란 것은 공간 자체의 만곡에서 유래하는 환영에 지나지 않는다. 이 단순한 그림의 귀결로 우리는 블랙홀과 빅뱅은 물론 우주 자체의 궁극적 운명까지도 생각해 볼 수 있게 되었다.

제3부에는 이런 그림이 없다. 이는 이곳이 이른바 그의 '통일장이론 unified field theory'을 낳게 할 그림을 얻지 못한 데에 대한 이야기이기 때문이다. 만일 이런 그림을 얻었다면 아인슈타인은 물질과 에너지에 관한 2천 년에 이르는 탐사에 찬란한 성과를 올려놓을 수 있었을 것이다. 하지만 이쯤에서 아인슈타인의 직관은 비틀거리기 시작했는데, 당시에는 원자핵과 아원자입자(亞原子粒子)subatomic particle들을 지배하는 힘들에 대해 알려진 게 거의 아무것도 없었기 때문이었다.

이 통일장이론과 그의 30년에 걸친 '만물의 이론theory of everything'은, 비록 최근에야 알려지게 되었지만, 결코 완전한 실패는 아니었다. 그때 다른 사람들은 이를 바보짓이라고 여겼다. 물리학자이자 아인슈타인 전기 작가인 에이브러햄 파이스 Abraham Pais는 "그는 생애의 남은 30년 동안에도 연구를 계속했다. 하지만 대신 낚시를 다녔다면 그의 명성은, 늘지는 않았더라도, 줄지도 않았을 것이다"라고 탄식했다. 달리 말하면 그가 물리학을 1955

년이 아니라 1925년에 떠났다면 그의 유산은 오히려 더 컸을 것이라는 뜻이다.

그러나 지난 십여 년 사이, '초끈이론superstring theory'이나 'M-이론M-theory'이라 불리는 것들이 나타나 통일장이론이 물리학계의 중심 무대를 차지하게 됨에 따라 물리학자들은 아인슈타인이 만년에 했던 연구와 그의 유산들을 재평가하기 시작했다. 이제 만물의 이론을 얻기 위한 경주는 젊고 야망에 찬 과학자들 세대 모두의 궁극적 목표가 되었다. 한때 나이 든 물리학자들이 마지막에 묻힐 곳으로 여겨졌던 '통합'이 지금은 이론물리학의 지배적 주제이다. 이 책에서 나는 아인슈타인의 선구적 업적에 대한 신선한 시각을 제공하고자 하며, 나아가 단순한 물리적 그림들이 가진 유리한 시각을 통해 지금껏 전해 오는 그의 유산에 대해 좀 더 정확한 묘사가 제시되길 기대한다. 한편 아인슈타인의 통찰은 현세대들이 그가 가장 소중히 여겼던 꿈, 곧 만물의 이론을 얻기 위해 외계와 첨단 물리학 실험실에서 수행하고 있는 혁신적인 실험들의 불을 지피고 있다. 내 생각에 아인슈타인의 생애와 업적에 대한 이와 같은 접근법을 그 역시 가장 좋아하리라 여겨진다.

감사의 글 _

이 책에 대한 연구의 상당 부분은 프린스턴대학교 도서관에서 이뤄졌는바, 먼저 그곳 직원들의 호의에 감사한다. 거기에는 아인슈타인의 모든 원고와 원본들에 대한 복사본이 갖추어져 있었다. 또한 이 책의 원고를 읽고 유익하고도 비판적인 조언을 해 주신 뉴욕시립대학의 V. P. Nair 교수와 Daniel Greenberger 교수께도 감사한다. 그리고 아인슈타인에 대한 두터운 FBI 문서를 갖고 있는 Fred Jerome과의 대화도 큰 도움이 되었다. Edwin Barber의 지원과 격려 및 편집과 수정에 관해 소중한 견해를 제시함으로써 원고의 초점과 장점을 한층 개선해 준 Jesse Cohen에도 고마움을 표한다. 여러 해 동안 과학에 대한 나의 많은 책들을 대변해 온 Stuart Krichevsky에게도 깊은 신세를 지고 있다.

일러두기 이 책에 나오는 외국 인명이나 지명은 '국립국어연구원 외래어 표기법'을 따라 표기하되 이미 굳어진 인명 등 몇 가지 경우에 한해서는 관용에 따랐다. 이는 타 한글 자료 및 정보들을 상호 참조할 경우에 독자들의 편의와 이해를 돕기 위함이다.

제1부 첫째 그림:
빛줄기와 함께 달리기

제1장

아인슈타인 이전의 물리학

한 언론인이 아이작 뉴턴 이래 가장 위대한 과학적 천재인 알베르트 아인슈타인에게 성공에 대한 방정식을 설명해 달라고 요청했다. 이 위대한 사색가는 잠시 생각에 잠기더니 대답을 내놓았다. "A를 성공이라 한다면 그 방정식은 A=X+Y+Z로 쓸 수 있는데, X는 일하는 것이고 Y는 노는 것입니다."

언론인은 "그럼 Z는 무엇입니까?"라고 물었다.

이에 아인슈타인은 "입을 다무는 거죠"라고 대답했다.

아인슈타인이 세계 평화의 대의를 부르짖거나 우주의 신비를 탐구했는지에 상관없이 물리학자, 왕, 여왕, 그리고 대중들에 이르기까지 매력적으로 여긴 것은 그의 인간성과 관대함, 그리고 유머였다.

심지어 어린이들까지 프린스턴의 거리를 걷는 이 나이 든 위인의 뒤를 따라 몰려들었으며, 그러면 그는 뒤쪽을 향해 귀를 쫑긋거려 반가움을 표시했다. 특히 어떤 다섯 살짜리 소년은 이 위대한 사색가를 잘 따랐고, 아인슈타인도 고등과학원Institute for Advanced Study으로 가는 도중 그와 이야기 나누기를 좋아했다. 어느 날 함께 걷던 아인슈타인이 갑자기 웃음을 터뜨리자 소년의 어머니는 아들에게 무슨 말을 했는지 물어보았다. 소년은 "저는 할아버지가 오늘 목욕을 했는지 물어봤어요"라고 대답했다. 그러자 어머니는 당황하여 어쩔 줄 몰라 했다. 이에 아인슈타인은 "저는 다른 사람들이 제가 답할 수 있는 것을 묻는 게 좋답니다"라고 말했다.

물리학자 제레미 번스타인Jeremy Bernstein은 언젠가 이렇게 말했다. "아인슈타인을 만나 본 사람들은 누구나 그의 고아함에 압도되어 물러납니다. 그리고 그의 '인간성'에 대한 말을 되풀이합니다. … 단순하면서도 사랑스런 그의 성품 말입니다."

아인슈타인은 거지나 어린이나 왕이나 한결같이 친밀하게 대했으며 과학의 전당에 찬란히 빛나는 선현들에 대해서도 마찬가지였다. 다른 모든 창조적 인물들처럼 과학자들도 경쟁자에 대해 악의의 질투심을 품을 수도 있고 아무것도 아닌 일로 말다툼을 벌일 수도 있다. 하지만 아인슈타인은 자신이 품은 아이디어의 근원을 찾기 위해 물리학의 거장들이 갔던 길을 더듬어 올라갔다. 그 가운데는 아이작 뉴턴과 제임스 클럭 맥스웰James Clerk Maxwell이 포함되며, 아인슈타인은 자신의 책상과 벽에 이들의 초상을 돋보이게 펼쳐 놓았다. 사실 역학과 중력에 대한 뉴턴의 업적 그리고 빛에 대한 맥스웰의 업적은 20세기에 접어들 무렵 과학의 양대 기둥을 형성하고 있었다. 놀랍게도 그때까지의 모든 물리학적 지식은 이 두 물리학자의 업적 속에서 형성되었다.

우리는 뉴턴 이전에는 지상과 천상의 물체들이 어찌 움직이는지에 대해서 거의 아무것도 알려지지 않았다는 사실을 잊기 쉽다. 그때 많은 사람들은 우리의 운명이 악마와 유령들의 사악한 계획에 의해 결정된다고 믿었다. 마법과 요술과 미신이 유럽의 최상위 지식층들 사이에서 치열하게 논의되었다. 한마디로 우리가 아는 과학은 존재하지 않았다.

특히 고대 그리스의 철학자들과 기독교 신학자들은 물체들이 사람이 품은 것과 같은 욕구와 감정에 따라 움직인다고 썼다. 아리스토텔레스Aristoteles의 추종자들은 움직이는 물체도 '지치므로' 느려지고 결국 멈춘다고 말했다. 높은 곳의 물체는 땅과 하나가 되기를 '바라므로' 바닥에 떨어진다.

이와 같은 혼돈의 세계에 질서를 불러들인 사람은 어떤 의미로 볼 때 그 성격과 기질이 아인슈타인과 정반대였다. 아인슈타인은 평생 관대했고 재치 있는 경구를 던져 언론을 기쁘게 했던 반면 뉴턴은 악명 높을 정도로 은둔적이었고 세월이 감에 따라 편집증(偏執症)이 심해졌다. 다른 사람들에 대해 뿌리 깊은 불신감을 가졌던 뉴턴은 우선권을 두고 다른 과학자들과 괴롭고 지루한 싸움을 펼치기도 했다. 그의 과묵함은 전설적이었다. 1689년에서 1690년의 회기 중 그는 영국의 하원의원이었는데, 존경스런 의원들 앞에서 한 것으로 기록에 남은 유일한 발언은 찬바람을 막기 위해 경비에게 창문을 닫으라는 한 마디였다. 전기 작가 리처드 웨스트폴Richard S. Westfall에 따르면 뉴턴은 "피폐한 사람으로 언제나 갈팡질팡하는 극히 신경질적인 성격을 지녔고 적어도 중년을 지나면서부터는 언제라도 무너지기 직전의 상태에서 살았다."

하지만 과학만 두고 본다면 뉴턴과 아인슈타인은 진정한 거장들로서 많은 특성을 공유한다. 둘 다 몇 주나 몇 달 동안 체력이 고갈되어 쓰러질 정도에 이르도록 강한 집중력을 갖고 어떤 문제에 매달릴 수 있었다. 또한 우주의 신비를 단순한 그림으로 시각화할 능력도 마찬가지였다.

1666년 23살의 뉴턴은 '힘force'에 근거한 새 역학을 도입하여 아리스토텔레스적 세계를 떠도는 망령들을 추방했다. 그는 세 가지의 운동법칙을 제시했는데, 이에 따르면 물체는 힘에 의하여 밀리거나 당겨지며, 이 힘들은 간단한 방정식들로 표현되고 정확하게 측정될 수 있다. 움직이는 물체의 욕망에 대해 생각할 필요도 없이 뉴턴은 떨어지는 낙엽부터 대포알과 치솟는 로켓이나 떠도는 구름에 이르기까지 이것들에 미치는 힘들을 모두 더함으로써 그 경로를 구할 수 있었다. 이것은 단순한 학문적 문제만은 아니다. 산업혁명은 여기에 근거를 두고 있으며, 거대한 기관차와 배를 움직이는 증기기관의 힘은 새 왕국을 창조했다. 우리는 이제 다리와 댐과 우뚝 선 마천루를 확실한 믿음 속에서 건설할 수 있는데, 이는 그 속의 벽돌이나 기둥이 받는 모든 힘들을 정확하게 계산할 수 있기 때문이다. 힘에 대한 뉴턴의 이론이 거둔 승리는 참으로 위대했기에 그의 생전에 알렉산더 포프 Alexander Pope는 사자후를 터뜨려 아래와 같이 외쳤다.

자연과 자연의 법칙들은 어둠 속에 묻혀 있다.
신이 "뉴턴이 있으라!"고 하자 온 누리가 밝아졌다.

뉴턴은 중력의 새 이론을 내놓음으로써 힘에 대한 자신의 이론을 우주 자체에 적용했다. 그는 흑사병이 창궐하여 케임브리지대학교가 임시로 문을 닫게 됨에 따라 링컨셔Lincolnshire의 울즈소프Woolsthorpe에 있는 가족 소유지로 돌아와서 겪은 일을 즐겨 이야기했다. 어느 날 소유지에 있는 사과나무에서 사과 하나가 떨어지는 것을 본 뉴턴은 자신에게 운명적인 의문을 던진다. 사과가 떨어진다면 달도 떨어지지 않을까? 지상의 사과에 작용하는 중력은 천체의 운동을 이끄는 힘과 같은 게 아닐까? 이런 생각은 이단적이었다. 왜냐하면 당시 행성들은 완전한 천상의 법칙을 따르는 고정된 천구에 박혀 있으며, 이런 법칙은 인간의 사악한 길을 지배하는 죄와 구원에 대한 법칙과는 다르다고 여겨졌기 때문이었다.

순간적인 통찰 속에서 뉴턴은 지상과 천상의 물리학을 하나의 그림 속에 통합할 수 있음을 깨달았다. 사과를 땅으로 당기는 힘은 달까지 뻗쳐 그 길을 안내하는 힘과 같은 것임이 틀림없다. 우연히 중력에 대한 새 관점과 마주친 그는 높은 산 위에 서서 돌을 던지는 자신의 모습을 상상했다. 돌은 세게 던지면 던질수록 더 멀리 갈 것이다. 그런 뒤 뉴턴은 갑자기 운명적인 도약을 한다. 돌을 땅에 떨어지지 않을 정도로 매우 세게 던지면 어떻게 될까? 물론 이때도 중력을 받으므로 계속 땅 쪽으로 향하기는 하지만 지구의 표면을 따라 큰 원을 그릴 것이며, 결국에는 던진 사람의 뒤로 돌아와 뒷머리를 때리게 될 것이다. 그는 이 새 관점 속의 돌을 달로 대치했다. 그러고 생각해 보면 달은 끊임없이 지구로 떨어지기는 하지만 실제로는 앞서 본 돌처럼 땅에 부딪히는 일 없이 커다란 원을 그리며 지구를 공전하게 된다. 달은 교회가 생각했듯 천구에 박혀서 움직이지 않는 게 아니다. 오히려 중력의 안내를 받아 사과나 돌처럼 끊임없는 자유낙하를 하며, 실로 이것은 태양계의 운동에 대한 최초의 설명이었다.

약 20년 뒤인 1682년 런던은 밤하늘을 밝히는 찬란한 혜성의 출현에 놀라 공포에 휩싸였다. 그러나 뉴턴은 스스로 발명한 반사망원경을 이용하여 이 혜성의 움직임을 면밀히 추적하고 그것이 이에 미치는 중력의 영향을 받아 자유낙하를 한다고 볼 경우 자신의 운동방정식에 정확히 일치함을 알게 되었다. 이것은 또한 아마추어 천문학자인 에드먼드 핼리Edmund Halley가 언제 다시 돌아올 것인지 정확히 예측하여 나중에 '핼리혜성Halley's comet'으로 불리게 되었는데, 이는 혜성의 운동에 대한 최초의 예측이었다. 뉴턴이 달과 핼리혜성의 운동을 계산하는 데 썼던 중력법칙은 오늘날 미국항공우주국(나사NASA, National Aeronautics and Space Administration)이 우주탐사선이 숨막힐 듯한 정확도로 천왕성과 해왕성을 지나가도록 안내하는 데 쓰는 바로 그것이다.

뉴턴에 따르면 이런 힘들은 즉각적으로 작용한다. 예를 들어 태양이 갑자기 사라진다면 뉴턴은 지구가 즉각 궤도를 벗어나 암흑의 공간 속에서 얼어붙을 것이라고 여겼다. 그때 우주의 모든 존재는 태양이 바로 그 순간에 사라졌다는 사실을 알게 될 것이다. 따라서 우주의 어느 곳에서든 모든 시계가 같은 시간을 가리키고 일정하게 흘러가도록 맞추는 게 가능하다. 지구에서의 1초는 화성이나 목성에서의 1초와 같다. 나아가 공간도 시간처럼 절대적이다. 지구에서의 1미터는 화성과 목성에서도 1미터이며, 우주의 어느 곳에서든 이 길이는 변치 않는다. 그러므로 공간의 어느 곳을 여행하든 시간과 길이는 언제나 일정하다.

뉴턴은 이처럼 상식적인 절대시간absolute time과 절대공간absolute space의 관념 위에 그의 아이디어를 세웠다. 뉴턴에 있어 이런 공간과 시간은 절대기준계absolute reference frame의 역할을 하며, 모든 물체들의 운동은 이에 대하여 판단된다. 예를 들어 우리가 기차를 타고 여행하면 땅은 정지해 있고 기차가 움직인다고 믿는다. 하지만 나무들이 창가를 스쳐 가는 모습을 보고 나면 어쩌면 기차가 정지해 있고 나무가 지나가도록 되어 있는 게 아닐까 생각하기도 한다. 사실 기차 안의 모든 대상은 정지한 듯 보이므로 "정말로 움직이는 것은 기차일까, 나무일까?"라는 의문도 터무니없는 것은 아니다. 뉴턴은 이에 대한 해답을 절대기준계에서 찾았다.

이후 거의 200년 동안 뉴턴의 법칙은 물리학의 기초로 남았다. 그러던 중 19세기 말이 되자 전신이나 전구 등의 새 발명들이 유럽의 큰 도시들을 혁신했고, 이에 따라 전기에 대한 연구가 과학의 신기원을 열게 되었다. 1860년대에 케임브리지대학교에서 일하던 스코틀랜드 출신 물리학자 제임스 클럭 맥스웰은 전기와 자기의 신비로운 힘을 설명하기 위하여 빛에 대한 이론을 개발했는데, 그 기초는 뉴턴의 힘이 아니라 '장field'이라는 새 개념이었다. 아인슈타인은 이 장의 개념에 대해 "뉴턴 이래 물리학이 알게 된 가장 심오하고도 풍요로운 개념"이라고 썼다.

장의 개념은 종이 위에 철가루를 흩뿌림으로써 시각화할 수 있다. 이 종이 밑에 자석을 가져가면 철가루는 마술처럼 스스로 거미줄과도 같은 모습으로 재배열되는데, 각각의 선들은 북극에서 남극 방향으로 뻗친다. 따라서 자석은 자기장으로 둘러싸여 있다고 말할 수 있으며, 이를 구성하는 눈에 보이지 않는 역선(力線)line of force은 온 공간에 침투해 있다.

전기도 똑같이 장을 만든다. 과학전람회에서 어린이들은 정전기의 원천에 손을 댔을 때 머리카락이 허공으로 뻗으면 웃음을 터뜨린다. 이때 머리카락들은 이 원천에서 뿜어져 나오는 눈에 보이지 않는 전기장의 방향을 따라 배열한다.

하지만 이런 장들은 뉴턴이 도입했던 힘들과 사뭇 다르다. 뉴턴은 힘이 공간을 통해 즉각 전달된다고 말했다. 따라서 우주의 어느 한 부분에서 요동이 일어나면 온 우주에서 즉각 감지된다. 그러나 맥스웰의 탁월한 관찰에 따르면 전기와 자기의 효과는 뉴턴의 힘처럼 즉각 전달되지 않으며 일정한 속도로 전달되므로 어느 정도의 시간이 걸린다. 맥스웰의 전기 작가 마틴 골드먼Martin Goldman은 다음과 같이 썼다. "자기적 작용에 시간이 걸린다는 생각은 … 맥스웰에게 청천벽력처럼 충격적이었을 것이다." 맥스웰은 예를 들어 어떤 사람이 자석을 흔들면 부근의 철가루가 반응을 보일 때까지 어느 정도의 시간이 걸림을 보였다.

거미가 친 그물이 바람에 흔들리는 모습을 상상해 보자. 바람과 같은 요동이 그물의 어느 한 부분을 흔들면 물결 같은 파동이 일어나고 이것이 그물 전체로 퍼져 나간다. 힘과 달리 거미가 친 그물이나 장은 어떤 일정한 속도로 진행하는 파동이 생기는 것을 허용한다. 이런 생각을 바탕으로 맥스웰은 전기와 자기 효과가 전달되는 속도를 계산했다. 이는 곧 19세기의 가장 위대한 돌파구의 하나가 되었으며, 맥스웰은 이 아이디어를 사용하여 빛의 신비를 풀었다.

맥스웰은 이전의 마이클 패러데이Michael Faraday와 다른 사람들의 연구에 의하여 움직이는 자기장은 전기장을 만들고 그 반대 과정도 일어남을 알고 있었다. 우리가 일상적으로 보는 발전기와 모터는 바로 이와 같은 변증법적 현상의 직접적 귀결이다. 이 원리는 바로 우리의 가정을 밝히는 데 쓰인다. 예를 들어 댐에서 떨어지는 물은 바퀴를 돌리고 바퀴는 또 자석을 돌린다. 이 움직이는 자기장은 전선 속의 전자를 밀어내며, 이것이 고전압의 전선을 타고 우리가 살고 있는 거실의 벽에까지 온다. 이와 비슷하게 거실의 벽에서 진공청소기로 흘러들어 온 전기는 자기장을 만들며, 이 힘에 의해 모터에 붙은 날개가 돌아간다.

맥스웰은 천재적 능력을 발휘하여 이 두 효과를 한데 엮었다. 자기장이 전기장을 만들고 이 반대 과정도 일어난다면, 이 두 가지는 서로가 서로에게 원인과 결과가 되는 순환 패턴을 이끌어 낼 것이다. 맥스웰은 곧바로 이 순환 패턴이 연속적으로 움직이는 전기장과 자기장의 다발을 만들어 낼 것이며, 이 모두가 조화롭게 진동하면서 영원토록 끊이지 않는 상호 유도 작용을 계속할 것임을 깨달았다. 이에 그는 이 파동의 속도를 계산했다.

놀랍게도 맥스웰은 이 속도가 빛의 속도와 같음을 발견했다. 나아가 그는 이것이 바로 빛이라고 선언했는데, 이는 아마 19세기의 가장 혁명적인 서술이라 할 것이다. 맥스웰은 이어서 동료들에게 예언적인 발표를 했다. "우리는 빛이 전기와 자기 현상을 일으키는 매질 속에서 횡적으로 진동하는 파동들로 이뤄졌다는 결론을 거의 회피할 수 없다." 수천 년 동안 빛의 본질에 대해 숙고해 왔던 과학자들은 마침내 그 가장 깊은 신비를 이해했다. 즉각적으로 전달되는 뉴턴의 힘과 달리 이 장들은 일정한 속도, 곧 빛의 속도로 전달된다.

맥스웰의 업적은 '맥스웰방정식 Maxwell's equations'이라 불리는 8개의 어려운 편미분방정식들로 구성된 체계를 이루었으며, 지난 한 세기 반 동안 모든 물리학자와 전기공학자들이 이를 암기해야 했다(오늘날 이 영광스런 8개의 방정식을 모두 담은 티셔츠가 판매되고 있다. 그 티셔츠에 새겨진 문구는 "태초에 신이 말하길 …"로 시작한 다음 맥스웰방정식을 쓰고 "… 그리하여 빛이 나왔다"라고 끝맺는다.)

19세기 말까지 뉴턴과 맥스웰 업적의 실험적 결과는 엄청난 성공을 거두었다. 그래서 어떤 물리학자들은 과학을 떠받드는 이 양대 기둥이 우주의 모든 근본 문제에 대한 해답을 내놓을 것이라고 확신에 찬 예언을 했다. 양자론(量子論)quantum theory의 창시자인 막스 플랑크Max Planck가 지도교수에게 물리학자가 되고 싶다고 말했을 때 그는 기본적으로 물리학은 모두 끝났으므로 다른 분야로 바꾸는 게 좋다는 말을 들었다. 이제는 진정한 의미에서 새로 발견될 것은 남아 있지 않다는 뜻이었다. 이런 생각은 19세기의 위대한 물리학자 켈빈 경(卿)Lord Kelvin에게도 메아리쳐 그는 지금까지 설명될 수 없었던 수평선 위의 몇몇 작은 '조각구름'들을 제외하고 실질적으로 물리학은 완결되었다고 말했다.

그러나 뉴턴적 세계의 결함은 해가 갈수록 두드러졌다. 마리 퀴리Marie Curie가 라듐을 분리하고 방사능을 찾아낸 것과 같은 발견들은 과학계를 뒤흔들고 대중들의 상상력까지 자극했다. 몇 온스ounce에 지나지 않는 보기 드문 이 물질은 어찌된 일인지 어둠 속에서 스스로 빛을 뿜었다. 그녀는 이 물질의 원자 깊은 곳에 숨은 미지의 원천에서 언뜻 마르지 않는 샘물처럼 많은 양의 에너지가 방출되어 에너지는 창조되지도 소멸되지도 않는다는 에너지보존법칙과 모순됨을 지적했다. 결국 이 '조각구름'들은 오히려 커지더니 마침내 20세기의 위대한 쌍둥이 혁명이라 할 상대론과 양자론의 탄생으로 이어졌다.

그런데 무엇보다 가장 당혹스런 것은 뉴턴역학과 맥스웰의 이론을 결합하려는 시도마다 실패로 끝난다는 점이었다. 맥스웰의 이론은 빛이 파동임을 확인했다. 하지만 이는 곧 "무엇이 물결치고 있는가?"라는 다른 의문을 낳았다. 과학자들은 빛이 진공에서도 전파됨을 알고 있었다(광대한 진공을 달려 우리의 눈에 닿는 밤하늘의 별빛들이 그 단적인 예이다). 그러나 정의상 진공은 '무(無)nothing'이며, 따라서 아무것도 물결치지 않는다는 모순이 초래된다!

뉴턴 계열의 물리학자들은 빛이 눈에 보이지 않는 정지된 기체로 전 우주에 충만한 에테르(ether 또는 aether)라는 물질 속에서 물결치는 파동으로 구성되어 있다고 가정함으로써 이 난관을 극복하고자 했다. 나아가 이 에테르는 다른 모든 물체들의 속도를 이에 대해 측정할 절대기준계의 역할을 한다고 생각했다. 회의론자라면 지구가 태양 주위를 도는데, 태양은 은하계를 돌므로, 정말로 움직이는 게 어느 것인지 알 수 없다고 주장할 수 있다. 이에 대해 뉴턴 계열의 물리학자들은 태양계가 정지한 에테르에 대해 움직이므로 이를 기준으로 비교하면 정말로 움직이는 게 어느 것인지 판단할 수 있다고 말했다.

그러나 에테르의 존재는 점점 더 마술적이고도 괴이한 특성들을 가정하게 했다. 예를 들어 물리학자들은 파동이 밀도가 높은 매질에서 더 빨리 전달됨을 알고 있었다. 이 때문에 소리는 공기보다 물속에서 더 빠르다. 그런데 빛은 초당 30만 킬로미터라는 믿을 수 없을 정도의 속도로 나아가므로 그 매질인 에테르 또한 믿을 수 없을 정도의 높은 밀도를 가져야 한다. 하지만 공기보다 가볍다고 가정된 에테르가 어떻게 이런 밀도를 가질 수 있단 말일까? 시간이 지남에 따라 에테르는 거의 불가사의한 물질로 변해 갔다. 절대적으로 정지해 있고, 보이지 않으며, 무게와 점성이 없지만, 강철보다 강하면서 어떤 도구로도 검출할 수 없다.

　1900년이 되자 뉴턴역학의 결함은 갈수록 설명하기가 어려워졌다. 바야흐로 세계는 혁명을 맞을 채비가 되었는데, 과연 누가 이끌 것인가? 다른 많은 물리학자들은 에테르이론의 구멍을 잘 알고 있었음에도 소심스레 뉴턴적 체계 안에서 적당히 땜질만 하고 넘어가려고 했다. 하지만 아무것도 잃을 게 없었던 아인슈타인은 문제의 핵심을 공격할 수 있었다. 뉴턴의 '힘'과 맥스웰의 '장'은 융화가 불가능하다. 따라서 두 기둥 중 하나는 쓰러져야 한다. 이런 사태가 오면 200여 년을 이어 온 물리학은 붕괴되고 우주와 현실 자체를 보는 관점에 혁명이 일어날 것이다. 아인슈타인은 어린이라도 이해할 단순한 그림을 통해 뉴턴의 물리학을 뒤엎었다.

어린 시절

　　　　　　　　　　　　　　　　우주에 대한 우리의 관념을 완전히 새로 바꾼 인물은 1879년 3월 14일 독일의 작은 도시 울름Ulm에서 태어났다. 아버지 헤르만 아인슈타인Hermann Einstein과 어머니 파울리네 아인슈타인Pauline Einstein(처녀 때의 성은 코흐Koch였다)은 아들의 머리 모양이 잘못된 것을 보고 정신적으로는 손상이 없기를 기도했다.

　아인슈타인의 부모는 늘어나는 가족들을 부양하기 위해 힘겹게 노력하는 세속화한 중산층 유태인이었다. 파울리네는 비교적 부유한 집안의 딸이었는데 그의 아버지 율리우스 데르츠바허Julius Derzbacher(나중에 성을 코흐Koch로 바꿨다)는 제빵사의 길로 들어서 곡물거래를 하면서 재산을 모았다. 아인슈타인 집안에서 교육 수준이 높은 쪽은 파울리네로, 어린 아인슈타인에게 음악과 바이올린을 배우게 했고, 이후 아인슈타인은 평생 바이올린을 사랑하게 되었다. 아버지 헤르만은 장인과 달리 사업 경력이 신통치 않았다. 처음에 깃털 침대를 취급했는데 동생 야코프~Jakob~가 새로 떠오르는 전기산업 쪽으로 바꾸도록 그를 설득했다. 패러데이, 맥스웰, 토머스 에디슨~Thomas Edison~ 등의 연구에 의하여 사람들은 전기의 힘을 이용하여 전 세계 도시의 밤을 밝히게 되었으며, 헤르만은 발전기와 전기조명의 전망이 밝다고 생각했다. 그러나 그들의 사업은 불안스러워 주기적으로 재정적 어려움과 파산을 겪었고, 아인슈타인이 태어난 이듬해 뮌헨으로 옮긴 것을 포함하여 그가 어린 시절을 보내는 동안 여러 번 이사를 해야 했다.

어린 아인슈타인은 말문이 늦게 트였으며, 이 때문에 부모는 지진아가 아닐까 걱정했다. 마침내 말을 하게 되었을 때는 대신 완전한 문장을 구사했지만, 그럼에도 아홉 살이 되도록 썩 잘하지는 못했다. 아인슈타인의 형제자매는 두 살 아래의 누이동생 마야~Maja~뿐이었는데, 어린 아인슈타인은 새 가족이 생긴 것을 잘 이해하지 못했다. 동생을 처음 보았을 때 그는 "그런데 바퀴는 어디에 달렸어?"라고 묻기도 했다. 아인슈타인의 동생이 된다는 것은 기쁜 일이 아니었다. 어찌된 일인지 아인슈타인은 마야의 머리에 물건들을 집어던지는 나쁜 습관을 갖게 되었으며, 나중에 그녀는 "사색가의 누이가 되려면 머리뼈가 튼튼해야 한다"고 한탄했다.

신화와 달리 학교에서 아인슈타인은 뛰어난 학생이었다. 다만 수학이나 과학처럼 그가 좋아하는 분야에서만 그랬다. 당시 독일 학교들에서는 기계적 암기에 근거한 단답형 문제를 묻는 경우가 많았으며, 답을 대지 못하면 손가락 마디를 아프도록 때리는 체벌을 가하곤 했다. 그러나 어린 아인슈타인은 단어를 신중히 고르고, 머뭇거리면서 느릿느릿 말하는 스타일이었다. 따라서 그는 창의력과 상상력을 뭉개면서 정신을 마비시키는 듯한 훈

련만 강조하는 숨막히는 권위주의적 체계가 바라는 이상적인 학생과는 거리가 먼 존재가 될 수밖에 없었다. 아버지가 교장에게 아인슈타인이 장차 무슨 일을 했으면 좋을지 묻자 그는 "아무래도 좋습니다. 어차피 어디서든 성공하지 못할 테니까요"라고 답했다.

아인슈타인의 독특한 품행은 일찍 형성되었다. 그는 몽상가였고 책을 읽거나 생각에 빠져 넋을 잃는 때가 많았다. 급우들은 '비더마이어Biedermeier'라고 부르며 놀리곤 했는데, 대략 '얼간이nerd' 정도로 옮길 수 있다. 당시의 한 친구는 다음과 같이 돌이켰다. "급우들은 아인슈타인이 운동에 조금도 흥미를 보이지 않아 별종으로 여겼습니다. 또한 그는 기계적 암기를 따라 배우는 데 서툴렀고 이상한 행동을 했던 탓에 선생님들은 머리가 둔하다고 생각했습니다." 뮌헨에 살면서 열 살이 된 아인슈타인은 루이트폴트 김나지움Luitpold Gymnasium에 들어갔는데 여기서의 가장 괴로운 시련은 고대 그리스어 과목이었다. 그는 이 시간 동안 지루함을 감추기 위해 공허한 미소를 지으며 의자에 그냥 앉아 있기만 했다. 언젠가 그의 7학년 그리스어 교사인 요제프 데겐하르트Joseph Degenhart는 아인슈타인의 면전에서 그가 단순히 거기에 없었으면 좋겠다고 말했다. 아인슈타인이 자기는 아무 잘못도 저지르지 않았다고 항의하자 그는 퉁명스럽게 내뱉었다. "그래, 그 말은 맞다. 하지만 뒷줄에 앉아서 웃고 있는 태도는 선생님이 학생들로부터 바라는 존경심이란 감정을 해치는 것이다."

몇십 년이 지난 뒤에도 아인슈타인은 당시의 권위주의적 방법이 그에게 남긴 상처를 쓰라린 마음으로 어루만지곤 했다: "사실 신성한 호기심이 그 현대적 교육법에 의해 완전히 말살당하지 않은 것은 기적이나 다름없는 일입니다. 이 연약한 작은 싹은, 자극은 제쳐 놓고, 우선 주로 자유부터 필요하기 때문입니다."

과학에 대한 아인슈타인의 관심 또한 일찍 형성되었는데, 그가 '첫째 기적'이라고 부른 자석과의 만남에서 시작되었다. 언젠가 아버지가 준 나침반을 본 아인슈타인은 보이지 않는 힘이 바늘을 움직이는 것에 무한히 매료되었고, 나중에도 자주 이를 돌이켰다. "아버지가 나침반을 보여 주었을 때 네다섯 살의 꼬마였던 내가 느낀 것은 자연의 경이로움이었다. … 나는 아직도 기억한다 … 이 경험은 내게 깊고도 지워지지 않을 인상을 남겼다. 뭔가 깊이 감춰진 것이 사물의 배경에 있어야 했다."

그런데 열한 살이 되었을 때 그의 인생은 뜻밖의 전환점을 맞이하여 독실한 신앙심을 갖게 된다. 어떤 먼 친척이 아인슈타인의 집에 들러 유태교에 대해 일깨워 주었는데, 놀랍게도 그는 들끓는 열정으로 이에 매달려 거의 광신적인 상태가 되었다. 아인슈타인은 돼지고기를 거부했고 심지어 신을 찬양하는 노래도 몇 곡 만들어 학교 가는 길에 부르고 다녔다. 그러나 이 강렬한 종교적 열병은 오래 가지 못했다. 종교적 이야기와 교리를 깊이 파고들수록 과학과 종교의 세계가 더욱 충돌하게 됨을 깨달았던 것이다. 종교 서적에 나오는 많은 기적들은 자연의 법칙을 위반한다. "널리 알려진 책들을 읽어 간 끝에 나는 곧 성경에 나오는 많은 이야기들이 사실일 수 없다는 믿음에 이르게 되었습니다"라고 그는 결론지었다.

그는 종교를 갑자기 집어 든 것과 마찬가지로 갑자기 버렸다. 하지만 이때 얻은 종교적 심상은 후일 그의 세계관에 심오한 영향을 미친다. 맹목적인 권위주의에 대해 그가 보인 첫 거부 반응은 그대로 마음속에 새겨져 평생 동안 드러나는 성격상의 중요한 한 특징이 되었다. 이후 어떤 권위자의 말이라도 아인슈타인이 의심없이 그대로 받아들이는 일은 결코 없었다. 그는 성경에서 보는 종교적 이야기들이 과학과 합치될 수 없다고 결론지었지만, 우주에는 과학의 손길이 도무지 범접할 수 없는 영역이 포함되어 있다는 결론도 함께 받아들였다. 이에 따라 사람은 과학과 인간의 사고가 갖는 근원적 한계를 잘 파악해야 한다고 보았다.

하지만 나침반과 과학과 종교에 대한 아인슈타인의 이른 관심은 그가 품은 아이디어들을 잘 가다듬어 줄 스승을 만나지 못했더라면 시들어 버렸을지도 모른다. 1889년 뮌헨에서 의학을 공부하고 있던 폴란드 출신의 가난한 학생 막스 탈무트 Max Talmud는 매주 아인슈타인의 집에서 식사를 함께 했는데, 메마르고 기계적인 방식을 벗어나 아인슈타인에게 과학의 경이로움을 올바로 소개해 주었다. 여러 해가 지난 뒤 탈무트는 다정한 마음으로 다음과 같이 돌이켰다. "이 몇 년 동안 나는 아인슈타인이 가벼운 책을 읽는 모습을 본 적이 없다. 또한 학교 친구들이나 또래의 소년들과 어울리는 것도 마찬가지다. 그의 유일한 기분 전환거리는 음악으로, 이미 모차르트나 베토벤의 소나타를 어머니와 함께 연주하곤 했다." 아인슈타인은 탈무트에게서 받은 한 권의 기하책을 밤낮으로 탐독했다. 그리고 이것을 '둘째 기적'이라 부르면서 이렇게 썼다. "12살 때 나는 전혀 다른 성격의 둘째 기적을 경험했는데, 그것은 유클리드 Euclid의 평면기하를 다룬 작은 책이었다." 아인슈타인은 이것을 "거룩한 기하책"이라 부르면서 마치 그의 새 성경처럼 여겼다.

여기서 마침내 아인슈타인은 순수사고의 영역과 접촉했다. 값비싼 실험실과 장비가 없더라도 인간 지성이 미칠 수 있는 한 얼마든지 보편 진리를 탐구할 수 있게 되었다. 누이동생 마야에 따르면 수학은 아인슈타인에게 무한한 기쁨의 원천이 되었으며, 특히 까다로운 문제나 신비가 관련되면 더욱 그랬다. 그는 언젠가 마야에게 직각삼각형에 대한 피타고라스의 정리를 나름의 방법으로 증명했노라고 자랑했다.

수학에 대한 아인슈타인의 독서는 여기서 멈추지 않았으며, 결국 독학으로 미적분을 공부하여 스승을 놀라게 했다. 탈무트는 "얼마 가지 않아 그의 수학적 천재성이 높이 치솟아 나는 더 이상 따를 수 없었다. … 이후 철학이 자주 우리의 대화 주제가 되었으며, 나는 칸트의 책을 추천했다"라고 말했다. 탈무트를 통해 임마누엘 칸트Immanuel Kant와 그의 『순수이성비판Kritik der reinen Vernunft』을 접하게 된 어린 아인슈타인은 이후 평생 동안 이어질 철학에 대한 관심도 키울 수 있게 되었다. 그는 철학자라면 마주치게 될 영원한 문제들, 예를 들어 윤리의 근원이나 신의 존재나 전쟁의 본질 등에 대해서 숙고하기 시작했다. 특히 칸트는 신의 존재에 대해서도 의심해 보는 이단적 견해를 피력하기도 했으며, 오만한 고전철학의 세계를 "거센 바람이 끊이지 않는 곳"이라고 비꼬았다(또는 로마의 웅변가 키케로Cicero가 말했듯 "철학자가 아직 말하지 않은 것처럼 황당한 것은 없다"는 생각을 품었다). 칸트는 또한 세계정부야말로 전쟁을 끝내는 길이라고 말했으며, 이는 아인슈타인도 평생 견지한 입장이었다. 아인슈타인은 어느 시점에서 칸트의 묵상들에 너무나 감동한 나머지 그도 철학자가 될 마음을 품기도 했다. 하지만 아들이 좀 더 실용적 직업을 갖기를 바랐던 아버지는 이것을 "철학적 난센스"라고 무시해 버렸다.

다행히 아버지가 전기업에 종사했으므로 발전기와 모터를 비롯한 장치들이 공장 주변에 많이 있어서 과학에 대한 그의 관심과 호기심을 자극하고 키우는 데는 아주 좋았다. 아버지는 이때 삼촌 야코프와 함께 뮌헨의 중심부를 전기화하려는 야심적인 계약을 성사시키려고 노력하고 있었으며, 역사적 과업의 최전선을 담당한다는 꿈을 품었다. 만일 이 계약이 성사되었더라면 재정적으로 안정됨은 물론 그의 전기 공장도 크게 확장되었을 것이다.

아인슈타인을 둘러싼 수많은 전기 기구들은 전기와 자기에 대한 그의 직관을 일깨우는 데 크게 기여했음이 틀림없다. 특히 이것들은 자연법칙을 이를 데 없이 정확하게 묘사할 물리적 그림을 만들어 내는 그의 놀라운 시각적 능력을 가다듬는 데에 많은 도움이 되었을 것이다. 다른 과학자들이 모호한 수학 속에 파묻혀 헤매는 동안 아인슈타인은 물리법칙들을 단순한 이미지처럼 선명하게 꿰뚫어 보았다. 어쩌면 이런 예리한 능력은 아버지의 공장 주변에 널린 기구들을 돌아보면서 전기와 자기의 법칙들에 대해 생각해 보았던 그 행복한 시절에 갖춰졌을 것으로 보인다. 이 특성, 곧 모든 것을 물리적 그림으로 바꿔 보는 능력은 물리학자로서 아인슈타인이 가진 위대한 장점들 가운데 하나가 되었다.

열다섯 살이 되었을 때 집안의 주기적인 재정적 문제 때문에 아인슈타인의 교육도 어려움에 처했다. 아버지는 실수에 관대했으며 재정적으로 힘든 사람들을 언제나 기꺼이 도왔다. 그는 많은 성공적 기업인들처럼 모진 마음을 품지 못했으며 아인슈타인의 관대한 기질도 그로부터 물려받은 것으로 보인다. 아버지의 회사는 뮌헨의 밤을 밝히려는 계약에 실패한 뒤 파산하고 말았다. 어머니의 부유한 친정은 이탈리아의 제노바Genova에 있었는데, 아버지에게 새 회사를 차리도록 도와줄 테니 그곳으로 오라고 했다. 그런데 여기에는 약간의 계략이 숨어 있었다. 어머니의 친정에서는 아인슈타인의 가족 모두가 이탈리아로 오라고 했는데, 이는 아버지의 관대한 성품과 자유분방한 기질에 조금이나마 굴레를 씌우고자 함이었다. 결국 가족들은 새 공장이 있는 파비아Pavia에서 가까운 밀라노Milano로 이사했다. 하지만 아들의 교육이 방해받는 것을 꺼린 아버지는 아인슈타인을 뮌헨에 있는 먼 친척에게 맡겼다.

홀로 남은 아인슈타인은 가엾은 지경에 빠졌다. 그는 증오하다시피 하는 기숙학교에 갇힌 데다 무서운 프로이센 군대에서 병역의무를 치러야 할 것도 같았기 때문이었다. 그곳 교사들은 아인슈타인을 싫어했고 아인슈타인도 그들을 싫어했으며, 결국 학교에서 쫓겨날 게 뻔해 보였다. 한순간 충동에 휩싸인 아인슈타인은 가족의 품으로 돌아가기로 결심했다. 아인슈타인은 그의 가족을 돌보던 의사에게 부탁하여 가족에게 돌아가지 않으면 신경쇠약에 걸릴 수도 있다는 진단서를 받아 학교를 빠져나왔다. 그러고는 혼자 이탈리아로 여행을 떠났고 마침내 아무도 예상치 못한 가운데 가족이 사는 집에 불쑥 나타나 부모를 깜짝 놀라게 했다.

부모는 아들을 두고 고민에 빠졌다. 징병기피자에다 고등학교 중퇴자에다 기술도 직업도 없었으니 미래도 없는 것과 마찬가지였다. 아버지는 아들과 오랜 이야기를 나누며 전기기술자와 같은 실용적 직업을 추구하라고 설득했지만 아들은 철학자가 되고 싶다고 말했다. 결국 그들은 타협점을 찾았고 아인슈타인은 스위스의 유명한 취리히공과대학Zurich Polytechnic Institute에 지원하기로 했다. 이때 아인슈타인은 일반적인 지원자들에 비해 두 살이 어렸다. 그러나 이 대학은 고등학교 졸업장을 요구하지 않았고 어렵기는 하지만 입학시험만 통과하면 들어갈 수 있었다.

불행히도 아인슈타인은 입학시험에 붙지 못했다. 그는 불어와 화학과 생물학은 못 봤지만 수학과 물리에서는 예외적으로 뛰어난 성적을 거뒀다. 이에 감명을 받은 학장 알빈 헤르초크Albin Herzog는 이듬해에 그 지겨운 입학시험을 치를 필요 없이 받아 주겠노라고 약속했다. 나아가 물리학과의 학과장 하인리히 베버Heinrich Weber는 아인슈타인이 취리히에 있는 동안 그의 물리학 강의를 청강해도 좋다고까지 말했다. 헤르초크는 이듬해까지의 기간 동안 아인슈타인에게 취리히의 서쪽으로 30분 거리밖에 떨어지지 않은 아라우Aarau의 고등학교에 다니도록 권고했고, 아인슈타인은 그곳 교장 요스트 빈텔러Jost Winteler의 집에서 지내게 되었다. 이 인연으로 아인슈타인과 빈텔러의 두 집안은 평생지기가 되었는데, 아인슈타인의 누이동생 마야는 빈텔러의 아들 파울Paul과 결혼했으며, 아인슈타인의 친구인 미켈란젤로 베소Michelangelo Besso는 맏딸 안나Anna와 결혼했다.

아인슈타인은 그 학교의 느긋하고도 자유로운 분위기를 맘껏 즐겼다. 여기서 그는 독일식 체제의 권위적이고 강제적인 규칙으로부터 비교적 해방된 편이었다. 또한 그는 스위스 사람들의 관대함도 마음에 들었다. 그들은 정신의 독립성과 관용을 소중히 여겼다. 아인슈타인은 즐겨 다음과 같이 돌이켰다. "나는 스위스 사람들을 사랑한다. 그들은 대체로 내가 살았던 다른 지역 사람들보다 더 인간적이었기 때문이다." 독일 학교에서의 괴로운 추억들이 떠오르자 그는 독일 시민권을 포기하기로 결심했는데, 십대에 지나지 않은 소년임을 고려할 때 놀라운 결정이 아닐 수 없다. 그는 이로부터 5년 동안 무국적자로 지낸 뒤 스위스 시민권을 얻었다.

이 자유로운 분위기에서 물이 오르기 시작한 아인슈타인은 수줍어하고 소심하고 위축된 외톨이로서의 이미지를 벗고 활기차고 사교적이고 말 건네기 쉬우며 믿음직한 친구로 변모했다. 특히 마야는 오빠가 독립적이면서도 성숙한 사색가로 피어 감에 따라 드러나는 변화를 눈치채기 시작했다. 생애를 통해 아인슈타인의 성격은 몇 단계의 눈에 띄는 변화 단계를 거치는데, 그 첫째는 책을 좋아하고 위축된 내향적인 단계였다. 이탈리아, 그리고 특히 스위스에서 지낼 때 그는 둘째 단계로 접어든다. 약간은 거만하고 뻔뻔스럽고 자신에 찬 방랑자로서 언변에는 재치 있는 경구들이 넘쳤다. 그의 농담은 사람들을 너털웃음으로 몰아넣었고, 친구들에게 황당한 농담을 던져 자지러질 듯 웃게 만들 때보다 더 기쁜 일은 없었다.

어떤 사람들은 그를 '건방진 슈바벤인cheeky Swabian'이라고 불렀다. 한스 빌란트Hans Byland라는 동료 학생은 새롭게 드러나는 아인슈타인의 성격을 다음과 같이 묘사했다. "그와 접촉하는 사람은 누구나 그의 뛰어난 성격에 매료되었다. 삐쭉 내밀어진 아랫입술을 가진 두툼한 입가에 서린 풍자적 낌새는 섣부른 속물들이 감히 시비를 걸지 못하게 했다. 전통적인 제한에 얽매이지 않은 그는 웃는 철학자처럼 세상을 대했고, 재치 넘치는 비판은 모든 허영과 가식을 가차없이 허물었다."

어떤 자료를 보든 이 '웃는 철학자'는 여자들에게도 갈수록 인기가 있었던 것 같다. 그는 여자들과 노닥거릴 때도 신랄했지만 그럼에도 여자들은 그를 센스가 있고 믿을 만하며 마음이 통한다고 여겼다. 어떤 여자친구는 그에게 남자친구와의 사랑 문제에 대해 조언을 구했다. 또 다른 여자는 그녀의 서명집(署名集)에 서명을 해 달라고 했는데, 아인슈타인은 서명과 함께 우스꽝스런 시구도 남겼다. 사람들은 그의 바이올린 연주도 좋아했고, 이에 따라 그는 여러 곳의 저녁 파티에 불려 다녔다. 이 시기의 편지들을 보면 그는 피아노와 협주할 바이올린 연주자를 찾는 여자들 모임에서 사뭇 인기를 끌었다. 전기 작가 알브레히트 폴싱Albrecht Folsing은 다음과 같이 썼다. "젊거나 나이 든 많은 여자들이 바이올린 연주뿐 아니라 그가 오는 것 자체를 좋아했는데, 그는 과학을 공부하는 따분한 학생이 아니라 열정적인 라틴어 전문가이기도 했기 때문이다."

이때 한 여자가 특히 아인슈타인을 매료시켰다. 16살밖에 되지 않은 아인슈타인은 요스트 빈텔러의 딸 마리Marie에게 열정적으로 빠져 들었는데 그녀는 아인슈타인보다 두 살 위였다(사실 아인슈타인의 일생에서 핵심적 역할을 한 여자들은 모두 연상이었으며 이는 그의 아들들에게서도 보이는 특징이다). 친절하고 민감하고 재능 있는 마리는 아버지처럼 교사가 되고 싶어했다. 아인슈타인과 마리는 오래도록 함께 걸으며 빈텔러 집안의 취미인 조류관찰을 즐기기도 했다. 또한 그녀가 피아노를 칠 때 그는 함께 바이올린을 연주하기도 했다.

아인슈타인은 그녀에게 참된 사랑을 고백했다: "나의 고귀한 사랑 …, 내 천사여. 나는 이제 그리움과 열망의 완전한 의미를 이해했습니다. 하지만 그리움이 주는 괴로움보다 사랑이 주는 기쁨이 훨씬 더 큽니다. 나는 이제야 내 작은 태양이 내게 얼마나 소중한 행복이 될 것인지 깨달았습니다." 마리도 아인슈타인의 사랑에 답했고 심지어 아인슈타인의 어머니에게도 편지를 써서 허락의 뜻이 담긴 답장을 받기도 했다. 실제로 빈텔러와 아인슈타인의 두 집안은 이 정다운 한 쌍의 결혼 발표를 들을 것으로 거의 절반쯤은 예상했다. 그러나 마리는 자신의 연인이 과학에 대해 이야기할 때면 어딘지 거북스러웠으며, 이것이 이 강렬하고도 집념 어린 청년과의 관계에서 문제가 될 것으로 여겼다. 다시 말해서 그녀는 그의 첫사랑, 곧 물리학과 경쟁해야 함을 감지했던 것이다.

아인슈타인의 주의력은 차츰 커져 가는 마리에 대한 사랑뿐 아니라 빛과 전기의 신비에 대한 열광 쪽으로도 분산되었다. 1895년 여름 그는 빛과 에테르에 대한 독자적인 논문을 썼는데, 제목은 '자기장에 있는 에테르의 상태에 대한 탐구'였으며, 좋아하는 삼촌인 벨기에에 사는 카에사르 코흐Caesar Koch에게 보냈다. 비록 5쪽에 지나지 않지만 이것은 그의 첫 과학 논문으로, 어린 시절 그를 미혹에 빠뜨렸던 자기라는 신비로운 힘을 에테르에서 일어나는 요동으로 볼 수 있다는 내용을 담고 있었다. 몇 해 전 탈무트는 아인슈타인에게 아론 베른슈타인Aaron Bernstein이 쓴 『교양 자연과학 서적Popular Books on Natural Science』이란 책을 소개해 주었는데, 아인슈타인은 이것이 "숨이 멎을 듯 집중해서 읽은 책"이라고 썼다. 이 책에는 전기의 신비에 대한 논의도 들어 있었으며, 이는 아인슈타인에게 운명적인 영향을 미쳤다. 지은이 베른슈타인은 독자들에게 전깃줄 속에서 엄청난 속도로 전기신호와 함께 달리는 광경을 상상해 보라고 했기 때문이었다.

16살의 아인슈타인은 나중에 인류 역사의 진로를 바꿀 통찰로 그를 이끄는 몽상에 빠진다. 베른슈타인의 책에서 본 환상의 달리기에서 영향을 받은 것으로 보이는 그는 빛줄기와 함께 달리는 자신을 상상하면서 운명적인 질문을 던진다: "이때 빛은 어떻게 보일까?" 돌을 던지는 상상을 통해 지구에 대한 달의 공전을 시각화했던 뉴턴의 시도처럼 빛에 대한 아인슈타인의 이 시도 또한 깊고도 놀라운 귀결로 이어졌다.

뉴턴적 세계관에 따르면 우리가 충분히 빨리 달리기만 하면 이 세상의 어떤 것이라도 따라잡을 수 있다. 예를 들어 차로 빨리 달리면 기차와 나란히 갈 수 있다. 이때 기차 안을 들여다보면 승객들이 객차 안에 앉아서 신문을 보거나 커피를 마시는 모습이 눈에 띈다. 이들 모두 아주 빠른 속도로 달리고 있기는 하지만 같은 속도로 나란히 가는 차에서 보면 완전히 정지한 곳의 사람들과 전혀 다르게 보이지 않는다.

마찬가지로 과속으로 질주하는 차를 추격하는 경찰차를 상상해 보자. 경찰은 경찰차를 가속하여 이 차를 따라잡은 다음 차 안의 승객을 쳐다보고 신호를 보내 멈추도록 요구한다. 이때 경찰의 눈에 운전자는 분명 정지해 보인다. 하지만 실제로는 경찰과 운전자 모두 시속 160킬로미터가 넘는 속도로 달리고 있었는지도 모른다.

물리학자들은 빛이 파동으로 되어 있음을 알았다. 따라서 아인슈타인은 빛줄기와 같은 속도로 달리면 이 파동도 완전히 정지해 보일 것이라고 생각했다. 다시 말해서 나란히 달리는 사람에게 빛은 파동을 찍은 사진의 영상처럼 얼어붙은 듯 보일 것이란 뜻이다. 이때 파동은 시간에 따라 진동하지 않는다. 그러나 어린 아인슈타인은 이런 답을 납득할 수 없었다. 어느 과학책에서도 이처럼 얼어붙은 빛의 파동을 보았다는 내용이 나오지 않는다. 아인슈타인이 보기에 빛은 특별했다. 다시 말해서 빛은 따라잡을 수 없으며, 따라서 얼어붙은 빛이란 존재하지 않는다.

당시의 아인슈타인은 이해하지 못했지만 이때 우연히 그는 특수상대성이론으로 이어지는 19세기의 가장 위대한 과학적 발견의 하나를 얻은 것이었다. 나중에 그는 "특수상대성이론은 내가 일찍이 16살 때 마주친 모순으로부터 형성되었다. 진공에서 빛을 같은 속도로 쫓아가면서 본다면 빛이 … 멈춘 것으로 보여야 한다. 하지만 실험적 결과를 보든 맥스웰방정식으로 보든 그런 일은 일어나지 않는다."

아인슈타인을 과학혁명의 직전 단계까지 끌어올린 것은 어떤 현상의 배후에 숨은 핵심원리를 분리하고 그 본질적 그림에 집중하는 능력 바로 그것이었다. 많은 열등한 과학자들은 자주 복잡한 수학에 빠져 헤매지만 아인슈타인은 달리는 기차, 떨어지는 엘리베이터, 로켓, 움직이는 시계 등과 같은 단순한 물리적 그림을 통해 생각했다. 이런 그림들은 아무런 차질 없이 20세기의 가장 위대한 아이디어들로 그를 이끌었다. 그는 "모든 물리 이론들은 수학적 표현과 상관없이 어린이들도 이해할 수 있을 정도의 단순한 묘사로 설명되어야 한다"라고 썼다.

1895년 가을 아인슈타인은 마침내 취리히공대에 들어가 그의 인생에 새 전기를 맞는다. 그는 처음으로 대륙 전반에 걸쳐 논의되는 최신의 물리학적 진보를 접할 수 있게 되었다고 생각했다. 그는 물리학계에 혁명의 바람이 불고 있음을 알았다. 아이작 뉴턴과 고전물리학의 법칙을 무시하는 듯 보이는 수많은 새 실험들이 행해지고 있었다.

취리히공대에서 아인슈타인은 빛의 새 이론, 특히 맥스웰방정식을 배웠는데, 나중에 그는 이것이 "학창 시절 동안 배운 가장 매혹적인 주제였다"라고 썼다. 맥스웰방정식을 완전히 이해한 뒤 그는 오래 품어 왔던 의문에 답할 수 있게 되었다. 그가 예상했던 대로 맥스웰방정식의 해 가운데는 빛이 얼어붙는 것을 보여 주는 것은 없었다. 나아가 그는 이 이상의 것을 발견했다. 놀랍게도 맥스웰의 이론에 따르면 빛은 우리가 어떤 속도로 움직이면서 보든 상관없이 언제나 일정한 속도로 달린다. 이제 수수께끼에 대한 최종 답이 나왔다. 우리는 빛을 결코 따라잡을 수 없는데, 왜냐하면 빛은 우리가 어떤 속도로 달리든 언제나 똑같은 속도로 우리로부터 멀어져 가기 때문이다. 그러나 바꿔 말하면 이는 그동안 품어 왔던 상식과 정면으로 충돌한다는 뜻이다. 그리고 이 모순을 해소하는 데에는 다시 몇 년의 세월이 더 지나야 했다.

이와 같은 혁명기는 혁명적인 새 이론을 내놓을 과감한 새 지도자를 요구한다. 불행하게도 아인슈타인은 취리히공대에서 이런 지도자를 만나지 못했다. 이곳 교수들은 고전물리학에 안주하기를 바랐으며, 이에 따라 아인슈타인은 자주 강의를 빼먹고 실험실에서 많은 시간을 보내거나 혼자서 새 이론을 공부하곤 했다. 그의 이런 모습은 교수들의 눈에 고질적인 게으름을 피우는 것으로 비쳤고, 결국 그의 능력을 과소평가하게 되었다.

취리히공대의 교수들 가운데 물리학교수인 하인리히 베버는, 이미 말했듯, 아인슈타인이 입학시험을 치렀을 때 물리학에 뛰어난 성적을 거둔 것을 보고 자신의 수업을 청강해도 좋다고 제안했다. 나아가 그는 졸업 후 자기의 조수로 쓰겠노라고 약속하기까지 했다. 하지만 시간이 지남에 따라 베버는 아인슈타인의 조급성과 권위를 무시하는 태도에 분노를 느끼기 시작했다. 결국 베버는 아인슈타인에 대한 지지를 철회하면서 "자네는 영리하네. 사실 아주 영리하지. 하지만 큰 결점이 하나 있네. 도무지 남의 말을 듣지 않으려 한다는 것일세"라고 말했다. 물리학 강사였던 장 페르네Jean

Pernet도 아인슈타인을 좋아하지 않았다. 그는 자신의 수업 중에 아인슈타인이 실험안내서를 쳐다보지도 않고 쓰레기통에 버리는 것을 보고 모욕감을 느꼈다. 그의 실험조교는 아인슈타인의 방법이 정통적은 아니지만 답은 언제나 옳았다고 말하면서 변호했으나 마침내 아인슈타인에게 다음과 같이 말했다. "열심히 하지만 너는 물리 쪽에 희망이 없다. 너 자신을 위해서라도 다른 쪽, 의학이나 문학이나 법학으로 옮겨야 할 게다." 페르네의 실험안내서를 버렸던 탓에 아인슈타인은 언젠가 실험을 하다가 폭발사고를 일으켜 오른손을 심하게 다쳤고 상처를 치료하기 위해 몇 바늘을 꿰매야 했다. 페르네와의 관계는 아주 나빠졌고 결국 그는 자신이 담당하는 과목에서 아인슈타인에게 최저 점수인 '1' 점을 주었다. 심지어 수학과 교수인 헤르만 민코프스키Hermann Minkowski는 아인슈타인을 "게으른 개"라고 부르기까지 했다.

교수들의 멸시와 대조적으로 취리히에서 사귄 친구들과는 평생토록 좋은 관계를 유지했다. 그해에 물리학 수업을 듣는 학생은 다섯뿐이어서 그들 모두를 잘 알게 되었다. 그중 한 학생은 수학과의 마르켈 그로스만Marcel Grossman이었는데, 모든 강의에 대해 주의 깊고도 세심하게 노트를 작성했다. 이러한 그의 노트는 아주 뛰어나 아인슈타인은 강의에 자주 빠지는 대신 이것을 빌려 공부하고 시험도 치렀고, 때로는 그로스만보다 더 좋은 점수를 받았다(이 노트는 오늘날에도 그 대학에 보존되어 있다). 그로스만은 아인슈타인의 어머니에게 언젠가 아인슈타인이 "뭔가 매우 큰 일"을 해낼 것이라고 말하기도 했다.

같은 반에서 아인슈타인의 눈길을 끈 또 한 학생은 세르비아에서 온 밀레바 마리치Mileva Maric라는 여학생이었다. 당시 발칸 반도에서 온 물리학 전공 학생을 보기도 어렵지만 여학생을 보기는 더욱 어려웠다. 밀레바는 스위스에 혼자 와서 공부하기로 결심할 정도로 대단한 성품을 가진 여학생이었는데, 어쨌든 그녀가 이렇게 한 이유는 이곳이 독일어를 사용하는 곳 가운데 여자를 받아 주는 유일한 대학이었기 때문이었다. 그리하여 그녀는 취리히공대에서 지금껏 받아 준 다섯 번째의 물리학 전공 여학생이 되었고, 얼마 뒤 아인슈타인의 짝이 되었다. 자신의 첫사랑과 같은 언어를 쓰는 밀레바를 향하는 마음을 억누르지 못했던 아인슈타인은 마리 빈텔러와 바로 헤어졌다. 아인슈타인은 두 사람 모두 물리학 교수가 되어 함께 위대한 발견을 하는 몽상을 품었다. 이렇게 곧장 사랑에 빠진 두 사람은 방학으로 헤어져 있을 때면 서로를 '요니Johnny'나 '돌리Dollie'와 같은 갖가지의 별명으로 부르는 길고도 뜨거운 연애편지를 주고받았다. 아인슈타인은 간절한 구애의 표현뿐 아니라 시를 써서 바치기도 했다: "나는 원하는 어디든 갈 수 있지만 아무 데도 속하지 않습니다. 나는 그대의 작은 두 팔과 부드러운 키스가 넘치는 타는 듯한 입술이 그립습니다." 아인슈타인의 한 아들이 보관하고 있었던 두 사람 사이의 편지는 모두 430통이 넘는다(두 사람은 극빈층을 겨우 면할 정도로 가난하게 살았는데, 아이러니컬하게도 나중에 이 편지들 중 일부는 경매를 통해 40만 달러에 팔리기도 했다).

아인슈타인의 친구들은 그가 왜 밀레바에게 빠졌는지 이해하지 못했다. 아인슈타인은 유머감각도 뛰어나고 활달했지만 네 살 연상인 밀레바는 아주 어두웠다. 그녀는 침울하고 극히 은둔적이었으며 다른 사람들을 잘 믿지 못했다. 또한 그녀는 날 때부터의 문제 때문에 두 다리의 길이가 사뭇 달라 눈에 띄게 절룩거리며 걸었다. 친구들은 밀레바의 뒤에서 정신분열증으로 이상한 행동을 보이다가 나중에는 병원에 입원까지 하게 된 그녀의 동생 조르카Zorka에 대해 수군거렸다. 하지만 가장 중요하고도 의문스러운 것은 그녀의 사회적 지위였다. 스위스 사람들은 때로 유태인들을 깔보았는데, 반대로 유태인들은 때로 남부 유럽 사람들, 특히 발칸 반도 출신을 업신여겼던 것이다.

아인슈타인과 대조적으로 밀레바는 그에 대해 환상을 품지 않았다. 그의 총명함이 전설적이었던 것과 마찬가지로 권위를 경멸하는 태도 또한 그랬다. 그녀는 그가 독일 시민권을 포기했고 전쟁과 평화에 대해 남다른 입장에 서 있다는 점을 알고 있었다. 그녀는 "내 사랑은 말투가 아주 거칠고 게다가 유태인이다"라고 썼다.

아인슈타인과 밀레바 사이의 관계가 깊어 갈수록 그와 부모 사이의 단층은 크게 벌어져 갔다. 마리와의 관계를 암묵적으로 승인했던 어머니는 밀레바가 아들보다 못하며 그와 집안의 평판을 해칠 여자라고 여겨 아주 싫어했다. 간단히 말해서 밀레바는 나이가 너무 많고, 너무 아프며, 너무 여자답지 않고, 너무 우울하고, 게다가 세르비아 출신이었다. 어머니는 "이 마리치라는 여자 때문에 나는 평생 가장 괴로운 시간을 보내고 있다"고 친구에게 털어놓았다. "내게 힘만 있다면 모든 노력을 다해 그녀를 우리 집안의 지평에서 몰아내고 싶다. 나는 정말 그녀가 싫다. 하지만 아들에게 어떤 영향을 줄 힘이 내게는 없다"라고도 말했다. 그리고 아들에게는 "네가 30살이 되면 그녀는 늙은 마녀가 되어 있을 게다"라고 말했다.

하지만 아인슈타인은 밀레바 때문에 정다운 가족들과의 사이에 깊은 골이 생기더라도 그녀를 계속 만나기로 결심했다. 언젠가 어머니는 아들을 보기 위해 방문하면서 "그녀는 뭐가 될 거지?"라고 묻자 아인슈타인은 "제 아내요"라고 대답했다. 그러자 어머니는 침대에 몸을 던지더니 주체할 수 없이 흐느꼈다. 어머니는 그가 "화목한 가정에 들어올 수 없는" 여자를 택해 스스로 장래를 망치고 있다며 비난을 퍼부었다. 이처럼 부모의 강한 반대에 부딪힌 아인슈타인은 결국 학교를 졸업하고 수입이 좋은 직업을 가질 때까지는 밀레바와 결혼할 생각일랑 접어야 했다.

1900년 아인슈타인은 수학과 물리학의 학위를 취득하며 취리히공대를 졸업했지만 그의 운세는 시들었다. 본래 그는 졸업과 함께 조교 자리를 얻을 것으로 예정되었다. 특히 모든 시험을 통과하고 성적도 좋았으므로 그리 되는 게 정상이었다. 하지만 베버 교수가 자리를 준다는 제의를 철회한 탓에 동기들 가운데 아인슈타인 혼자만 조교가 되지 못했다. 참으로 고의적인 모욕이 아닐 수 없었다. 그러자 한때 그토록 우쭐거리던 아인슈타인은 갑자기 불안한 상황을 맞고 말았으며, 특히 제노바의 부유한 이모로부터의 재정적 지원이 졸업과 함께 끊어짐으로써 더욱 곤란한 지경에 빠졌다.

베버의 깊은 반감을 미처 간파하지 못한 아인슈타인은 어리석게도 추천인의 명단에 베버의 이름을 올렸으며 이게 그의 장래를 더욱 망치게 되리란 점도 알지 못했다. 하지만 결국 이 실수가 시작하지도 못한 그의 경력에 어두운 구름을 드리우고 있다는 사실을 깨닫기 시작했다. 나중에 그는 다음과 같이 쓰라린 마음으로 탄식했다. "베버가 내게 부정직하게 대하지만 않았더라도 진즉 일자리를 구했을 것이다. 하지만 나는 백방으로 모든 노력을 다했고 유머감각도 잃지 않았다. … 신은 그 나귀를 만들면서 그에게 두

꺼운 낯짝을 주었다."

그러는 동안 아인슈타인은 스위스 시민권도 신청했는데, 이것도 고용된 신분임을 증명하지 못하면 얻을 수 없었다. 그의 세계는 빠르게 무너져 갔으며, 길거리에서 거지처럼 바이올린을 켜야 한다는 생각이 머리를 스쳤다.

아들이 절망적 곤경에 빠진 것을 알게 된 아버지는 라이프치히Leipzig에 있는 빌헬름 오스트발트Wilhelm Ostwald 교수에게 편지를 써서 아들에게 조교 자리를 마련해 달라고 부탁했다. 오스트발트는 이 편지에 아무 답장도 하지 않았는데, 아이러니컬하게도 오랜 세월이 지난 뒤 아인슈타인을 노벨 물리학상의 후보로 처음 지명한 사람이 바로 그였다. 아인슈타인은 세상이 얼마나 갑자기 불공정해지는지 깨닫고 "위(胃)가 있다는 사실만으로 누구나 밥벌이에 나설 운명에 빠졌다"라고 내뱉었으며, 슬픈 마음으로 "나는 친척들의 짐밖에 되지 못한다. … 분명 차라리 살지 않느니만 못하다"라고 썼다.

설상가상으로 바로 이때쯤 아버지의 사업이 다시 파산을 맞았다. 아버지는 어머니가 물려받은 유산을 모두 탕진했을 뿐 아니라 처가에 많은 빚을 지게 되었다. 어떤 재정적 지원도 받지 못하게 된 아인슈타인은 가장 보잘것없는 강사직이라도 찾아 나설 수밖에 없었다. 그는 필사적으로 일자리를 찾아보려고 신문 구석구석을 이 잡듯이 뒤졌다. 어느 순간 그는 물리학자가 되겠다는 희망을 거의 접고 보험회사에서 일해야겠다는 생각을 진지하게 고려해 보기도 했다.

1901년 아인슈타인은 빈테르투르기술고등학교Winterthur Technical High School에서 임시 수학교사직을 얻게 되었다. 이때 그는 힘겨운 수업 부담 속에서도 시간을 쪼개 정식으로 출판된 첫 논문 '모세관현상의 결론들'을 썼지만 스스로 대단한 업적이 아님을 잘 알고 있었다. 이듬해에는 샤프하우젠Schaffhausen의 기숙학교에서 다시 임시교사직을 얻었다. 그러나 항상 그랬듯 권위주의적인 교장 야코프 누에쉬Jakob Nuesch와 잘 어울리지 못해 즉결처분식으로 파면되고 말았다. 이 교장은 어찌나 화가 났던지 아인슈타인이 반란을 모의했다고 고소하기까지 했다.

아인슈타인은 남은 생애 동안 신문의 광고를 뒤져 평범한 학생들을 가르쳐서 근근이 연명해 나가야 하지 않을까 염려하기 시작했다. 친구 프리드리히 아들러Friedrich Adler는 이즈음 아인슈타인은 거의 굶어 죽을 지경이었다고 돌이켰다. 그는 완전한 실패자였지만 아직 친척들에게 도와 달라고 손을 내밀지는 않았다. 그런데 다시 두 가지의 고난이 더해졌다. 첫째, 밀레바가 취리히공대의 최종 시험에 두 번이나 실패했다. 이는 물리학자로서의 경력이 사실상 끝장났다는 것을 뜻했는데, 그녀의 초라한 성적을 보고 대학원 과정에 받아들일 사람은 아무도 없을 것이기 때문이다. 깊이 낙심한 밀레바는 물리학에 대한 흥미조차 잃어버렸다. 둘이서 함께 우주를 탐구하려던 낭만적인 꿈은 사라졌다. 둘째, 이렇게 지내던 중 1901년 11월, 친정으로 돌아간 밀레바로부터 임신했다는 소식이 담긴 편지를 받았다!

앞날이 어찌될지 모르는 상황에서도 아인슈타인은 아빠가 될 것이라는 생각을 하면서 흥분에 휩싸였다. 밀레바와 떨어져 지내는 게 괴로웠지만 두 사람은 열렬하게도 거의 날마다 편지를 주고받았다. 1902년 2월 4일, 마침내 그는 밀레바가 노비사드Novi Sad의 친정에서 딸을 낳았고 세례명을 리세를Lieserl로 했다는 소식을 받았다. 기쁨에 겨운 아인슈타인은 딸에 관한 모든 것을 알고 싶어했으며, 밀레바에게 사진이든지 스케치든지 보내 달라고 간곡히 부탁했다. 하지만 불가사의하게도 이후 이 애에게 어떤 일이 일어났는지 아무도 모른다. 리세를에 대한 마지막 언급은 1903년 9월의 편지 속에 나오는 성홍열을 앓고 있다는 구절이다. 역사가들은 이 애가 성홍열로 숨을 거두었든지 아니면 부모로서의 권리를 포기하고 입양시켰을 것으로 믿는다.

이제 더 이상 가라앉을 데도 없을 것 같던 구렁텅이에서 헤매던 때 예상치 못한 곳으로부터 드디어 운이 찾아왔다. 아인슈타인의 친한 친구 마르켈 그로스만이 어찌어찌 베른특허국Bern Patent Office의 말단 사무원직을 마련해 주었던 것이었다. 하지만 아인슈타인은 바로 이 낮은 지위에서 세상을 바꾸게 된다. 한편 아인슈타인은 언젠가 교수가 되겠다는 희망을 살리기 위해 이곳에 있는 동안 취리히대학교의 알프레트 클라이너Alfred Kleiner 교수를 설득하여 박사과정 지도교수로 모시게 되었다.

1902년 6월 23일 아인슈타인은 특허국에서 박봉의 말단직인 기술심사원으로 일하기 시작했다. 하지만 돌이켜보면 특허국에서의 업무에는 세 가지의 숨겨진 장점들이 있었다. 첫째, 그의 업무 특성상 그는 어떤 발명의 배경에 숨은 물리학적 근본 원리들을 찾는 좋은 공부를 하게 되었다. 그리하여 업무시간에도 자신의 물리학적 직관을 잘 가다듬어 각 특허의 불필요한 세부 요소들을 벗겨 내고 핵심적 원리만을 추려 내어 보고서를 작성했다. 그의 보고서는 치밀한 분석 때문에 아주 길었으며, 친구에게 보낸 편지에는 자신이 "잉크를 뿜어내면서" 먹고사노라고 썼다. 둘째, 많은 특허들이 전기를 이용한 기계장치였으므로 예전에 아버지의 공장에서 발전기와 모터 등의 내부 구조를 시각화하며 이해했던 풍부한 경험으로부터 많은 도움을 받았다. 셋째, 이 직장 덕분에 그는 쓸데없는 일들에서 벗어나 빛과 운동에 대한 깊은 의문을 숙고해 볼 수 있게 되었다. 자주 그는 업무를 재빨리 해치우고 남은 시간 동안에 어렸을 때부터 그를 끈질기게 물고 늘어져 온 몽상에 젖어 들곤 했다. 이처럼 그는 직장에서는 물론 특히 저녁이면 다시 물리학으로 돌아왔다. 특허국의 조용한 분위기는 그에게 아주 적합했으며, 이에 따라 그는 이곳이 그의 "세속적 수도원"이라고 말했다.

아인슈타인이 특허국에서 겨우 안정을 찾을 때쯤 아버지가 심장병으로 몸져눕게 되었다는 소식을 들었다. 그해 10월 아인슈타인은 서둘러 밀라노로 떠났다. 임종에 닥쳐 아버지는 마침내 밀레바와의 결혼을 축복해 주었다. 아버지의 죽음으로 인해 아인슈타인은 자신이 아버지와 가족을 크게 실망시켰다는 느낌으로 깊이 빠져 들었다. 나중에 그의 비서 헬렌 두카스 Helen Dukas는 이렇게 썼다: "오랜 세월이 지난 뒤에도 그는 산산이 부서지는 상실감을 생생히 기억했다. 실제로 언젠가 그는 아버지의 죽음이 평생 가장 큰 충격이었다고 썼다." 특히 마야는 괴로운 심정으로 다음과 같이 기술했다: "슬프게도 운명은 아버님이 불과 2년 뒤 자신의 아들이 불멸의 명예와 위대함을 얻게 될 근본 토대를 놓으리라는 생각조차 못하게 했다."

1903년 1월 아인슈타인은 마침내 밀레바와 결혼해도 좋을 것이라는 확신을 얻었다. 1년 뒤 아들 한스Hans가 태어났고, 아인슈타인은 베른특허국의 말단 사무원이자 남편이자 아버지로서의 생활을 이어 가게 되었다. 그의 친구 다비드 라이힌슈타인David Reichinstein은 이즈음 그의 집에 방문했을 때의 기억을 생생히 간직하고 있다: "공동주택에 있는 아인슈타인 집의 현관문은 열려 있었다. 방금 막 청소한 바닥과 거실에 매달아 놓은 걸레가 잘 마르도록 하기 위함이었다. 나는 아인슈타인의 방으로 들어갔다. 세상을 초월한 듯한 모습을 한 그는 한 손으로는 아이가 든 요람을 흔들면서, 다른 한 손에는 책을 펴들고 있었다. 그의 입에는 정말 형편없는 품질의 시가가 물려 있었고, 난로는 엄청난 연기를 뿜으며 타고 있었다."

약간의 부수입을 얻기 위해 아인슈타인은 지역 신문에 "수학과 물리학의 개인지도"라는 광고를 냈는데, 그의 이름이 신문에 실린 것은 이게 처음이었다. 광고를 보고 처음 찾아온 사람은 유태계 루마니아 학생인 모리스 솔로빈Maurice Solovine이었다. 그런데 기쁘게도 솔로빈은 공간과 시간과 빛에 대한 자신의 생각을 아주 잘 되받아 내는 공명판과 같았다. 솔로빈은 물리학의 주류로부터 고립되는 위험을 피하기 위해 몇 사람 더 끌어들여 약식의 연구모임을 만들어 보자는 아이디어를 내놓았다. 아인슈타인은 농담 삼아 이를 '올림피아 아카데미'라고 불렀는데, 여기서 이들은 당시의 중요한 주제들에 대해 토론을 벌였다.

돌이켜보면 이 연구모임을 결성하고 지냈던 시간이 아인슈타인의 생애에서 가장 즐거운 나날이었다. 오랜 세월이 흐른 뒤, 당시의 모든 중요한 과학적 성과들을 게걸스럽게 탐닉하면서 활기차고 대담한 선언을 하곤 했던 나날을 회상하며 그는 눈물을 흘리곤 했다. 그들의 소란스럽고 활발한 토론은 베른의 커피하우스와 맥주집에 충만했고 모든 게 가능할 것처럼 보였으며, 즐겨 다음과 같이 외치곤 했다: "에피쿠로스Epicouros의 말은 우리에게 적용된다. 안빈낙도(安貧樂道)는 얼마나 아름다운 삶인가!"

특히 그들은 빈 출신의 철학자이자 물리학자인 에른스트 마흐Ernst Mach의 논란 많은 연구에 몰두했다. 마흐는 인간의 감각을 초월하는 개념들을 내세우는 모든 물리학자들에게 시비를 거는 논쟁꾼으로, 자신의 이론을 영향력 있는 책 『역학The Science of Mechanics』에 담아 펼쳤다. 그는 원자라는 개념이 측정의 영역을 까마득히 뛰어넘는다고 생각하여 이를 부정하고 나섰다. 하지만 아인슈타인의 주목을 강하게 끈 것은 에테르와 절대운동에 대한 마흐의 가차없는 비판이었다. 마흐가 보기에 장엄한 뉴턴역학도 한낱 모래성에 지나지 않는데, 왜냐하면 그 기초가 되는 절대공간과 절대시간이란 게 결코 측정될 수 없기 때문이다. 그는 상대운동은 측정할 수 있지만 절대운동은 그렇지 않다고 믿었다. 이제껏 아무도 별과 행성의 운동을 명확히 결정할 신비로운 절대기준계를 찾지 못했다. 또한 에테르에 대해서도 아무런 실험적 증거가 발견되지 않았다.

  1887년 앨버트 마이켈슨Albert Michelson과 에드워드 몰리Edward Morley는 뉴턴 체계의 결정적 약점을 드러내는 일련의 실험을 했다. 본래 이들의 실험은 보이지 않는 에테르의 특성에 대한 최선의 측정을 시도한 것이었다. 그들은 지구가 절대적으로 정지한 에테르의 바다를 헤치고 나가면 거꾸로 지구에는 '에테르 바람aether wind'이 생길 것이고, 따라서 지구가 어느 방향으로 움직이는지에 따라 빛의 속도도 변할 것이라고 추론했다.

  예를 들어 바람이 불 때 달리는 경우를 생각해 보자. 바람과 같은 방향으로 달리면 바람에 밀리는 느낌을 받을 것이다. 사실 바람이 뒤에서 불면 우리는 더 빠른 속도로 가게 되는데, 정확히 말하면 바람의 속도만큼 더 빨라진다. 바람과 반대 방향으로 달리면 느려지는데, 정확히 바람의 속도만큼 더 느려진다. 한편 바람의 방향과 직각으로 달리면 옆쪽으로 바람의 속도만큼 밀리면서 달리게 된다. 요컨대 바람이 불 때는 방향에 따라 속도가 달라진다.

마이켈슨과 몰리는 정교한 실험장치를 만들었는데, 그 안에서 본래 한 줄기였던 빛은 두 갈래로 나뉘고, 서로 직각 방향으로 나아간다. 이 두 빛줄기는 각각 그 끝에 놓인 거울에서 오던 길로 반사되며, 결국 두 빛줄기는 다시 만나 섞임으로써 간섭 현상을 일으킨다. 이 실험장치 전체는 자유롭게 회전할 수 있도록 액체 수은 위에 띄워졌는데, 감도가 극히 뛰어나 주변에 마차가 지나가는 것도 감지할 수 있었다. 에테르이론에 따르면 두 빛줄기는 서로 다른 속도로 진행한다. 예를 들어 한 빛줄기가 에테르 속에서 움직이는 지구의 운동 방향을 따라 진행한다면 다른 빛줄기는 에테르 바람 방향과 직각인 방향으로 진행한다. 따라서 끝에 놓인 거울에서 반사되어 돌아오면 위상이 어긋나는 간섭무늬가 나타날 것이다.

그러나 참으로 놀랍게도 마이켈슨과 몰리는 실험장치 속의 두 빛줄기가 모두 같은 속도로 진행한다는 사실을 발견했다. 이는 매우 혼란스런 결과였는데, 이에 따르면 에테르 바람이란 것은 전혀 없다는 뜻이기 때문이다. 나아가 실험장치를 어떤 방향으로 놓든 빛의 속도는 언제나 일정하여 이 결론을 더욱 뒷받침했다.

이렇게 하여 물리학자들은 똑같이 불쾌한 두 가지의 선택을 안게 되었다. 첫째는 지구가 에테르에 대해 완전히 정지한 상태라는 것이다. 하지만 이 선택은 코페르니쿠스Copernicus의 독창적인 업적 이래 천문학자들이 알게 된 모든 지식에 위배된다. 이에 따르면 우주에서 지구가 차지하는 위치에 그 어떤 특별한 점도 없기 때문이다. 둘째는 에테르이론을 버려야 한다는 것인데, 이를 따르자면 뉴턴역학도 함께 버려야 한다.

사람들은 에테르이론을 구하기 위해 영웅적인 노력을 기울였다. 그 와중에 네덜란드의 물리학자 헨드리크 로렌츠Hendrik Lorentz와 아일랜드의 물리학자 조지 피츠제럴드George FitzGerald가 이 수수께끼의 해결에 가장 가까이 다가섰다. 그들은 에테르를 헤쳐 갈 경우 지구가 에테르 바람 때문에 실질적으로 압축이 되며, 마이켈슨몰리의 실험에 쓰인 자(尺)도 마찬가지로 수축된다고 추론했다. 이렇게 하여 보이지 않고, 압축되지 않고, 극히 밀도가 높다는 등의 불가사의한 에테르의 성질에 또 한 가지의 특성, 곧 에테르는 그 안을 헤쳐 가는 모든 원자들을 기계적으로 압축한다는 특성이 추가되었다. 물론 이렇게 하면 마이켈슨몰리실험의 부정적 결과가 편리하게 설명되기는 한다. 이 그림에서 빛의 속도는 분명 변하지만 그 변화를 측정하려고 자를 갖다 대면 그 자의 길이도 정확히 이를 상쇄할 만큼 수축하므로 이 변화는 절대로 검출되지 않는다.

로렌츠와 피츠제럴드는 독립적으로 이 수축의 정도를 계산했으며, 그 결과는 오늘날 '로렌츠-피츠제럴드수축Lorentz-FitzGerald contraction'이라고 부른다. 하지만 로렌츠도 피츠제럴드도 이 결과를 그다지 좋아하지 않았다. 이것은 단순히 뉴턴역학의 결함을 때워 보려는 임시방편에 지나지 않았기 때문인데, 어쨌든 그들로서는 이게 최선의 결론이었다. 다른 물리학자들 가운데도 로렌츠-피츠제럴드수축을 좋아하는 사람들은 많지 않았다. 무너져 내리는 에테르이론의 운명을 어떻게든 되살리기 위해 특별히 마련한 잠정적 원리의 성격이 강했기 때문이었다. 아인슈타인이 보기에 기적과도 같은 성질을 가진 에테르의 개념은 너무 인공적이고 작위적이었다. 오래전 코페르니쿠스는 프톨레마이오스Ptolemaeos의 천동설이 "주전원(周轉圓)epicycle"이라는 극히 복잡한 원운동들을 동원하여 행성의 운동을 설명하는 것을 보고 이를 무너뜨렸다. 코페르니쿠스는 이른바 오컴의 면도날 Occam's Razor(현상은 될 수 있는 한 적은 수의 원리로 설명하는 게 좋다는 사상을 비유적으로 나타낸 말: 옮긴이)을 내세워 프톨레마이오스의 체계를 땜질하는 수많은 주전원을 밀어 버리고 태양계의 중심에 태양을 놓는 지동설을 주창했다.

코페르니쿠스처럼 아인슈타인도 오컴의 면도날을 써서 에테르이론을 둘러싼 수많은 가식적 요소들을 밀어 버리고자 했으며, 이를 위하여 그는 어린이도 알 수 있는 그림을 사용했다.

특수상대성이론과 '기적의 해'

뉴턴의 이론에 대한 마흐의 비판에 흥미가 끌린 아인슈타인은 빛줄기와 나란히 달린다는 16살 때부터 품어 온 그림으로 돌아갔다. 또한 그는 취리히공대에서 배운 맥스웰이론의 결론, 곧 어떤 상황에서 재든 빛의 속도는 일정하다는 중요하고도 신기한 결론도 되새겨 보았다. 여러 해 동안 그는 도대체 왜 이런 일이 가능한지에 대해 숙고해 왔다. 뉴턴의 이론이 어울리는 상식적 세계에서는 어떤 속도로 움직이는 물체든 원칙적으로 따라잡을 수 있기 때문이었다.

과속차를 쫓아가는 경찰차를 다시 상상해 보자. 충분히 빨리 달리기만 하면 경찰은 과속차를 분명 따라잡을 수 있다. 속도위반 딱지를 받아 본 사람은 누구나 이를 잘 알고 있다. 다음으로 과속차를 빛으로 대치하고 관찰자에게 전 과정을 증언하게 하면 관찰자는 경찰이 빛줄기 바로 뒤에서 거의 빛과 같은 속도로 쫓아가는 것을 보았다고 말할 것이다. 따라서 우리는 분명 경찰도 자신이 빛과 막상막하로 달렸다는 사실을 잘 알고 있으리라 여기게 된다. 하지만 나중에 경찰과 이야기를 나눠 보면 아주 기이한 내용을 듣게 된다. 그는 우리가 증인에게 들었듯 빛과 거의 나란히 달렸다고 말하지 않으며, 빛이 쏜살같이 그로부터 멀어져 갔다고 말한다. 정확히 말하자면 경찰은 차를 아무리 빨리 몰아도 빛은 항상 똑같은 속도로 그로부터 멀어져 갔다고 대답한다. 나아가 그는 빛을 조금도 따라잡지 못했노라고 맹세할 것이다. 경찰차를 아무리 빨리 몰아도 정지해 있을 때 보았던 것과 똑같은 속도로 빛은 도망치기 때문이다.

하지만 우리가 경찰에게 분명 빛과 간발의 차이로 달리는 것을 보았노라고 끝까지 주장하면 실제로 그는 조금도 따라잡지 못했으므로 오히려 우리가 미쳤다고 말할 것이다. 아인슈타인에게 이것은 핵심적이고도 골치 아픈 미스터리였다. 똑같은 사건을 두 사람이 어떻게 전혀 다르게 볼 수 있단 말일까? 빛의 속도가 정말로 자연의 한 상수라면 어떻게 증인은 간발의 차이로 쫓아갔다고 말하는 반면 경찰은 조금도 따라잡지 못했다고 말할 수 있단 말일까?

아인슈타인은 이전부터 이미 뉴턴의 그림(속도는 더해지거나 빼질 수 있다)과 맥스웰의 그림(빛의 속도는 상수이다)이 정면으로 모순된다는 점을 알고 있었다. 뉴턴의 이론은 몇 가지의 가정 위에 세워진 일관된 체계이다. 따라서 그중 한 가정이 바뀌면 이론 전체가 허물어진다. 이는 마치 스웨터의 실 한 올만 잡아당겨도 스웨터 전부가 풀어지는 것과 같은데, 이 실마리가 바로 빛과 나란히 달려 본다는 아인슈타인의 몽상이었다.

1905년 5월 어느 날 아인슈타인은 같은 특허국에서 일하는 친한 친구 미켈란젤로 베소를 찾아갔다. 10년 동안이나 그를 헤매게 만든 문제의 전모를 가늠해 보고자 함이었으며, 베소를 자기 아이디어에 대한 마음에 드는 공명판으로 삼아 다음과 같이 요점을 제시했다. 뉴턴역학과 맥스웰방정식은 물리학의 양대 기둥인데 서로 융화하지 않는다. 둘 중 하나가 잘못된 것이다. 어느 이론이 수정되든지 최종 결과는 지금까지의 물리학을 대대적으로 재건설하는 게 될 것이다. 아인슈타인은 빛과의 경주에 얽힌 모순을 수없이 되새겨 보았다. 나중에 그는 "특수상대성이론의 싹은 이 모순 속에 들어 있었다"고 돌이켰다. 두 사람은 여러 시간 동안 문제의 모든 국면에 대해 이야기를 나누었으며, 거기에는 뉴턴의 절대공간과 절대시간의 관념이 빛의 속도가 일정하다는 맥스웰방정식의 결론에 위반되는 것 같다는 이야기도 포함되었다. 하지만 아무 소득이 없었으며, 지칠 대로 지친 아인슈타인은 패배를 인정하고 모든 것을 포기하겠다고 선언했다. 지금까지의 노력이 온통 물거품이 되어 버린 것이다.

아인슈타인은 풀이 죽었지만 그의 사고 과정 자체는 그날 밤 돌아오는 길에서도 마음속에서 은밀히 진행되고 있었다. 특히 그는 베른의 전차를 타고 오던 중 시가지를 압도하며 우뚝 서 있는 유명한 시계탑을 돌다보던 광경을 잊지 못한다. 이때 그는 전차가 시계탑으로부터 빛의 속도로 멀어진다면 어찌 될 것인지 상상했다. 그러고는 이 경우 시계가 정지한 것으로 보일 것임을 순간적으로 깨달았다. 왜냐하면 시계탑에서 오는 빛이 전차를 따라잡지 못하기 때문이다. 하지만 그동안에도 전차 속에 있는 자신의 시계는 정상적으로 똑딱인다.

그런 뒤, 갑자기 전체 문제에 대한 열쇠가 그의 뇌리를 스쳤다. 아인슈타인은 "일진광풍(一陣狂風)이 마음속을 휩쓸고 지나갔다"라고 돌이켰다. 답은 단순하고도 우아했다: 시간은 속도가 얼마나 빠른지에 따라 우주의 곳곳마다 서로 다르게 진행할 수 있다. 시계가 공간의 도처에 널려 있는 광경을 상상해 보자. 각각의 시계는 서로 다른 빠르기로 똑딱이면서 서로 다른 시간을 알려 준다. 지구에서의 1초는 달이나 목성에서의 1초와 다르며, 실제로 빠르게 움직일수록 시간은 천천히 흐른다(아인슈타인은 특수상대성이론을 펴면서 우주의 모든 점마다 서로 다르게 똑딱이는 시계를 놓는 광경을 상상했으면서도 정작 실제로는 하나도 살 돈이 없었다는 농담을 하기도 했다). 이 사실은, 뉴턴이 생각했던 것과 달리, 한 좌표계에서 동시인 사건들이 다른 좌표계에서도 동시여야 할 필요는 없다는 뜻을 나타낸다. 아인슈타인은 마침내 "신의 생각"에 다가섰다. 그는 흥분에 휩싸여 돌이키곤 했다: "해답은 공간과 시간의 법칙과 이에 대한 우리의 개념은 우리의 경험과 분명한 관계를 맺을 때에만 타당하다는 생각과 함께 갑자기 떠올랐다. … 동시성simultaneity의 개념을 유연한 형태로 재편함으로써 나는 특수상대성이론에 이르게 되었다."

경찰차와 빛의 예에서 나왔던 모순을 다시 생각해 보자. 우리가 보기에 경찰은 빛줄기와 막상막하로 달렸으면서도 나중에 물어보면 자기가 보기에 빛은 아무리 빨리 쫓아가도 항상 똑같은 속도로 멀어져 간다고 주장했다. 이 두 관찰을 조화시키는 유일한 길은 경찰의 뇌가 천천히 기능했다고 보는 것으로, 이는 경찰의 시간이 느리게 흐르기 때문이다. 우리가 길가에서 경찰의 손목시계를 볼 수 있다고 한다면 그것이 거의 정지해 있음을 알게 될 것이며, 경찰의 얼굴 표정도 시간에 대해 거의 얼어붙은 것처럼 보인다.

다시 말해서 우리가 보기에 경찰은 빛줄기와 막상막하로 달리지만, 이때 경찰의 시계는(따라서 경찰의 뇌도) 거의 정지한 상태가 된다. 그러므로 나중에 경찰에게 물어보면 위와 같은 답을 듣게 되며, 그 이유는 단순히 그의 시계와 뇌 기능이 우리의 경우보다 훨씬 느리게 진행했기 때문이다.

그의 이론을 완성하면서 아인슈타인은 로렌츠-피츠제럴드수축도 포괄했는데, 다만 이때 수축되는 것은 로렌츠와 피츠제럴드가 생각했듯 원자들이 아니라 공간 자체이다(오늘날 공간수축과 시간지연의 연계관계를 '로렌츠변환Lorentz transformation'이라고 부른다). 이렇게 함으로써 아인슈타인은 에테르이론을 완전히 배제할 수 있게 되었다. 특수상대성이론에 이르렀던 길을 요약하면서 그는 "다른 누구보다 맥스웰의 신세를 가장 많이 졌다"라고 썼다. 아인슈타인도 마이켈슨-몰리실험을 어렴풋하게나마 알고 있었던 것으로 보이지만 특수상대성이론에 대한 영감은 에테르 바람이 아니라 맥스웰방정식으로부터 직접 얻었기 때문이었다.

이런 계시를 받은 다음 날 아인슈타인은 베소의 집을 찾아갔다. 그는 인사말도 건네지 않고 불쑥 "고마워, 이제 문제를 완전히 해결했어"라고 말했다. 아인슈타인은 자랑스레 돌이키곤 했다: "답은 시간의 개념에 대한 분석에서 나왔다. 시간은 절대적으로 정의될 수 없으며, 시간과 신호속도signal velocity 사이에는 불가분의 관계가 있다." 이후 6주 동안 아인슈타인은 자신의 눈부신 통찰을 수학적으로 물샐틈없이 재구성했으며, 이로부터, 논쟁의 여지는 있지만, 과학사상 가장 위대한 논문의 하나가 탄생했다. 아들에 따르면 아인슈타인은 밀레바에게 수학적 실수가 있는지 점검하도록 맡긴 뒤 곧장 침대에 뛰어들어 2주를 보냈다고 한다. '움직이는 물체의 전기역학에 대하여On the Electrodynamics of Moving Bodies'라는 제목의 이 논문은 31쪽에 걸쳐 휘갈겨 쓰였지만 세계의 역사를 바꾸게 된다(본래의 독일어 제목은 "Zur Elektrodynamik bewegter Körper"이다: 옮긴이).

논문에서 아인슈타인은 미켈란젤로 베소에게 고마움을 전했을 뿐 달리 감사의 뜻을 표시한 물리학자는 없다(아인슈타인은 이 주제와 관련된 로렌츠의 예전 연구는 알고 있었다. 하지만 로렌츠수축 자체는 몰랐고 이 논문에서 독립적으로 유도해 냈다). 마침내 이 논문은 1905년 9월 '물리학 연보Annalen der Physik' 제17권에 실렸다. 실제로 이 유명한 제17권에는 새 돌파구를 여는 그의 세 논문이 함께 실렸다. 동료 물리학자 막스 보른Max Born은 이 제17권을 "모든 과학 문헌 가운데 가장 경이로운 것의 하나로, 여기에는 각각 다른 주제를 다룬 아인슈타인의 세 논문이 실려 있는데, 오늘날 모두 걸작으로 인정받고 있다"라고 썼다(1994년의 경매에서는 15,000달러에 팔렸다).

읽는 사람의 숨을 멎게 하는 듯한 이 논문에서 아인슈타인은 그의 이론이 빛뿐 아니라 우주 자체에 적용되는 진리임을 선언하면서 시작한다. 놀랍게도 그는 관성계(慣性系, 등속운동을 하는 좌표계)에서 성립하는 단 두 가지의 단순한 가정들로부터 모든 결론을 이끌어 냈다.

1. 물리법칙은 모든 관성계에서 동일하다.
2. 광속은 모든 관성계에서 일정하다.

언뜻 눈속임처럼 보일 정도로 단순한 이 원리들은 실제로는 뉴턴의 업적

이래 우주의 본질에 대한 가장 심오한 통찰로 기록된다. 이 두 가정으로부터 우리는 공간과 시간에 관한 완전히 새로운 그림을 이끌어 낼 수 있다.

먼저 아인슈타인은 거장다운 한 줄기 솜씨를 발휘하여 광속이 정말로 자연의 상수라면 로렌츠변환이 가장 일반적인 해임을 우아하게 증명해 낸다. 이어서 그는 맥스웰방정식이 이 원리에 따른다는 사실을 보인다. 끝으로 속도들이 이상한 방식으로 더해짐을 보인다. 뉴턴은 돛단배의 움직임을 보고 속도는 무한히 더해질 수 있다고 결론지었다. 하지만 아인슈타인에 따르면 광속은 우주의 궁극적인 한계 속도이다. 우리가 지구로부터 광속의 90% 속도로 멀어져 가는 로켓 안에서 로켓이 가는 방향으로 총을 쏘았더니 총알도 광속의 90%로 나갔다고 상상해 보자. 뉴턴물리학에 따르면 로켓의 속도는 총알의 속도에 더해지므로 총알의 속도는 광속의 180%가 되어 광속을 초월한다. 그러나 아인슈타인에 따르면 자는 줄어들고 시계는 느려지는 결과 총알의 진짜 속도는 광속의 99% 정도가 되어 광속을 넘지 못한다. 실제로 아인슈타인은 우리가 아무리 많은 힘을 가해서 속도를 끌어올리더라도 광속은 결코 넘지 못함을 보였다. 광속은 속도에 대한 우주의 궁극적 한계인 것이다.

우리가 이런 괴이한 변환을 경험하지 못하는 이유는 평소 우리가 광속 가까이 움직이는 경우가 없기 때문이다. 일상적인 속도에서는 뉴턴의 법칙들도 충분히 정확하며, 바로 이 때문에 뉴턴의 법칙에 첫 수정이 가해지는 데에 200년이 넘는 세월이 걸리게 되었다. 이제 광속이 시속 30킬로미터 정도라고 상상해 보자. 그러면 길을 오가는 차들은 진행 방향으로 아코디언의 바람통처럼 수축되어 길이가 1센티미터밖에 되지 않을 수도 있는데, 다만 이 경우에도 높이는 본래와 같다. 그러면 차 안의 승객들도 1센티미터보다 더 작게 수축되므로 비명과 고함을 지르고 뼈가 부서질 것이라고 예상할 수도 있다. 하지만 그런 일은 일어나지 않는다. 차 안의 세계 자체가 수축되므로 그 안의 모든 것, 뼈와 살을 구성하는 원자들까지도 모두 똑같이 수축되기 때문이다.

이 차가 천천히 속도를 줄여 정지하게 되면 길이는 거꾸로 천천히 늘어나 약 3미터가 될 것이며, 승객들은 아무 일도 없었던 듯 걸어 나오게 된다. 과연 누가 정말로 수축되었을까? 차일까, 우리일까? 특수상대성이론에 따르면 길이의 개념은 절대적 의미를 갖지 않으므로 이런 구별은 있을 수 없다.

돌이켜 보면 몇몇 다른 사람들도 특수상대성이론에 거의 다다랐다. 로렌츠와 피츠제럴드도 같은 수축을 유도해 냈지만 결과는 전혀 엉뚱하게 이해했다. 이들은 공간과 시간 자체가 미묘한 변환을 한다기보다 원자들이 전기역학적 변형을 겪는다고 보았다. 프랑스의 위대한 수학자 앙리 푸앵카레Henri Poincaré도 가까이 왔었다. 그는 광속이 모든 관성계에서 상수여야 함을 이해했으며, 맥스웰방정식이 로렌츠변환 속에서 변하지 않는다는 사실도 보였다. 하지만 그 역시 뉴턴의 체계와 에테르의 존재를 부정하려 들지 않았으며, 이런 왜곡들이 순수하게 전기와 자기의 작용 때문이라고 여겼다.

하지만 아인슈타인은 이에서 더 나아가 중대한 도약을 한다. 1905년이 저물 무렵 그는 거의 각주(脚註)에 지나지 않을 정도의 작은 논문을 펴냈는데, 이것이 또 세계의 역사를 바꾸게 된다. 빠르게 움직일 때 자와 시계가 왜곡된다면 이것들로 측정하는 대상들 모두에도 변화가 일어날 것이며, 여기에는 물질과 에너지도 포함된다. 그렇다면 물질과 에너지가 서로 변환될 수도 있을 텐데, 실제로 아인슈타인은 물체의 속도가 빨라짐에 따라 질량이 증가됨을 보였다. 이 결과에 의하면 물체의 속도가 광속에 가까워짐에 따라 질량도 무한히 커지며, 따라서 가속이 갈수록 힘들어지고, 결국 광속에는 결코 이를 수 없다는 결론이 나온다. 이 사실은 물체의 운동에너지가 어떻게든 변환되어 질량이 증가된다는 뜻, 곧 물질과 에너지는 서로 변환된다는 뜻을 나타낸다. 정확한 계산을 해 보면 단 몇 줄만으로 이 둘 사이의 관계가 얻어지는데, 그 결과는 바로 인류 역사를 통틀어 가장 유명한 식인 $E = mc^2$이다. 광속 자체도 이미 아주 큰 수인데, 이 식에는 그 제곱이 들어가 있다. 따라서 아주 적은 양의 물질만으로도 엄청난 에너지가 얻어질 수 있다. 예를 들어 찻숟가락 정도의 물질이 모두 에너지로 변하면 수소폭탄 몇 개에 해당하는 에너지가 방출된다. 또한 집 한 채 정도의 물질이면 지구를 반 토막 낼 수도 있다.

아인슈타인의 식은 단순한 학구적 결론에 머물지 않는다. 그는 이것이 마리 퀴리가 발견했던 기이한 현상을 설명해 줄 수 있을 것으로 믿었다. 그녀가 발견한 라듐은 1온스가 시간당 4,000칼로리의 열을 하염없이 내뿜는데, 명백히 이는 어떤 계의 총 에너지가 일정한 상수로서 보존된다는 열역학 제1법칙과 충돌한다. 아인슈타인은 라듐이 이렇게 에너지를 방출하는 이상 그에 해당하는 질량만큼 가벼워질 것이라고 추측했는데, 이 질량 변화는 너무나 작아 1905년의 장비로서는 도저히 측정할 수 없었다. 그는 이에 대해 "이런 아이디어는 흥미롭고도 매혹적이다. 하지만 전능의 신이 나를 속여 이를 비웃을지 나는 모르겠다"라고 썼으며, 이 추측에 대한 직접적인 검증은 "아마도 당분간 인간의 실험 영역 밖에 머물 것이다"라고 결론지었다.

이 미개발의 에너지가 왜 전에는 알려지지 않았을까? 아인슈타인은 이를 엄청나게 부유하면서도 철저하게 비밀을 지키며 한 푼도 쓰지 않으려 하는 부자에 비유했다.

나중에 아인슈타인의 제자 겸 공동연구자가 된 바네쉬 호프만Banesh Hoffman은 다음과 같이 썼다: "이런 발걸음의 과감성을 상상해 보라. … 지구의 모든 흙덩어리들, 모든 깃털들, 작은 먼지들조차 아직껏 사용되지 않은 엄청난 에너지의 저수지이다. 당시에 이를 검증할 길은 없었다. 하지만 1907년에 이 식을 발표하면서 아인슈타인은 특수상대성이론의 귀결들 가운데 가장 중요한 것이라고 말했다. 시대를 앞서 가는 특출한 그의 능력은 이 방정식이 … 25년이 지나서야 비로소 검증되었다는 데에서 잘 드러난다."

고전물리학은 특수상대성이론 때문에 다시 한 번 크게 바뀌어야 했다. 지금껏 물리학자들은 에너지보존법칙 또는 열역학 제1법칙이라는 이름 아래 전체 에너지는 창조되지도 소멸되지도 않는다고 믿어 왔다. 하지만 이제는 물질과 에너지를 결합한 총량이 보존된다고 말해야 한다.

지칠 줄 모르는 아인슈타인의 탐구심은 같은 해에 또 다른 중요한 현상인 광전효과(光電效果)photoelectric effect를 파고들었다. 시간을 거슬러 1887년에 하인리히 헤르츠Heinrich Hertz는 빛으로 금속을 쪼이면 어떤 경우 미세한 전류가 흐르게 됨을 발견했다. 이 현상은 오늘날에도 많은 전기기구들에서 쓰이고 있다. 태양전지는 햇빛을 전기로 바꿔 주는데, 이를 이용한 계산기가 널리 쓰이고 있다. TV 카메라는 촬영 대상에서 오는 빛을 전류로 바꾸며, 이 신호는 방송으로 퍼져 나가 결국 우리가 보는 TV 화면까지 온다.

하지만 20세기에 들어설 무렵까지 이 현상은 완전한 수수께끼였다. 빛줄기가 금속에서 전자를 때려내는 것 같기는 한데, 도대체 '어떻게' 그리하는 것일까? 뉴턴은 빛이 극히 작은 알갱이들로 이뤄져 있다고 보고 이를 '미립자corpuscle'라고 불렀다(단 오늘날 이 용어는 수많은 종류의 작은 알갱이들에 대해 널리 쓰인다: 옮긴이). 그러나 나중에 물리학자들은 빛이 파동이라 믿게 되었고, 이럴 경우 빛의 에너지는 진동수와 무관하다. 예를 들어 빨강과 파랑 빛은 진동수는 다르지만 같은 에너지를 가지며, 따라서 이 두 빛을 금속에 똑같이 쪼이면 같은 수의 전자가 튀어나와야 한다. 또한 고전적인 파동이론에 따르면 램프의 수를 늘려 빛의 세기를 증가시키면 튀어나오는 전자의 에너지도 증가해야 한다. 그러나 필리프 레나르트Philipp Lenard의 연구는 튀어나온 전자의 에너지는 빛의 세기가 아니라 색깔, 곧 진동수에 의존함을 명확히 보여 주었고, 이는 파동설의 예측과 정반대의 결론이었다.

아인슈타인은 광전효과의 설명을 1900년 베를린대학교의 막스 플랑크Max Planck가 새로 내세운 '양자론(量子論)quantum theory'에서 찾았다. 플랑크는 에너지가 액체처럼 부드럽게 연속적으로 변하는 양이 아니라 '양자'라고 부르는 불연속적이고 명확한 크기를 가진 단위체들의 집합으로 나타난다고 가정함으로써 고전물리학을 가장 급진적으로 개혁하고 나섰다. 양자론에서 양자의 에너지는 진동수에 비례하며, 그 비례상수는 자연의 새 상수로 오늘날 '플랑크상수Planck's constant'라고 부른다. 원자와 양자의 세계가 아주 괴이하게 보이는 이유 가운데 하나는 플랑크상수의 크기가 매우 작다는 데에 있다. 아인슈타인은 에너지가 작은 단위체들로 되어 있다면 빛도 마찬가지로 양자화되어야 한다고 보았다(아인슈타인이 제창한 '빛의 양자'는 1926년 화학자 길버트 루이스Gilbert Lewis에 의해 '포톤photon'이라 불리게 되었다)[우리말로는 광양자 또는 광자(光子)라고 부른다: 옮긴이]. 아인슈타인은 광자의 에너지가 진동수에 비례한다면, 고전물리학의 주장과 달리, 방출되는 전자의 에너지도 쪼여 주는 빛의 진동수에 비례한다고 추론했다(인기 높은 TV 연속극 '스타트렉Star Trek'에서 '엔터프라이즈Enterprise호'의 승무원들이 '광자어뢰photon torpedo'를 발사하는 장면은 흥미롭다. 하지만 실제로 가장 단순한 '광자어뢰' 발사체는 흔히 보는 손전등이다).

빛의 양자론이라는 아인슈타인의 새 그림은 실험적으로 검증될 수 있는 직접적인 예측을 내놓았다. 쪼여 주는 빛의 진동수를 증가시킴에 따라 금속에서 형성되는 전압도 연속적으로 높아지는 것을 볼 수 있다는 게 그것이었다. '빛의 생성과 변화에 관한 조견적(助見的) 관점에 대하여On a Heuristic Point of View Concerning the Production and Transformation of Light'라는 제목의 이 역사적인 논문은 1905년 6월에 발표되었다. 이와 함께 광자의 개념은 물론 빛의 양자론도 탄생되었다.

'기적의 해miracle year'라고 불리는 1905년의 또 다른 논문에서 아인슈타인은 원자의 문제도 파고든다. 원자론은 기체의 성질과 화학반응을 설명하는 데에서 놀라운 성공을 거두었지만 마흐를 비롯한 비판자들이 즐겨 지적했듯 그 존재에 대한 직접적 증거는 없었다. 아인슈타인은 액체 속에 있는 작은 입자들에 미치는 영향을 통해 원자의 존재를 입증할 수 있을 것이라고 추론했다. 예를 들어 '브라운운동Brownian motion'이라 불리는 현상은 액체에 떠 있는 아주 작은 입자들의 무질서한 운동을 가리킨다. 1828년 생물학자 로버트 브라운Robert Brown은 미세한 꽃가루들이 현미경 아래에서 기이하고도 무질서하게 움직인다는 사실을 관측했다. 처음에 그는 이 지그재그 운동이 수컷 정자들의 운동과 비슷하다고 여겼다. 하지만 이런 불규칙적 운동은 아주 작은 유리나 화강암 부스러기들에서도 마찬가지로 관찰되었다.

어떤 사람들은 브라운운동이 분자들의 임의적 충돌 때문에 일어나는 것인지도 모른다고 추측했지만 이에 대해 그럴듯한 이론을 세운 사람은 아무도 없었다. 하지만 아인슈타인은 과감히 다음 발걸음을 디뎠다. 그는 원자들이 너무 작아서 직접 관찰할 수는 없지만 그보다 훨씬 큰 대상들에 미치는 집합적 충돌 양상을 계산함으로써 그 크기를 간접적으로 어림할 수 있을 것이라고 추론했다. 다시 말해서 우리가 원자론을 진지하게 믿는다면 브라운운동을 원자론에 따라 분석해서 원자의 실제 크기를 계산할 수 있을 것이라는 뜻이다. 먼지와 같은 물체에 1조의 1조 배에 이르는 물분자들이 충돌하여 불규칙한 운동을 일으킨다고 가정한 그는 원자의 크기와 무게를 계산할 수 있게 되었고 이로써 원자의 존재에 대한 실험적 증거를 제시할 수 있게 되었다.

아인슈타인은 수소 1그램에 3.03×10^{23}개의 원자가 있다고 계산했는데 이는 정확한 값에 아주 가까운 것으로 단순히 현미경을 들여다본 결과를 토대로 했다는 점을 고려할 때 참으로 경이적인 업적이었다. 그는 7월 18일 이 결과를 '열의 분자운동론이 요구하는 정지한 액체에 떠 있는 작은 입자들의 운동에 대하여On the Movement of Small Particles Suspended in Stationary Liquids Required by the Molecular-Kinetic Theory of Heat'라는 제목의 작은 논문으로 펴냈는데, 이것은 실질적으로 원자의 존재를 실험적으로 입증한 최초의 논문이었다(독일어 원제목은 'Über die von der molekularkinetischen Theorie der Wärme geforderte Bewegung von in ruhenden Flüssigkeiten suspendierten Teilchen' 이다: 옮긴이). 아이러니컬하게도 아인슈타인이 원자의 크기를 계산한 바로 다음 해에 원자론의 개척자 가운데 한 사람이었던 물리학자 루트비히 볼츠만 Ludwig Boltzmann은 자살하고 말았는데, 부분적으로 그 이유는 원자론에 대한 비판론자들의 끊임없는 조롱 때문이었다. 아인슈타인은 이와 같은 네 편의 역사적 논문들을 쓴 다음 분자들의 크기에 대한 예전의 논문을 박사학위 논문으로 삼아 지도교수인 알프레트 클라이너 교수에게 제출했다. 그리고 그 날 저녁에는 밀레바와 한껏 술을 들이켰다.

처음에 그의 논문은 기각되었다. 하지만 1906년 1월 15일 마침내 취리히 대학교에서 박사학위를 받았다. 이제야 비로소 그는 자신을 '아인슈타인 박사'라고 부를 수 있게 된 것이다. 역사적인 새 물리학은 모두 베른의 크람가(街)Kramgasse 49번지에 있는 아인슈타인의 집에서 탄생되었다. 오늘날 이 집은 '아인슈타인집Einstein House'이라고 부른다. 거리 쪽으로 내민 아름다운 창문을 통해 들여다보면 이 창문을 통해 특수상대성이론이 창조되었다는 문구가 새겨진 명판이 보인다. 반대쪽 벽에는 원자폭탄의 사진이 걸려 있다.

지금까지 이야기한 내용에 비춰 볼 때 1905년은 과학 역사상 참으로 '기적의 해annus mirabilis'라고 불러 마땅하다. 이에 비견될 또 다른 기적의 해를 찾자면 1666년으로 거슬러 올라간다. 이해에 23살의 뉴턴은 만유인력의 법칙, 미적분학, 이항정리 및 색에 관한 이론들을 펼쳐 냈다.

아인슈타인은 1905년을 광자에 대한 이론을 정립하고, 원자의 존재에 대한 증거를 제시하고, 뉴턴물리학의 체계를 뒤엎는 것으로 마무리지었으며, 이 업적들 낱낱만으로도 세계적 명성을 얻는 데 부족함이 없을 정도였다. 하지만 그는 이후 아무런 반응이 없는 데에 실망했다. 그의 업적들은 완전히 무시당한 듯싶었으며, 이에 실망한 그는 다시 개인 생활로 돌아가 아이를 키우고 특허국의 업무를 처리하는 데에 몰두했다. 물리학의 신천지를 개척하겠다는 포부는 한낱 물거품에 지나지 않는 것처럼 여겨졌다.

그러나 1906년 초에 미미한 첫 반응이 아인슈타인의 주목을 끌었다. 이때 그는 단 한 통의 편지를 받았을 뿐이었지만 이것은 당시 가장 핵심적인 물리학자라고 할 막스 플랑크로부터 온 것이었다. 플랑크는 아인슈타인의 연구에 내포된 혁신적인 암시를 즉각 알아차렸다. 플랑크는 빛의 속도라는 양이 특수상대성이론에 의해 자연의 근본상수로 격상된다는 사실을 깨달았다. 자신의 이름이 붙은 플랑크상수는 고전적 세계와 원자 이하의 양자 세계를 구분 짓는다. 원자들의 기이한 성질들은 플랑크상수가 매우 작기 때문에 우리의 관찰로부터 가려져 있다. 플랑크는 아인슈타인에 의해 광속도 이와 비슷하게 자연의 새 상수로 떠오름을 감지했다. 우주 물리학의 괴이한 세계는 광속의 값이 매우 크기 때문에 우리의 관찰로부터 가려져 있다.

플랑크는 이 두 상수, 곧 플랑크상수와 광속이 뉴턴물리학과 상식의 한계를 규정한다고 보았다. 우리는 플랑크상수는 매우 작고 광속은 매우 크기 때문에 물리적 실체들의 근본적이면서도 괴이한 본질을 직시할 수 없다. 특수상대성이론과 양자론이 상식과 충돌하는 이유는 우리가 우주의 아주 작은 영역에서 전 생애를 보내고 있기 때문이다. 이 가려진 세상의 일상적 대상들은 플랑크상수에 비해 엄청나게 크지만 광속에 비해 엄청나게 느린 속도로 움직인다. 하지만 자연은 우리의 상식에 개의치 않는다. 그리하여 광속과 비슷한 속도로 움직이면서 플랑크의 공식에 따르는 아원자적 입자들을 일상적으로 만들어 낸다.

1906년 여름, 플랑크는 자신의 조수인 막스 폰 라우에Max von Laue를 보내 누구도 모를 곳에서 불쑥 나타나 아이작 뉴턴의 유산에 도전하고 나선 무명의 공무원을 만나 보도록 했다. 라우에와 아인슈타인은 특허국의 응접실에서 만나기로 예정되어 있었다. 하지만 라우에는 위풍당당하고 권위적인 인물을 볼 것으로 예상했던 탓에 처음에는 우스꽝스럽게도 서로 스쳐 지나치고 말았다. 마침내 아인슈타인이 먼저 눈치 채고 자기소개를 하자 라우에는 아주 젊고 일상적 복장을 한 공무원이라는 전혀 뜻밖의 인물을 보게 된 것에 깜짝 놀랐는데, 이후 두 사람은 평생의 지기가 되었다(라우에는 이때 아인슈타인이 피우는 시가가 아주 질이 낮은 것임을 알아차렸다. 라우에는 아인슈타인이 권한 시가를 받아 들었다가 둘이 대화를 나누며 아레강Aare River을 건널 때 아인슈타인이 다른 곳을 보는 틈을 타 조심스럽게 강물에 던져 버렸다).

막스 플랑크의 축복에 힘입어 아인슈타인의 업적은 서서히 다른 물리학자들의 주목을 끌기 시작했다. 아이러니컬하게도 취리히공대에 있을 때 그를 "게으른 개"라고 불렀던 수학교수 헤르만 민코프스키가 그의 연구에 특별한 관심을 보였다. 민코프스키는 곧바로 후속 연구에 뛰어들어 빠르게 움직이면 공간과 시간이 서로 변환된다는 아인슈타인의 결론을 재구성하여 특수상대성이론의 방정식들을 더 높은 단계로 끌어올렸다. 그는 이 구도를 수학적 언어 속에 집어넣어 공간과 시간이 4차원적 단일체를 형성한다고 결론지었다. 그리하여 이때부터 모든 사람들은 갑자기 네 번째 차원에 대한 이야기를 나누기 시작했다.

예를 들어 지도의 경우 길이와 너비라는 두 좌표를 주면 그 위의 어느 점이든 찾아낼 수 있다. 여기에 높이라는 셋째 좌표를 덧붙이면 코끝에서 우주의 변두리에 이르는 공간 속의 모든 점을 규정할 수 있다. 이처럼 우리가 보는 세계는 3차원적이다. 그런데 웰스H. G. Wells와 같은 작가들은 시간을 4차원으로 여길 수 있다고 추론했으며, 이에 따르면 모든 사건은 위치를 나타내는 공간의 세 좌표에 시간을 나타내는 좌표를 덧붙여서 완전하게 규정할 수 있다. 예를 들어 뉴욕에서 어떤 사람을 만나고자 할 때 "동서로 뻗은 42번가와 남북으로 뻗은 5번가의 교차점에 있는 건물의 20층에서 정오에 봅시다"라고 말하는 게 그것이다. 하지만 웰스의 4차원공간은 아직 아무런 수학적 또는 물리적 내용도 없는 공허한 아이디어일 뿐이었다.

아인슈타인의 방정식들을 재편하여 이 아름다운 4차원공간을 실체로 꾸며 낸 사람은 바로 민코프스키였으며, 이로써 공간과 시간은 영원토록 4차원으로 한데 엮이게 되었다. 민코프스키는 이렇게 썼다 : "이제부터 분리된 공간과 시간은 단순한 그림자로 탈바꿈되고, 이 둘의 결합체만이 독립된 실체로 남을 것이다."

처음에 아인슈타인은 별다른 감흥을 느끼지 못했다. 사실 그는 조롱하듯이 "중요한 것은 내용이지 수학이 아니다. 수학으로는 아무것도 증명할 수 없다"라고 쓰기도 했다. 특수상대성이론의 핵심에는 예쁘기는 하지만 무의미한 4차원 수학이 아니라 기본적인 물리적 원리가 자리 잡고 있을 뿐이라고 믿은 아인슈타인은 이런 수학을 가리켜 '현학적 과잉'이라고 꼬집었다. 그에게 본질적인 것은 기차나 떨어지는 엘리베이터나 로켓 등과 같은 선명하고도 단순한 그림들이며, 수학은 나중에 찾아온다. 실제로 이 당시 그는 수학이란 것은 그림 속에서 일어나는 일들을 서술하는 데에 필요한 부기(簿記)에 지나지 않는다고 보았다.

아인슈타인은 반농담조로 "수학자들이 특수상대성이론을 다룬 이후 내 자신은 오히려 이를 이해하지 못하게 되었다"라고 쓰기도 했다. 하지만 시간이 지남에 따라 그도 민코프스키의 연구가 지닌 위력과 깊은 철학적 의미를 높이 평가하기 시작했다. 민코프스키가 보인 것은 서로 달리 보이는 두 개념이 대칭성에 힘입어 일체화될 수 있다는 사실이었다. 공간과 시간은 이제 어떤 한 대상의 두 측면으로 볼 수 있다. 마찬가지로 에너지와 물질은 물론 전기와 자기도 4차원을 통해 서로 연결된다. **대칭을 통한 통일**은 아인슈타인의 남은 인생을 이끄는 중심 원리의 하나가 되었다.

예를 들어 눈송이를 생각해 보자. 눈송이는 정육면체 구조를 하고 있으므로 60도만큼 회전시키면 본래의 모양과 같아진다. 수학적으로 어떤 물체를 일정한 각도만큼 회전시켰을 때 본래의 모습을 유지하면 '공변(共變)covariant'이라고 말한다. 민코프스키는 아인슈타인의 방정식이 공간과 시간을 4차원에서 회전시키면 눈송이처럼 공변임을 보였다.

다시 말해서 물리학의 새 원리가 태어나면서 아인슈타인의 업적을 한층 세련되게 가다듬고 있었다. 이에 따르면 **물리학의 모든 방정식들은 로렌츠공변**Lorentz covariant**이어야 한다**(로렌츠변환을 했을 때 본래의 모습을 유지해야 한다). 나중에 아인슈타인은 민코프스키의 4차원 수학이 없었다면 특수상대성이론은 "기저귀를 찬 상태에 머물렀을 것이다"라고 인정했다. 놀라운 것은 이 새 4차원 물리학을 적용하면 특수상대성이론의 모든 방정식들은 매우 단순한 형태로 축약된다는 점이었다. 예를 들어 전기공학과 물리학을 전공하는 학생들이라면 누구나 배우는 맥스웰방정식의 경우 기초 과정에서는 8개의 미분방정식으로 제시되므로 대부분의 학생들이 매우 어렵게 여기지만 민코프스키의 새 수학에서는 단 2개로 축약된다. 실제로 4차원 수학을 이용하면 맥스웰방정식은 빛을 묘사하는 가능한 방법 중 가장 단순한 것임을 증명할 수 있다. 물리학자들은 처음으로 방정식 속에 담긴 대칭성의 위력을 실감하게 되었다. 물리학자들이 물리학의 '아름다움과 우아함'에 대해 이야기할 경우 그 진정한 의미는 수많은 현상과 다양한 개념이 대칭성을 통해 경이로울 정도의 단순한 형태로 통합된다는 사실을 가리키는 때가 많다. 식이 아름다울수록 더 많은 대칭성을 가지며, 가능한 최소의 길이로 쓰였으면서도 더 많은 현상을 설명할 수 있다.

 이처럼 대칭성의 위력은 언뜻 산만하게 보이는 조각들을 조화롭고도 일관된 하나의 체계로 통합해 준다. 예를 들어 눈송이의 회전과 관련된 대칭성은 눈송이의 각 점들 사이에 존재하는 일관성을 통찰하게 한다. 마찬가지로 4차원공간 속에서의 회전은 통상적인 공간과 시간의 개념을 통합하여 속도가 증가함에 따라 둘 사이에 상호변환이 일어나도록 한다. 겉보기에 어울리지 않는 대상들을 조화롭고 감미로운 일체로 통합해 주는 아름답고도 우아한 대칭성의 관념은 이후 50년의 세월 동안 아인슈타인을 이끌어갔다.

 역설적이지만 아인슈타인은 특수상대성이론을 완성하자마자 이에 대한 흥미를 잃어 가는 대신 이보다 깊은 또 다른 문제를 숙고하기 시작했는데, 이것은 중력과 가속에 관한 문제로, 특수상대성이론의 범주를 넘어서는 것으로 여겨졌다. 아인슈타인은 특수상대성이론을 탄생시키기는 했지만 자식을 사랑하는 다른 모든 부모들처럼 그 안에 담긴 잠재적 결점을 즉각 깨닫고 어떻게든 교정하고자 했던 것이다(이에 대해서는 나중에 자세히 이야기한다).

그러는 동안 아인슈타인의 아이디어에 대한 실험적 증거들이 쌓여 가기 시작했고, 물리학계에서도 그의 존재가 갈수록 두드러졌다. 마이켈슨몰리의 실험은 이후에도 계속되었는데 매번 부정적 결과를 얻음으로써 에테르이론 전반에 대한 의혹은 깊어만 갔다. 또한 광전효과에 대한 실험들도 아인슈타인의 방정식이 옳음을 확인해 주었다. 나아가 1908년 고속의 전자에 대한 실험은 전자의 속도가 증가함에 따라 질량도 증가함을 입증해 주는 듯했다. 이처럼 자신의 이론에 대한 실험적 증거들이 서서히 누적되는 데에 고무된 아인슈타인은 가까운 베른대학교의 강사직에 지원했다. 이 직위는 교수보다 낮은 것이지만 특허국의 일도 병행할 수 있다는 이점이 있었다. 그는 특수상대성이론 등 그동안 펴낸 여러 논문들을 지원서류로 제출했다. 그런데 학과장 아이메 포스터Aime Foster는 특수상대성이론이 이해할 수 없는 이론이란 이유로 일단 거절했다. 하지만 두 번째의 시도에서 마침내 받아들여졌다.

1908년 아인슈타인이 물리학에서 중요한 돌파구를 열었다는 증거가 산처럼 쌓여 감에 따라 취리히대학교라는 유명한 곳에서도 그의 채용을 진지하게 고려하게 되었다. 하지만 그는 오랜 친구인 프리드리히 아들러와 치열한 경합을 벌여야 했다. 이 최상의 두 후보자들은 모두 유태인이었고 이는 결점으로 작용했지만 아들러는 당시 많은 교수들이 지지했던 오스트리아의 사회민주당 창립자 가운데 한 사람의 아들이었다. 따라서 아인슈타인이 밀려날 것으로 보였는데 뜻밖에도 아들러 자신이 아인슈타인을 그 자리의 적임자라고 강력히 추천하고 나섰다. 그는 사람을 보는 눈이 날카로웠고 아인슈타인의 능력을 올바로 평가했다. 아들러는 아인슈타인이 물리학자로서 특출한 능력을 가졌다고 주장하는 감동적인 편지를 썼는데, 다만 "학생 시절 그는 교수들로부터 모욕적인 대우를 받았습니다. … 그는 중요한 인물들과 어울리는 법을 전혀 모릅니다"라고 덧붙였다. 아들러의 예외적인 자기 희생 덕분에 아인슈타인이 그 자리를 차지하고 이때부터 그는 학계의 정상을 향해 유성처럼 치달았다. 이제 그는 잘 적응하지 못한 실패자에 직장도 없는 물리학자가 아니라 교수의 신분으로 취리히에 돌아왔다. 취리히에서 살 아파트를 본 아인슈타인은 아들러가 바로 아래층에 살고 있음을 알고 기쁨에 겨웠으며, 두 사람은 이후로도 계속 좋은 친구로 지냈다.

1909년 아인슈타인은 잘츠부르크$_{Salzburg}$에서 열린 큰 물리학 회의에서 첫 강연을 하게 되었는데, 여기에는 막스 플랑크와 같은 저명한 물리학자들도 많이 참석했다. '자연관의 발전과 전자파의 구성'이라는 제목의 강연에서 그는 $E = mc^2$이라는 식을 온 세상에 설득력 있게 제시했다. 지금껏 점심 식사비도 아껴 온 아인슈타인은 이 학회의 풍요로움에 감탄했으며, 나중에 다음과 같이 돌이켰다: "축하연은 호텔 나치오날$_{Hotel\ National}$에서 열렸는데, 그토록 풍성한 연회는 평생 처음 보았다. 기분이 들뜬 나는 옆에 앉은 제네바의 귀족에게 '칼뱅$_{Calvin}$이 이 자리에 왔다면 어찌했을까요? … 아마 장작더미를 엄청나게 쌓고 이 낭비에 대한 죄를 물어 우리를 모두 불

태워 버리겠지요'라고 말했다. 그 사람은 끝날 때까지 내게 아무 말도 걸지 않았다."

아인슈타인은 이 강연을 통해 물리학에서 이른바 '이중성(二重性)duality'이라 알려진 개념을 역사상 처음으로 분명히 펼쳤다. 이 개념에 따르면 빛은 뉴턴이 주장했던 입자로서의 성질과 맥스웰이 주장했던 파동으로서의 성질을 함께 가진다. 빛을 입자로 볼 것인지 파동으로 볼 것인지는 행하는 실험에 달려 있다. 낮은 에너지의 빛을 다루는 실험에서는 빛의 파장이 길므로 파동으로 보는 게 더 적절한 반면, 높은 에너지의 빛을 다루는 실험에서는 빛의 파장이 극히 짧을 수 있고, 이런 경우 입자로 보는 게 더 적절하다. 이중성의 개념은 물질과 에너지의 본질에 대한 근본적인 관측 사실로 입증되었고, 양자론에 관한 연구의 가장 풍부한 원천 가운데 하나이다(이중성 개념은 아인슈타인이 처음 제시했지만, 나중에 이를 널리 확장한 덴마크 물리학자 닐스 보어Niels Bohr의 이름과 관련짓는 게 통례이다).

교수가 된 이후에도 아인슈타인의 자유분방한 기질은 여전했다. 한 학생은 취리히대학교에서의 첫 강의를 다음과 같이 생생히 기억했다: "그는 너무 짧은 바지를 입은 사뭇 꾀죄죄한 모습으로 강의실에 들어섰다. 손에는 지갑 크기 정도의 종이를 들고 있었는데 그것이 바로 강의 내용을 담은 노트였다."

1910년에 아인슈타인의 둘째 아들 에두아르트Eduard가 태어났다. 그런데 쉽사리 뿌리를 내리지 못하는 방랑자였던 아인슈타인은 누군가 그를 대학에서 몰아내려는 기미를 보이자 다시 새 자리를 찾아 나섰다. 이듬해 그는 더 높은 급료를 받고 프라하이론물리학연구소의 독일대학교로 옮겼다. 아이러니컬하게도 그의 연구실은 정신병원 곁에 있었는데, 물리학의 미스터리를 숙고하면서 그는 가끔씩 정신병원의 환자들이 오히려 멀쩡한 사람이 아닐까 생각하기도 했다.

같은 해인 1911년 솔베이회의Solvay Conference가 브뤼셀에서 처음으로 열렸다. 벨기에의 부유한 기업가 에르네스트 솔베이Ernest Solvay는 세계의 지도적인 과학자들의 업적을 빛내기 위하여 이 회의의 자금을 후원했으며, 곧 당시의 가장 중요한 학회가 되었다. 아인슈타인은 이 기회를 통해 물리학의 거장들과 만나 서로의 아이디어를 주고받을 수 있었는데, 노벨상을 두 번이나 받은 마리 퀴리도 이때 만났고 평생 우호적인 관계를 유지했다. 회의의 주제는 '전자파와 양자의 이론'이었고, 그의 특수상대성이론과 광자이론은 이곳에서도 가장 많은 주목을 받았다.

이 회의에서 많은 논쟁을 일으킨 것은 유명한 '쌍둥이역설twin paradox'이었다. 아인슈타인은 이미 시간이 늘어남에 따른 이상한 모순에 대해 언급한 적이 있었지만, 쌍둥이역설을 내세운 사람은 물리학자 폴 랑주뱅Paul Langevin으로서, 그에 따르면 간단한 사고실험thought experiment을 통해 특수상대성이론에서 유래하는 역설적 현상을 탐구해 볼 수 있다(당시 신문에는 그와 관련된 끔찍한 이야기가 넘쳤는데, 불행한 결혼에 이어 미망인 마리 퀴리와 스캔들에 빠졌다는 게 그 내용이었다). 랑주뱅은 지구에 함께 살고 있는 쌍둥이를 상상했다. 어느 날 그중 한 사람은 로켓을 타고 광속에 가까운 속도로 우주여행을 떠났다가 오랜 세월이 흐른 뒤 지구로 돌아왔다. 예를 들어 지구에 남은 쌍둥이의 입장에서 50년의 세월이 흘렀다고 할 때 로켓 속의 시간은 이보다 느리게 흐를 것이므로 여행을 하고 온 쌍둥이는 10

년밖에 더 늙지 않았을 수 있다. 따라서 나중에 서로 만나면 쌍둥이들의 나이는 40살의 차이가 나며, 여행을 하고 온 쪽이 더 젊다.

하지만 이 상황을 로켓을 탄 쌍둥이의 입장에서 상상해 보자. 그의 관점에서는 자기가 정지해 있고 지구가 엄청난 속도로 멀어지므로 지구의 시간이 느리게 흐르는 것으로 보인다. 따라서 나중에 상봉하면 로켓을 탄 쪽이 아니라 지구에 남은 쪽이 더 젊게 보여서 앞서 보았던 상황과 모순된다. 특수상대성이론에 따르면 운동은 상대적인데, 과연 이때 정말로 젊은 쪽은 누구일까? 두 사람의 입장은 대칭적인 듯하므로 이 수수께끼는 오늘날에도 특수상대성이론을 배우는 학생들이 가시처럼 괴롭게 여기는 문제로 자주 인용된다.

이 역설에 대한 해답은 아인슈타인이 지적했듯 지구에 남은 쪽이 아니라 로켓을 탄 쪽이 더 젊다는 것이다. 로켓은 이 여행 중에 먼저 가속을 해야 하고, 반환점에 가까워지면 감속을 하고 멈춘 뒤, 돌아올 때는 또 가속을 하고 지구에 도착하면 감속해서 정지해야 한다. 하지만 지구에 남은 쪽은 이런 일을 겪지 않으므로 두 사람의 상황을 대칭적으로 보는 것은 잘못이다. 가속과 감속은 특수상대성이론의 가정들로 다루어질 수 없으며, 이 문제의 경우 나이를 덜 먹는 로켓 속의 쌍둥이만 이를 경험한다.

(하지만 로켓을 탄 쌍둥이가 다시 돌아오지 않는다면 상황은 더욱 깊은 수수께끼가 된다. 이 경우 망원경을 통해 두 사람은 서로 상대방의 시간이 느리게 가는 것을 목격하게 될 것이다. 이 경우는 완전히 대칭적이므로 서로 상대방이 젊다고 여긴다. 또한 서로 상대방이 줄어들었다고 믿는다. 과연 누가 더 젊고 더 작을까? 참으로 역설적이지만 특수상대성이론에서는

서로 상대방이 더 젊고 더 작다고 여기는 쌍둥이의 존재가 분명 가능하다. 이 모든 역설을 해소하기 위한 가장 간단한 방법은 두 쌍둥이를 직접 데려다 놓고 비교해 보는 것이며, 그러자면 한 쌍둥이를 다른 쌍둥이 주위로 돌아다니게 해야 하고, 이 경우 '정말로' 움직이는 쪽이 누구인지도 결정할 수 있다.

이 골치 아픈 역설은 우주선(宇宙線)cosmic ray과 입자가속기atom smasher를 사용한 간접적 연구에서 적어도 원자적 수준에서는 아인슈타인의 주장이 옳은 것으로 밝혀졌다. 하지만 그 효과는 너무나 작아 직접적 검증은 1971년에야 비로소 가능해졌다. 이 실험에서는 두 원자시계가 쓰였는데, 한 대는 지상에 두고 다른 한 대는 비행기에 태워 빠른 속도로 날아다니도록 했다. 원자시계의 정밀도는 어느 쪽이 정말로 느리게 가는지 비교하기에 충분했으며, 그 결과는 아인슈타인의 예측대로 비행기에 태워 보낸 쪽이 더 느렸다.)

또 다른 역설은 서로 상대방보다 더 짧은 두 물체에 관한 것이다. 길이가 1미터인 우리로 몸길이가 3미터인 호랑이를 잡으려는 사냥꾼을 상상해 보자. 통상적으로 이는 불가능하다. 하지만 호랑이가 아주 빨리 달려서 1미터로 줄어든다면 우리를 떨어뜨려 호랑이를 잡을 수 있다. 호랑이가 우리에 갇혀 속도가 늦춰지면 몸이 다시 늘어난다. 우리가 끈으로 되어 있다면 찢어지겠지만 콘크리트로 되어 있다면 가엾게도 호랑이는 찌그러져 죽고 말 것이다.

이제 이 상황을 호랑이의 입장에서 살펴보자. 호랑이가 정지해 있다면 우리가 움직이면서 길이가 10센티미터로 줄어들 수 있다. 이 작은 우리로

3미터의 호랑이를 어떻게 잡을 수 있을까? 해답은 우리가 떨어짐에 따라 움직이는 방향으로 수축되어 찌그러진 사각형인 평행사변형이 된다는 데에 있다. 따라서 우리의 양쪽 끝은 호랑이와 동시에 접촉하지 않는다. 사냥꾼에게 동시로 보이는 사건이 호랑이에게도 동시로 보이란 법은 없다. 우리가 끈으로 되어 있다면 앞부분이 호랑이의 코에 먼저 닿고 이후 늘어나고 찢어지기 시작한다. 그리고 계속 호랑이에게 돌진하면서 늘어나고 찢어지다가 뒷부분이 꼬리까지 감싸면서 전체 과정은 완료된다. 하지만 우리가 콘크리트로 되어 있다면 호랑이는 코부터 찌그러지기 시작한다. 우리가 계속 떨어짐에 따라 호랑이의 몸도 우리의 뒷부분이 꼬리를 감쌀 때까지 길이 방향으로 계속 찌그러질 것이다.

이런 역설들은 대중의 상상력도 끌어들였고, '펀치Punch'라는 잡지는 다음과 같은 시를 싣기도 했다.

브라이트Bright란 이름의 젊은 여자는
빛보다 훨씬 빨리 달릴 수 있었지
어느 날 상대론적으로 출발했다가
그 전날에 돌아왔다네

이때쯤, 친한 친구 마르켈 그로스만이 취리히공대의 교수가 되었고, 아인슈타인에게 정교수의 신분으로 모교에 자리 잡을 생각이 없느냐고 물어 왔다. 추천장들은 아인슈타인을 최고의 찬사로 치켜세웠으며, 마리 퀴리는 "수리물리학자들은 만장일치로 그의 연구가 최상의 것이라고 여깁니다"라고 썼다.

그리하여 프라하에 머문 지 16달만에 취리히의 모교로 돌아왔는데, 이 학교의 이름은 1911년에 스위스연방공과대학교Swiss Federal Institute of Technology, 또는 ETH: Eidgenossische Technische Hochschule로 개명되었다. 떠날 때 그의 이름은 치욕으로 더럽혀졌고, 특히 베버 교수 같은 사람은 그의 장래를 적극적으로 가로막고 나섰다. 하지만 이제는 물리학의 새 혁명을 이끄는 유명한 지도자로 돌아와 개인적으로 승리감을 만끽했다. 이해에 그는 노벨 물리학상에 처음으로 지명되었다. 하지만 스웨덴과학아카데미Swedish Academy of Sciences가 보기에 그의 아이디어는 아직 너무 급진적이었고 그의 지명을 달가워하지 않는 노벨상 수상자들이 반대하고 나섰다. 이에 따라 1912년의 노벨상은 아인슈타인이 아니라 등대를 개선한 닐스 구스타프 달렌Nils Gustaf Dalén에게 돌아갔다. 그러나 아이러니컬하게도 오늘날 등대는 아인슈타인의 상대성이론을 이용한 위성항법장치GPS, global positioning satellite system가 도입됨에 따라 거의 쓰이지 않는다.

그로부터 1년도 지나지 않아 아인슈타인의 명성은 급속히 치솟아 베를린대학교로부터도 영입 교섭이 들어왔다. 막스 플랑크는 물리학의 이 떠오르는 스타를 간절히 원했으며, 독일은 의문의 여지없이 세계의 물리학을 선도하는 나라였고, 그 중심지는 바로 베를린대학교였다. 처음에 아인슈타인은 망설였다. 독일 시민권을 포기했으며 어린 시절의 쓰라린 추억이 아직도 기억에 남아 있었기 때문이었다. 하지만 제시된 조건이 너무나 유혹적이었다.

1913년 아인슈타인은 프러시아과학아카데미Prussian Academy of Sciences의 회원으로 뽑혔고, 베를린대학교의 교수직과 함께 카이저빌헬름물리학연구소Kaiser Wilhelm Institute for Physics의 소장 자리를 제의 받았다. 그는 이런 직위는 아무래도 좋았지만 강의 의무가 없다는 사실에 특히 마음이 끌렸다. 아인슈타인은 인기 있는 강사였고, 학생들을 존중하며 친절하게 대한 것으로 유명하지만, 그의 주된 관심인 일반상대성이론에 집중하지 못할까봐 강의를 꺼려했다.

1914년 아인슈타인은 교수들을 만나 보기 위하여 베를린으로 왔다. 그는 그들이 자신을 찬찬히 쳐다보자 왠지 긴장되었으며, 이에 대해 "베를린의 신사분들은 내가 알을 잘 낳는 닭인지 내기를 하는 듯 보였다. 하지만 나 자신은 앞으로 과연 또 다른 알을 낳을 수 있을지 알 수 없었다"라고 썼다. 기이한 성향과 묘한 옷차림을 한 35살의 반항아는 결국 회원들끼리 '각하' 등의 칭호로 부르는 프러시아과학아카데미의 딱딱한 의례에 적응해 갈 수밖에 없었다. 그는 이런 모습에 대해 "대부분의 회원들은 글 속에서 스스로를 공작 같은 풍모로 묘사하고자 했다. 하지만 이런 점들을 빼고는 사뭇 인간적이었다"라고 썼다.

베른특허국으로부터 독일의 최고 연구 기관으로 승리의 행진을 벌이는 과정에서 아인슈타인은 개인적인 대가를 치러야 했다. 과학계에서 명성이 높아짐에 따라 개인적인 생활도 헤쳐지기 시작했다. 이 기간 동안 아인슈타인은 가장 생산적인 활동을 펼쳤고 여기서 나온 열매는 궁극적으로 인류 역사를 새로 쓰게 했지만, 거의 피할 수 없는 부담이 그에게 지워졌고 이에 따라 그는 아내와 자식들로부터 멀어지게 되었다.

아인슈타인은 밀레바와의 삶은 마치 묘지 속의 삶과 같으며, 혼자 있을 때는 될 수 있는 한 그녀와 같은 방에 있지 않으려 한다고 썼다. 그의 친구들은 누가 더 책임이 큰가를 두고 의견이 갈렸다. 많은 사람들은 남편이 유명해짐에 따라 밀레바는 점점 더 고립되었고 화를 잘 내는 성격으로 변해 갔다고 믿었다. 밀레바의 친구들도 이 기간 동안 그녀가 아주 나이 들어 보였으며 스스로 겉모습이 눈에 띄게 쇠락하도록 자포자기하는 탓에 마음 아파했다. 그녀는 갈수록 신경이 날카롭고 차가워졌으며 아인슈타인이 동료들과 시간을 보낼 때조차 질투심에 불탔다. 아인슈타인이 아라우에 잠시 머물 때 알았고 그 뒤 결혼했던 안나 슈미트Anna Schmid가 축하의 편지를 보내온 것을 읽었을 때 그녀는 머리끝까지 화가 솟구쳐 이미 위태로워진 결혼생활을 엉망으로 만들 깊은 상처를 남기고 말았다.

다른 한편으로 끊임없이 집을 떠나 돌아다니면서 밀레바에게 두 아이를 거의 혼자 키우도록 한 아인슈타인이 완벽한 남편이라고 볼 수는 없다고 믿는 사람들도 있다. 알다시피 20세기 초 무렵의 여행은 아주 어려웠으며 특히 그처럼 많은 여행을 하자면 며칠에서 몇 주씩 집을 떠나 돌아다녀야 했다. 마치 밤에 항구를 들렀다 가는 배와 같이 그는 집에 들를 때에도 밤에 잠시 만나 식사를 하거나 극장에 다녀올 뿐이었다. 평소에도 추상적인 수학의 세계에 깊이 빠져 있었으므로 아내와의 관계를 돈독히 할 감정적 에너지가 거의 남아 있지 않았다. 설상가상으로 너무 자주 집을 비우는 데 대해 그녀가 불평을 털어놓으면 그는 더욱 물리학의 세계로 깊이 빠져 들곤 했다.

아마 이상의 모든 주장들이 나름대로 일리가 있으므로 누구 탓을 해야 하는지 가리는 것은 부질없는 일일 것이다. 돌이켜 보면 이 결혼이 엄청난 긴장을 불러오리라는 것은 필연적이었을 것으로도 여겨진다. 두 사람에 대해 친구들이 오래전에 어울리지 않는 쌍이라고 한 말이 옳았던 것 같았다.

최종적 파탄은 베를린대학교의 제의를 받아들일 때 닥쳤다. 밀레바는 베를린에 가기를 꺼려했는데, 아마 그녀는 슬라브 인으로 독일 문화의 심장부에서 지내는 게 너무 두려웠던 것으로 보인다. 더 중요한 것은 아인슈타인의 많은 친척들이 베를린에 살고 있어서 그들의 달갑지 않은 시선을 견뎌 내기가 힘겹다고 여겼을 것이란 점이다. 남편 집안의 사람들이 그녀를 미워했다는 것은 결코 비밀이 아니었다. 처음에 밀레바와 아이들은 아인슈타인과 함께 베를린으로 갔지만 언젠가 갑자기 그녀는 아이들을 데리고 취리히로 떠나 버렸으며, 이후 다시는 결합하지 못했다. 아이들을 누구보다 소중히 여겼던 아인슈타인은 깊은 절망에 빠졌다. 이때부터 자식들과는 멀리 떨어져 지낼 수밖에 없었으며, 얼굴을 보려면 베를린에서 취리히까지 10시간의 지겨운 여행을 해야 했다. 아인슈타인의 비서 헬렌 두카스는 최종적으로 밀레바가 아이들의 양육권을 차지했을 때 그는 집으로 돌아가는 내내 울었다고 썼다.

하지만 어쩌면 베를린에서 사는 한 사촌의 존재가 갈수록 부각되는 것도 파탄의 한 원인이었을 것이다. 아인슈타인은 이렇게 고백했다. "나는 매우 위축된 삶을 살았지만 한 여자 사촌이 잘 돌봐 주었기에 외롭지는 않았다. 사실 애초 베를린에 이끌린 것도 그녀 때문이었다."

엘자 로벤탈Elsa Lowenthal은 아인슈타인과 이중으로 사촌이었다. 그녀와 그의 어머니는 자매였고, 할아버지들도 형제였다. 이때 그녀는 이혼한 뒤 마르고트Margot와 일세Ilse란 이름의 두 딸과 함께 (아인슈타인의 이모와 이

모부인) 그녀의 부모 집 바로 위층에 살고 있었다. 아인슈타인은 1912년 베를린을 방문했을 때 그녀를 잠깐 만났다. 그때 아인슈타인은 이미 밀레바와의 결혼을 끝내자고 결정한 것으로 보였으며 이혼은 거의 필연적이었다. 하지만 그는 이혼이 어린 아들들에게 끼칠 영향이 두려웠다.

어린 시절부터 엘자는 아인슈타인을 좋아했다. 어렸을 때 그녀는 그가 모차르트의 곡을 연주하는 것을 듣고 사랑에 빠졌노라고 고백했다. 하지만 그녀를 매료시킨 것은 무엇보다 아인슈타인이 세계의 물리학자들로부터 존경을 받으며 학계의 스타덤에 오른 점이었던 것으로 보인다. 사실 그녀는 자신도 이런 명예를 함께 누리고 싶어한다는 마음을 공공연히 드러냈다. 밀레바처럼 그녀도 아인슈타인보다 네 살 연상이다. 하지만 공통점은 이것뿐이었고, 나머지는 거의 극과 극처럼 정반대였다. 아인슈타인은 마음이 이미 밀레바를 떠나 다른 방향으로 나아가고 있었다. 밀레바는 외모를 잘 가꾸지도 않고 끊임없이 그를 괴롭혔지만 엘자는 부유한 중산층으로 우월한 계급의식을 갖고 있었다. 그녀는 베를린 지성계와의 관계를 넓히려고 꾸준히 노력했으며, 아인슈타인을 상류층의 모든 친구들에게 소개하면서 자랑스럽게 뻐기곤 했다. 은둔적이고 위축되고 우울한 밀레바와 달리 엘자는 사교계의 나비로서 디너파티와 극장의 개막식을 끊임없이 날아다녔다. 밀레바는 남편을 개혁시키고자 하는 노력을 포기했지만 엘자는 마치 어머니처럼 아인슈타인의 매너를 계속 교정해 주고 모든 열정을 바쳐 그가 자신의 운명에 충실하도록 도왔다. 나중에 한 러시아 언론인은 아인슈타인과 엘자의 관계를 다음과 같이 간추렸다: "그녀는 위대한 남편을 한껏 사랑했으며, 그의 놀라운 아이디어가 성숙하는 데에 필요한 마음의 평화를 확보해 주고, 세파의 거친 면으로부터 감쌀 태세를 항상 갖추고 있었다. 그녀의 마음은 그를 위대한 사색가로 만들려는 목표로 가득 차 있었으며, 경이로울 정도로 고아한 다 자란 아이를 한없는 부드러움으로 돌보려는 동반자이자 아내이자 어머니로서의 심성을 지녔다."

1915년 밀레바가 아이들을 데리고 폭풍처럼 베를린을 떠나자 아인슈타인과 엘자는 더욱 가까워졌다. 하지만 이 중요한 시기에 아인슈타인의 정신을 빼앗은 것은 사랑이라기보다 우주 자체였다.

제2부 둘째 그림:
휘어진 시공간

일반상대성이론과 '평생 가장 행복한 생각'

아인슈타인은 아직 만족하지 못했다. 그는 이미 당대 최고 물리학자의 지위에 올랐지만 쉬지 않고 나아갔다. 아인슈타인은 특수상대성이론에 적어도 두 가지의 구멍이 있음을 깨달았다. 첫째, 이것은 오직 관성운동에만 적용된다. 하지만 자연계에서 거의 모든 운동은 관성적이지 않다. 예를 들어 질주하는 기차, 지그재그로 떨어지는 나뭇잎, 태양을 공전하는 지구, 천체의 운동 등은 모두 끊임없이 가속을 받는다. 특수상대성이론은 지구에서 발견되는 가장 보편적인 운동들마저도 제대로 설명해 내지 못한다.

둘째, 특수상대성이론은 중력에 대해 아무것도 말해 주지 않는다. 이론 자체는 자연의 보편적인 대칭성에 근거하므로 우주의 모든 곳에 적용된다고 호언하지만 중력은 이를 초월해 있는 듯하다. 이 또한 사뭇 당혹스런 일인데, 왜냐하면 중력은 어디에나 있기 때문이다. 특수상대성이론의 이런 결점들은 너무나 뚜렷하다. 광속은 우주의 궁극적 속도이므로 특수상대성이론은 태양에 어떤 혼란이 일어날 경우 8분이 지나야 지구에 미친다고 말한다. 그러나 이는 중력의 영향이 즉각적으로 미친다는 뉴턴의 중력이론과 모순된다. 뉴턴이 말하는 중력의 속도는 무한대이다. 그의 만유인력 방정식에는 광속이 전혀 반영되어 있지 않기 때문이다. 따라서 아인슈타인은 광속을 포괄하기 위하여 뉴턴의 방정식을 완전히 재편해야 한다.

요컨대 아인슈타인은 가속과 중력을 포함하기 위하여 특수상대성이론을 일반화해야 한다는 심대한 문제가 남아 있음을 깨달았다. 그는 1905년부터 '특수상대성이론special theory of relativity'이란 말을 써 왔으며, 이는 중력을 묘사할 수 있는 더욱 강력한 이론을 가리키는 '일반상대성이론general theory of relativity'이란 말과 구별하기 위함이었다. 아인슈타인이 이 야심 찬 계획을 막스 플랑크에게 말하자 플랑크는 경고하고 나섰다. "나이를 좀 더 먹은 친구로서 반대편에 서서 충고해야겠는데, 우선 성공할 것 같지 않고, 성공한들 아무도 당신을 믿지 않을 겁니다." 하지만 플랑크도 문제의 중요성을 알았기에 다음과 같이 덧붙였다. "단 성공한다면 제2의 코페르니쿠스로 불릴 것입니다."

중력의 새 이론에 대한 핵심적 통찰은 1907년 아직 특허국에서 박봉의 말단 공무원으로 특허 처리 업무를 맡고 있을 때 얻어졌다. 그는 다음과 같이 돌이켰다. "베른의 특허국에서 의자에 앉아 있을 때 갑자기 한 생각이 머리를 스쳤다. 사람이 자유낙하를 하면 자신의 몸무게를 느끼지 못한다는 게 그것이었다. 나는 깜짝 놀랐다. 이 단순한 생각은 내게 깊은 감명을 주었다. 이것을 통해 중력의 새 이론에 다가설 수 있게 되었기 때문이다."

순간적으로 아인슈타인은 자신이 의자에서 떨어진다면 잠시 무게가 없는 상태가 될 것임을 깨달았다. 예를 들어 엘리베이터를 탔는데 케이블이 갑자기 끊어졌다면 우리는 엘리베이터의 바닥과 똑같이 떨어지는 자유낙하를 한다. 우리와 엘리베이터는 같은 속도로 떨어지므로 공기 중에 떠서 무게를 느끼지 못할 것이다. 마찬가지로 아인슈타인도 그의 의자에서 떨어지면 자유낙하를 하고 중력과 가속은 완전히 상쇄되어 무게가 없는 것처럼 여기게 된다.

이 관념은 오래된 것이다. 피사의 사탑에서 작은 돌과 큰 대포알을 함께 떨어뜨렸다는 출처가 의심스런 이야기의 주인공 갈릴레오는 지구상의 모든 물체가 같은 중력 아래서 모두 똑같은 정도로($9.8m/s^2$) 가속됨을 처음으로 밝혔다. 행성이나 달이 태양과 지구를 공전할 때 실제로는 자유낙하 상태에 있다는 사실을 발견한 뉴턴도 이를 알고 있었다. 우주 공간으로 발사된 모든 우주비행사들도 중력이 가속과 상쇄될 수 있음을 직접 경험한다. 로켓 안에서 바닥이나, 기계장치나, 사람이나 모두 같은 정도로 가속된다. 따라서 주위를 둘러보면 모든 게 둥둥 떠다님을 알게 된다. 바닥을 딛고 있는 발은 마치 중력이 사라진 것 같은 환상을 주는데, 이는 바닥이 몸과 똑같이 떨어지고 있기 때문이다. 우주비행사가 로켓을 벗어나 밖으로 나가더라도 갑자기 지구로 추락하지는 않으며 로켓과 나란히 유연한 여행을 계속한다. 이때 우주비행사와 로켓은 지구 궤도를 돌면서 한 몸처럼 똑같이 지구로 떨어지고 있기 때문이다. 많은 책들은 우주 공간에는 중력이 없다고 설명하는데 이는 잘못이다. 태양의 중력은 지구에서 수십 억 킬로미터 떨어진 명왕성도 끌어당겨 궤도 운동을 하게 할 정도로 강하다. 중력은 사라진

게 아니라 낙하 운동의 가속과 상쇄될 따름이다.

중력 아래서 모든 물체는 똑같이 가속된다는 이상의 내용은 '등가원리 equivalence principle'라고 불린다(더 정확히는 "관성질량 inertial mass은 중력질량 gravitational mass과 같다"고 말한다). 이 사실은 갈릴레오와 뉴턴도 알고 있을 정도로 오래된 것이지만 아인슈타인처럼 여러모로 준비된 물리학자의 눈에 띄어서야 비로소 중력의 새로운 상대론에 대한 기초가 되었다. 아인슈타인은 이 간단한 아이디어에서 갈릴레오와 뉴턴보다 훨씬 큰 걸음을 내디뎠다. 일반상대성이론의 배경이 되는 다음 가정을 내세웠던 것이다: "가속계 accelerating frame와 중력계 gravitating frame의 물리법칙은 구별할 수 없다." 놀랍게도 이 단순한 명제는 아인슈타인의 손길 아래서 휘어진 공간과 블랙홀과 우주의 창조를 설명하는 경이로운 이론의 기초가 되었다.

1907년 특허국 사무소에서 얻은 이 뛰어난 통찰이 아인슈타인의 머릿속에서 중력의 새 이론으로 탈바꿈되는 데에는 여러 해가 걸렸다. 중력의 새 그림은 등가원리에서 떠올랐지만 그에 대한 생각의 결실은 1911년에 이르러서야 출판되기 시작했다. 등가원리의 첫 귀결은 중력 아래서 빛도 휘어져야 한다는 것이었다. 중력이 빛에 영향을 줄 수 있을 것이라는 생각은 오래된 것으로 아이작 뉴턴의 시대까지 거슬러 올라간다. 그는 자신이 쓴 『광학 Opticks』에서 중력이 별빛에 영향을 줄 것인지에 대한 의문을 제기했다. "물체가 먼 곳의 빛에 영향을 미쳐 이를 휘게 하지 않을까? 이 영향은 가까울수록 강하지 않을까?" 하지만 17세기의 기술력으로는 아무런 해답도 내놓을 수 없었다.

그로부터 200여 년이 지난 뒤 아인슈타인이 이 문제로 돌아왔다. 우주 공간에서 위로 가속운동을 하며 날아가는 로켓을 상상하자. 그 안에서 손전등을 켜서 로켓의 진행 방향과 수직인 방향으로 비추면 로켓이 위로 가속되고 있으므로 빛줄기는 진행하면서 아래로 쳐진다. 그런데 등가원리에 따르면 가속계인 로켓에서의 물리법칙은 중력계인 지구에서의 물리법칙과 구별할 수 없다. 따라서 **중력은 빛을 휘게 한다.** 단 몇 단계만으로 아인슈타인은 빛이 중력 때문에 휜다는 새로운 물리적 현상에 도달했다. 나아가 그는 이 효과가 계산 가능함을 즉각 깨달았다.

 태양계에서 가장 강한 중력장은 태양이 만들어 낸다. 따라서 아인슈타인은 자신에게 태양의 중력장이 먼 곳에서 오는 별빛을 휘게 하는 데에 충분한지 물어보았다. 이 결과는 서로 다른 두 계절에 같은 별들이 있는 하늘을 찍은 두 사진을 비교하면 알 수 있다. 첫째 사진은 해가 없는 밤에 이 별들을 찍어서 얻으며, 둘째 사진은 몇 달 뒤 태양이 정확히 이 별들 앞에 있을 때 찍어서 얻는다. 이 두 사진을 비교했을 때 태양 가까운 곳의 별빛이 태양의 중력 때문에 조금이라도 휘었는지 판별할 수 있다면 아인슈타인의 생각은 검증이 된다. 단 문제는 둘째 사진의 경우 태양이 너무 밝아 주변의 별빛을 삼켜 버린다는 점이다. 따라서 이 사진은 낮에 달이 태양을 가려 주변의 별빛이 드러나는 일식 때 찍어야 한다. 아인슈타인은 일식이 일어날 때의 낮에 찍은 사진과, 같은 하늘을 다른 계절의 밤에 찍은 사진을 서로 비교하면 태양 부근에 있는 별들의 위치가 조금 어긋날 것이라고 추론했다. 물론 달도 중력을 발휘하므로 별빛을 휘게 할 것이다. 하지만 태양에 비교하면 달의 질량은 매우 작으므로 별빛을 휘게 하는 정도도 마찬가지이다. 따라서 일식 때 달의 존재에 의한 별빛의 휘어짐은 무시해도 좋다.

등가원리를 이용하면 별빛이 중력에 의해 얼마나 당겨지는지 계산할 수 있다. 그러나 이 결과도 중력 자체에 대해서는 아무것도 말해 주지 않는다. 다시 말해서 아인슈타인이 얻고자 하는 것은 중력장(이)론(重力場理論)field theory of gravity 이다. 맥스웰방정식은 전자기에 대한 독창적인 장이론이란 점을 되새겨 보자. 그 안에서 거미줄 같은 역선(力線)들은 이를 타고 전파되는 파동에 따라 진동한다. 아인슈타인은 역선들로 구성된 중력장을 찾고 있었으며, 나중에 그가 구성한 이론에 따르면 중력의 진동은 그 안에서 광속으로 전파된다.

1912년 무렵, 한 해 정도 골똘히 생각해 온 뒤 아인슈타인은 서서히 시간과 공간에 대한 우리의 이해를 혁신해야 할 필요가 있다는 점을 깨닫기 시작했다. 그런데 이를 위해서는 고대 그리스에서 물려받았던 것을 뛰어넘는 새 기하학이 요구된다. 아인슈타인이 휘어진 시공간에 대한 탐구의 길로 나아가게 된 데에는 그의 친구인 파울 에렌페스트Paul Ehrenfest가 제기했기에 때로 '에렌페스트역설Ehrenfest's paradox'이라 불리는 현상도 중요한 계기가 되었다. 이를 이해하기 위하여 회전목마나 레코드판을 생각해 보자. 돌지 않고 있을 때 원주의 길이는 지름에 원주율 π 를 곱한 값이다. 하지만 회전목마가 돌아가기 시작하면 바깥쪽으로 갈수록 속도가 빨라지므로 특수상대성이론에 따르면 바깥쪽으로 갈수록 둘레가 줄어들고, 결국 회전판의 모양이 뒤틀리게 된다. 이렇게 수축되고 변형되면 원주의 길이는 지름에 π 를 곱한 값보다 작아진다. 이상의 내용은 회전하는 원판의 경우 더 이상 평면이 아니라는 뜻이다. 곧 공간도 휘어진다. 회전목마의 원판은 북극권Arctic Circle(북위 66.5°의 위선 또는 그 위의 영역: 옮긴이) 안의 넓이와 비교해서 생각해 볼 수 있다. 북극권이란 원의 지름은 이 원의 한 점에서 똑바로 북극까지 가는 거리의 두 배이다. 하지만 북극권의 둘레는 이 지름에 π를 곱한 것과 같지 않다. 지구 표면은 평면이 아니라 구면으로 휘어져 있으며, 이에 따라 북극권의 둘레는 위에서 얻은 값보다 작다. 그러나 지난 2천 년 동안 물리학자와 수학자들은 **평면**에 기초를 둔 유클리드기하학에 의지해 왔다. 만일 곡면에 기초를 둔 기하학을 상상한다면 어찌될까?

  공간이 휠 수 있음을 깨닫고 나면 놀라운 새 그림이 떠오른다. 침대 위에 무거운 돌을 얹어 놓았다고 상상하자. 그러면 돌 때문에 침대 표면이 움푹 꺼질 것이다. 그런 다음 작은 구슬을 침대 위에서 굴리면 돌 주변의 곡면에서는 직선으로 구르지 않고 휘어진 경로를 따라 진행한다. 이 상황은 두 가지 다른 방법으로 풀이할 수 있다. 멀리 떨어진 곳의 뉴턴론자는 돌에서 신비로운 힘이 뿜어져 나와 구슬로 하여금 굽은 경로를 그리도록 한다고 말할 것이다. 하지만 상대론자는 전혀 다른 그림을 본다. 침대의 표면 가까이 있는 상대론자가 보기에 구슬을 끌어당기는 힘 같은 것은 존재하지 않는다. 존재하는 것은 침대 표면의 만곡이며, 이것이 구슬의 운동을 휘어지게 한다. 구슬이 돌 근처를 지날 때 침대면은 구슬이 원과 같은 곡선을 그리도록 '밀어내는' 것이다.

  이제 돌을 태양, 구슬을 지구라 하고, 침대는 시공간으로 상상하자. 뉴턴은 '중력'이라는 보이지 않는 힘이 지구를 태양 주위로 끌어당긴다고 말할 것이다. 하지만 아인슈타인은 중력이란 것은 없다고 말한다. 지구가 태양 둘레를 도는 것은 공간 **자체**가 지구를 밀기 때문이다. 아인슈타인의 관점에서는 중력이 끄는 게 아니라 공간이 민다.

이 그림을 통해 아인슈타인은 왜 태양에서 일어나는 변화가 지구까지 닿는 데에 8분이 걸리는지 설명할 수 있었다. 예를 들어 침대 위의 돌을 갑자기 치웠다고 하자. 그러면 침대면은 물결과 같은 파동을 일으키면서 본래 상태로 돌아오며, 이 파동은 침대면을 타고 멀리 퍼져 간다. 마찬가지로 태양이 어느 순간 갑자기 사라지면 휘어진 공간에 충격파를 만들고 이는 광속으로 공간 속에 퍼져 간다. 이 그림은 너무나 단순하고도 우아하다. 그리하여 둘째 아들 에두아르트가 아빠는 왜 그리 유명하냐고 물었을 때 이 핵심적인 아이디어를 설명해 줄 수 있었다. 아인슈타인은 다음과 같이 덧붙였다. "눈먼 딱정벌레가 구부러진 나뭇가지를 기어갈 때 자기가 지나가는 길이 실제로는 휘어졌다는 사실을 깨닫지 못한다. 하지만 나는 운 좋게도 딱정벌레가 왜 깨닫지 못하는지를 알게 되었다."

뉴턴은 기념비적인 저작 『자연철학의 수학적 원리Philosophiae Naturalis Principia Mathematica』(흔히 줄여서 '프린키피아'라고 부른다 : 옮긴이)에서 우주 전체에 즉각적으로 작용하는 신비로운 중력의 원인을 설명할 수 없다고 고백했다. 그의 유명한 "나는 가설을 세우지 않는다hypotheses non fingo (I frame no hypotheses)"라는 경구는 바로 이처럼 중력이 어디서 오는지 설명하지 못한다는 뜻을 나타낸 것이다. 아인슈타인에 의하여 우리는 중력의 원인이 시공간의 만곡임을 알게 되었다. 이때 '힘'은 환상이며, 기하학적 구조의 부산물에 지나지 않는다. 이 그림에서 우리가 지구 표면 위에 서 있는 것은 지구가 우리를 잡아끌기 때문이 아니다. 아인슈타인에 따르면 중력에 의한 끌림이란 것은 없다. 지구는 우리 몸을 둘러싼 시공간연속체space-time continuum를 휘게 만들며, 이렇게 휜 시공간 자체가 우리를 바닥으로 밀고 있는 것이다. 우리로 하여금 이웃한 물체들이 중력이란 힘으로 끌고 있다는 환상을 심어 주는 것은 물체의 존재에 의한 공간의 만곡이다.

물론 이런 만곡도 보이지 않으므로 멀리 떨어진 곳에서는 뉴턴의 그림이 정확하게 보인다. 구겨진 종이 위로 기어가는 개미를 생각해 보자. 그 자신은 똑바로 가려고 해도 구겨진 곳의 좌우로 끊임없이 끌리는 듯한 느낌을 받을 것이다. 그러나 개미를 위에서 내려다보는 사람에게 그런 힘이 없다는 사실은 명백하고, 오히려 개미를 이리저리 밀어내는 종이의 굴곡이 존재하며, 이것이 개미에게 인력이 있다는 환상을 불러일으킨다. 뉴턴은 시간과 공간을 그 안에서 일어나는 모든 운동에 대한 절대기준계로 삼으려 했다는 사실을 상기하자. 하지만 아인슈타인이 볼 때 시간과 공간은 동적인 역할을 떠맡는다. 공간이 휘어져 있으면 이 무대 위에서 움직이는 존재는 신비로운 힘이 자신의 몸에 영향을 미쳐 이리저리 밀어제친다고 여길 것이다.

시공간을 접고 당길 수 있는 천에 비유한 아인슈타인은 휘어진 공간에 대한 수학을 연구해야 했다. 하지만 그는 곧 수학적 늪에 빠지게 되었는데, 중력의 새 그림을 분석할 적절한 도구를 찾지 못했기 때문이었다. 한때 수학을 '현학적 과잉'이라고 경멸했던 아인슈타인은 어떤 의미로 볼 때 이제야 취리히공대 시절 수학을 소홀히 했던 대가를 치른다고 볼 수 있었다.

의기소침해진 그는 친구 마르켈 그로스만을 찾았다. "어이, 나 좀 도와줘야겠네. 아니면 미치고 말 걸세!" 이어서 그는 다음과 같이 고백했다. "내 생애에 이토록 자책한 적은 없네. 이제 수학에 대해 커다란 존경심을 품게 되었으며, 예전에 순전히 사치라고만 여겼던 미묘한 분야들에 대해서는 더욱 그렇다네! 이 문제와 비교하면 본래의 상대성이론은 애들 장난일세."

그로스만이 수학 문헌들을 뒤져 본 결과 아이러니컬하게도 아인슈타인에게 필요한 기본적 수학들은 취리히공대에서 이미 가르쳐진 적이 있었던 것들이었다. 1854년 베른하르트 리만Bernhard Riemann이 개발한 기하학에서 마침내 아인슈타인은 시공간의 만곡을 묘사하기에 충분히 강력한 수학을 찾을 수 있었다. 이 새 수학을 정복하는 데에 많은 어려움을 겪었던 그는 나중에 어떤 중학생들에게 "수학이 어렵다고 너무 염려하지 마세요. 내 경우는 훨씬 더했으니까요"라고 말했다.

리만 이전의 수학은 평면기하학인 유클리드기하학에 근거를 두고 있었다. 어린 학생들은 2천 년 전 고대 그리스에서 생겨 나와 오랜 세월을 지나며 더욱 영예로워진 정리들을 배우고 익히는데, 이에 따르면 삼각형 세 내각의 합은 180°이고, 평행선은 만나지 않는다. 하지만 러시아의 니콜라이 로바체프스키Nicolai Lobachevsky와 헝가리의 야노스 보여이János Bolyai라는 두 수학자는 비유클리드기하학non-Euclidean geometry의 개발에 아주 가까이 다가섰으며, 이 기하학에서 삼각형 세 내각의 합은 180°보다 크거나 작을 수 있다. 그러나 비유클리드기하학의 이론은 '수학의 왕자prince of mathematics'라고 불리는 카를 프리드리히 가우스Carl Friedrich Gauss와, 특히 그의 제자인 리만에 의해 본격적으로 개발되었다. 가우스는 유클리드기하학이 현실적으로도 틀릴지 모른다는 의문을 품었다. 그는 하르츠산맥Harz Mountains의 세 봉우리에서 조교들이 거울로 빛을 반사시키도록 하고 그렇게 만들어진 삼각형의 세 내각을 측정함으로써 이를 실험적으로 검증해 보려고 했다. 하지만 이 실험에서는 현실적 공간의 만곡을 감지해 낼 수 없었다. 가우스는 매우 신중한 사람이어서 이 업적을 출판하지 않았다. 유클리드기하학을 고집스레 신봉하는 사람들의 분노를 살까 염려했기 때문이었다.

리만은 수학의 신천지, 곧 2차원이나 3차원뿐 아니라 임의의 차원에서 휘어진 공간에 대한 기하학을 발견했다. 아인슈타인은 이 높은 차원의 기하학들이 우주에 대해 보다 정확한 묘사를 해 줄 것이라고 믿었다. '미분기하학differential geometry'이라는 수학 용어가 처음으로 물리학의 세계에 발을 들여놓은 것이었다. 임의 차원의 곡면을 다루는 미분기하학은 텐서미적분(학)tensor calculus이라고도 부르는데, 현실적 응용성이 전혀 없어서 한때 수학의 여러 분야들 가운데 가장 쓸모없는 분야로 여겨졌으나, 이제 갑자기 우주 자체의 언어로 탈바꿈되었다.

아인슈타인에 대한 대개의 전기들은 그가 일반상대성이론을 마치 요술을 부리듯 아무런 실수도 겪지 않고 1915년에 완전히 개발한 것처럼 기술한다. 그러나 지난 10년 동안에 이루어진 '잊혀진 노트들'의 분석에 따라 비로소 1912년부터 1915년 사이의 여러 틈새들이 메워지게 되었다. 그리하여 이제는 역사상 가장 위대한 이론들 가운데 하나의 결정적 진화 과정을 때로는 한 달 사이의 간격에 이르기까지 재구성할 수 있게 되었다. 이 과정에서 아인슈타인은 특히 '공변'의 개념을 일반화하고자 했다. 이미 보았듯 특수상대성이론은 로렌츠공변성Lorentz covariance, 곧 물리학 방정식들은 로렌츠변환을 해도 같은 형태를 유지한다는 아이디어에 근거를 두고 있다. 이제 아인슈타인은 관성계뿐 아니라 가속계에 대해서도 이 원리를 적용하고 싶었다. 다시 말해서 그는 등속운동과 가속운동을 모두 포함하여 어떤 기준계를 쓰더라도 같은 형태가 유지되는 방정식들을 원했다. 한편 어떤 기준계든 3차원의 공간과 시간을 측정할 고유의 좌표계가 필요하다. 아인슈타인이 원한 것은 어떤 시간좌표계와 공간좌표계를 쓰든 형태가 그대로 유지되는 이론이었으며, 이 아이디어로부터 그는 다음과 같은 유명한 그의 **일반공변원리**principle of general covariance를 얻었다 : "**물리학 방정식은 일반적으로 공변이어야 한다**(곧 물리학 방정식은 좌표계를 어떻게 바꾸든 같은 형태를 유지해야 한다)."

예를 들어 고기잡이 그물을 책상 위에 던졌다고 생각해 보자. 그물은 임의의 좌표계를 나타내고 책상의 넓이는 그물이 어떻게 변형되든 일정하게 유지되는 성질을 나타낸다. 우리가 그물의 모양을 아무리 뒤틀고 쥐어짜도 책상의 넓이는 변하지 않는다.

1912년, 리만의 수학이 중력에 대한 올바른 언어임을 확인한 아인슈타인은 일반공변원리의 안내를 받아 리만기하학에서 일반적으로 공변인 대상을 찾아 나섰다. 그런데 놀랍게도 이에 해당하는 것은 두 가지뿐이었으며, 하나는 휘어진 공간의 부피이고 다른 하나는 그런 공간의 곡률이었다(이것은 '**리치곡률**Ricci curvature'이라고 부른다). 이 결론은 엄청난 도움이 되었는데, 이처럼 중력이론을 구성하는 데에 필요한 기본 소재의 종류가 엄격히 제한됨으로써 아인슈타인은 1912년의 불과 몇 달 동안에 리치곡률을 토대로 리만의 연구를 점검한 끝에 일반공변원리를 이용하여 본질적으로 올바른 이론을 만들 수 있었기 때문이다. 그런데 어떤 이유에선지 그는 1912년의 옳은 이론을 버리고 잘못된 아이디어를 쫓기 시작했다. 아인슈타인이 옳은 이론을 버린 정확한 이유는 잃어버린 노트가 발견된 최근까지만 하더라도 역사가들 사이에 큰 미스터리였다. 리치곡률로부터 올바른 중력이론을 만들었던 그해에 아인슈타인은 결정적인 실수를 저질렀다. 그는 자신의 올바른 이론이 '마흐원리 Mach's principle'라고 알려진 것에 위배된다고 여겼다. 이 원리의 한 표현은 우주에 있는 물질과 에너지의 존재가 이를 둘러싼 중력장을 유일하게 결정한다는 가정이었다. 별과 행성들의 어떤 배치를 한번 결정하기만 하면 이것들을 둘러싼 중력장도 결정된다는 뜻이다. 예를 들어 연못에 돌을 던진다고 생각해 보자. 돌이 클수록 연못에 퍼지는 물결도 커지므로, 돌의 크기를 알기만 하면 물결의 크기도 유일하게 결정된다. 마찬가지로 태양의 질량을 알기만 하면 태양을 둘러싼 중력장의 세기도 유일하게 결정된다.

아인슈타인이 실수를 저지른 곳은 바로 여기였다. 그는 리치곡률에 근거한 이론이 물질과 에너지의 존재로부터 이를 둘러싼 중력장을 유일하게 결정해 주지 못하므로 마흐원리를 위배한다고 보았다. 그래서 그는 친구 마르켈 그로스만과 함께 약간 순화된 이론, 곧 일반적 가속은 제외하고 회전에 대해서만 공변인 것을 개발하려고 했다. 그러나 공변원리를 포기한 탓에 그를 이끌어 줄 올바른 길을 찾을 수 없었고, 이로 인해 아인슈타인-그로스만이론의 황야에서 3년의 세월을 헛되이 보내야 했다. 이 이론은 우아하지도 유용하지도 않은데, 예를 들어 약한 중력장에서 뉴턴의 방정식을 이끌어 내지도 못한다. 지구에서 누구보다 뛰어난 물리적 직관을 지녔을 아인슈타인이었지만 스스로 이를 무시했던 것이다.

최종 이론을 모색하는 중에 아인슈타인은 휘어진 공간과 중력에 대한 그의 아이디어를 증명해 줄 세 가지의 핵심적 실험, 곧 일식 때 별빛의 휘어짐, 적색편이(赤色偏移)red shift, 수성의 근일점(近日點)perihelion 이동에도 주목했다. 1911년, 휘어진 공간에 대한 그의 이론이 아직 완성되지 않았지만 아인슈타인은 탐사대를 시베리아로 보내 1914년 8월 21일의 일식 중에 태양에 의한 별빛의 휘어짐이 관측될 수 있기를 바랐다.

천문학자 에르빈 핀라이 프로인틀리히Erwin Finlay Freundlich가 이 탐사에 나설 예정이었는데, 아인슈타인은 자신의 연구가 옳음을 확신한 나머지 이 야심 찬 계획의 경비를 직접 지원하겠다고 제의했다. 그는 "모든 게 실패로 돌아가면 보잘것없는 내 저금을 털어 최소한 2,000마르크라도 보상할 것입니다"라고 썼다. 결국에는 다행히 어떤 부유한 기업인이 자금을 제공하기로 동의했고, 프로인틀리히는 일식이 일어나기 한 달 전에 시베리아로 떠났다. 그러나 때마침 독일이 러시아와의 전쟁을 선포한 탓에 그와 조수는 체포되어 투옥되었고 장비들도 몰수되고 말았다. 돌이켜 보면 1914년의 이 탐사가 성공하지 못한 것은 아인슈타인에게 행운이라고 할 수 있다. 실험이 예정대로 실시되었다면 결과는 아인슈타인의 부정확한 이론에 근거한 예측과 어긋났을 것이고, 그의 연구 전체가 망신을 당했을 것이기 때문이다.

다음으로 아인슈타인은 중력이 빛의 진동수에 미치는 영향을 계산했다. 지구에서 우주로 로켓을 발사하면 지구의 중력은 끄는 힘으로 작용하여 로켓을 아래로 잡아당긴다. 따라서 로켓이 중력을 뿌리치려고 노력하는 과정에서 에너지가 상실된다. 아인슈타인은 태양에서 방출되는 빛도 이와 마찬가지로 태양의 중력을 뿌리쳐야 하므로 에너지를 잃을 것이라고 추론했다. 다만 이때 빛의 속도는 변하지 않고 그 진동수가 감소한다. 그러므로 태양에서 나오는 노랑 빛은 태양의 중력을 이겨 내는 과정에서 에너지를 잃고 약간 붉어진다. 하지만 이 중력적색편이gravitational red shift는 그 효과가 극히 작다. 따라서 아인슈타인은 이게 실험실에서 조만간 검증될 것이라는 환상에 빠지지는 않았는데, 실제로 실험실에서 이 효과가 확인된 것은 이로부터 무려 40년이 지나서였다.

끝으로 그는 오래된 문제, 곧 왜 수성의 공전궤도는 뉴턴의 법칙과 약간 어긋나면서 비틀거리는가 하는 문제에 도전했다. 태양을 도는 행성들의 정상적인 공전궤도는 완전한 타원형이지만, 가까이 있는 다른 행성들의 영향을 받아 아주 조금씩 흔들려서 데이지daisy 꽃잎을 닮은 궤적을 그린다. 하지만 수성의 궤도는 이와 같은 다른 행성들의 영향을 빼고 나서 보더라도 뉴턴의 법칙과 어긋난다는 점이 밝혀졌다. 이 편차는 근일점이동perihelion shift이라고 부르며 1859년에 프랑스의 천문학자 위르뱅 르베리에Urbain Leverrier가 처음 관측했다. 그의 계산에 따르면 이 효과는 백 년에 43.5초라는 아주 작은 각도였지만 뉴턴의 법칙으로는 설명되지 않는 분명한 관측 결과였다. 뉴턴의 운동법칙과 어긋나는 예가 이전에도 발견된 적이 있었다. 1800년대 초에 천문학자들은 천왕성의 궤도가 흔들리는 것을 보고 혼란에 빠졌으며, 이에 따라 그들은 뉴턴의 법칙을 폐기하거나 아니면 천왕성 주변에 아직 관측되지 않은 다른 행성이 있어서 이를 잡아당기기 때문이라고 설명해야 했다. 1846년 마침내 새 행성이 발견되어 해왕성으로 명명되었는데, 그 위치는 뉴턴의 법칙이 예측하는 바로 그곳이었기에 물리학자들은 안도의 한숨을 내쉬게 되었다.

하지만 수성의 수수께끼는 이후에도 해결되지 못했다. 천문학자들은 뉴턴의 법칙을 폐기하기보다 궁여지책으로 예전의 경험을 살려 아직 관측되지 않았지만 '벌칸Vulcan'이라 명명한 새 행성이 있으며, 수성의 공전궤도 안쪽에서 태양을 공전한다고 가정했다. 하지만 계산으로 예측된 곳의 밤하늘을 되풀이해 관측했음에도 천문학자들은 그런 행성을 찾지 못했다.

아인슈타인은 이보다 훨씬 급진적인 해석을 받아들일 채비가 되어 있었다. 어쩌면 뉴턴의 법칙들 자체가 틀리든지, 아니면 최소한 불완전할지도 모른다. 1915년 11월, 아인슈타인-그로스만이론으로 3년의 세월을 헛되이 보낸 뒤 그는 다시 1912년에 폐기했던 리치곡률로 돌아왔으며, 마침내 자신의 결정적 실수를 발견했다. 아인슈타인이 리치곡률을 저버렸던 이유는 이것이 어떤 물질의 존재에 따른 중력장을 하나가 아니라 여러 개 내놓았기 때문이었다. 이에 따라 리치곡률은 마흐원리에 위배되는 것으로 보였는데, 나중에 다시 보니 이 여러 개의 중력장들은 공변원리 덕분에 실제로는 수학적으로 서로 동등하며 따라서 물리적으로 같은 결론임이 밝혀졌다. 아인슈타인은 여기에서 공변원리의 위력에 다시금 깊이 매료되었다. 이 원리는 가능한 중력이론의 종류를 엄격히 제한할 뿐 아니라, 유일한 물리적 결론을 내놓는데, 겉보기로 다른 중력장 해들이 실제로는 모두 동등하기 때문이다.

아인슈타인은 최종적인 방정식을 찾는 데에 몰입해 갔는데, 이때 그는 아마 자신의 생애 중 가장 치열한 집중력을 발휘했을 것이다. 모든 잡념을 끊은 그는 무자비하게 스스로를 채찍질하며 과연 자신의 이론이 수성의 근일점이동을 해명할 수 있는지 알아보고자 했다. 그의 잃어버린 노트에는 여러 개의 해를 되풀이해 제시하면서 어느 것이 약한 중력장에서 뉴턴의 이론을 재현해 내는지 일일이 점검한 흔적이 보인다. 뉴턴의 방정식은 하나임에 비해 아인슈타인의 텐서방정식은 10개의 서로 다른 방정식들로 구성되어 있었으므로 이 작업은 매우 더디게 진행되었다. 하지만 아인슈타인은 체력과 정신력이 완전히 바닥나도록 몰아붙여 마침내 이 엄청난 작업을 1915년 11월 말에 마무리지었다. 1912년에 이미 이루었던 이론을 이용한 이 길고도 지겨운 계산으로부터 그는 수성의 근일점이동이 100년에 42.9초라는 답을 얻었으며, 이 값은 실험오차 범위 안에서 충분히 인정될 만한 것이었다. 이 결과는 자신의 이론이 옳음을 보여 주는 최초의 명확한 관측 증거였기에 그의 기쁨은 극에 달했다. 그는 나중에 "나의 가장 대담한 꿈을 이루었다는 생각에 며칠 동안 온통 흥분에 휩싸여 지냈다"라고 돌이켰다. 중력의 상대론적 방정식을 찾겠다는 일생일대의 소망이 실현되었던 것이다.

무엇보다 추상적인 물리학적 및 수학적 일반공변원리가 구체적이고도 결정적인 관측 결과를 이끌어 냈다는 점으로부터 더욱 전율을 느낀 아인슈타인은 다음과 같이 썼다: "일반공변원리의 실용성, 그리고 나의 방정식들이 수성의 근일점이동을 정확히 이끌어 냈다는 데에 대한 나의 환희를 상상해 보라." 이어서 그는 자신의 새 이론을 사용하여 태양에 의한 별빛의 휘어짐을 다시 계산했다. 공간의 만곡을 이론에 추가한 결과 최종적인 답은 1.7초로서(약 2,000 분의 1도) 처음에 예측한 값의 약 두 배 정도였다.

아인슈타인은 자신의 이론이 너무나 단순하고 우아하면서도 강력하므로 어떤 물리학자도 그 최면적 마력을 벗어나지 못할 것이라고 확신했다. 이에 그는 "이 이론을 정말로 이해한다면 깊은 매력을 느끼지 않을 사람은 없을 것이다. 진정 그 아름다움은 비길 데가 없다"라고 썼다. 일반공변원리는 기적과도 같은 강력한 도구였기에 우주 자체의 구조를 묘사하는 최종 방정식의 길이는 겨우 몇 센티미터에 지나지 않았다. 그리하여 오늘날에도 물리학자들은 이토록 짧은 방정식이 우주의 창조와 진화를 재현할 수 있다는 사실에 찬탄을 금치 못한다. 물리학자 빅토르 바이스코프Victor Weisskopf는 이것을 평생 처음으로 트랙터를 본 농부의 이야기에 담긴 경이로움에 즐겨 비유했다. 트랙터를 시험해 본 농부는 엔진 덮개를 열고 어리둥절한 표정으로 묻는다. "그런데 말은 어디에 있나?"

아인슈타인의 최종적 승리를 가로막는 한 가지 문제는 당시 살아 있는 수학자들 가운데 세계에서 가장 위대한 수학자라고 할 다비드 힐베르트David Hilbert와의 사소한 우선권priority('선취권' 이라고도 부른다: 옮긴이) 분쟁이었다. 아인슈타인은 괴팅겐대학교에서 힐베르트를 위해 두 시간 짜리 강연을 여섯 번에 걸쳐 한 적이 있는데, 그때 그는 비앙키항등식Bianchi identity이라는 수학적 도구를 알지 못해 '작용action' 이라는 간단한 형태로부터 자신의 방정식을 유도해 내지 못하고 있었다. 나중에 힐베르트는 작용에 근거하여 이 계산의 마지막 단계를 메우고, 이 결과를 아인슈타인보다 불과 6일 앞서 자신의 이름으로 발표했다. 아인슈타인은 기분이 썩 좋지 않았다. 사실 그는 힐베르트가 마지막 단계를 메워 공로를 앗아감으로써 일반상대성이론을 가로채려 한다고 믿었다. 두 사람 사이의 균열은 결국 메워졌지만, 아인슈타인은 자신의 업적이 너무 쉽사리 공유되는 것을 꺼려했다. 오늘날 일반상대성이론의 근거가 되는 작용은 '아인슈타인-힐베르트작용Einstein-Hilbert action' 이라고 부른다. 힐베르트는 "물리학은 물리학자들에게 맡겨두기에는 너무 중요하다"라는 자신의 평소 신념에 따라 아인슈타인 이론의 마지막 작은 단계에 관여했을 것으로 보인다. 이 말은 물리학자들의 수학적 능력이 자연의 비밀을 탐구하기에 충분하지 않다는 뜻이며, 명백히 다른 많은 수학자들도 이에 공감하는 것으로 여겨진다. 수학자 펠릭스 클라인Felix Klein은 아인슈타인이 타고난 수학자가 아니며 모호한 물리학적 및 철학적 충동에 따라 연구한다고 투덜거렸다. 어쩌면 이것은 수학자들과 물리학자들의 본질적 차이임과 동시에 왜 수학자들이 물리법칙들을 찾아내는 데에 줄곧 실패하는지를 설명해 주는 이유라고 볼 수도 있다. 수학자들은 고립된 지방과도 같은 몇 가지의 작지만 일관된 영역들만 다룬다. 반면 물리학자들은 소수의 물리학적 원리들을 다루지만 이를 제대로 해결하려면 다양한 수학적 체계들이 필요하다. 자연의 언어는 수학이라 하겠으나 자연의 배경에 숨은 원동력은, 예를 들어 상대론이나 양자론과 같은, 물리학적 원리들인 것으로 보인다.

아인슈타인의 새 중력이론에 대한 뉴스는 전쟁이 터짐에 따라 잘 알려지지 못했다. 1914년 오스트리아-헝가리왕국 황태자의 피살은 당시 최대의 유혈 사태로 이어졌고, 여기에 영국, 오스트리아-헝가리왕국, 러시아, 프러시아 등이 끌어들여져 수천만의 젊은이들이 희생되는 대 참사가 빚어졌다. 온화하고 고명했던 독일의 대학교수들도 불과 하룻밤 사이에 피에 목마른 국수주의자로 탈바꿈했다. 베를린대학교의 거의 모든 교수들이 전쟁의 열병에 휩쓸려 자신들의 모든 열정을 전쟁을 지원하는 데에 바쳤다. 황제를 뒷받침하기 위해 93명의 저명한 지성인들이 악명 높은 '문명세계에 대한 선언Manifesto to the Civilized World'에 서명하여 모든 사람들이 황제를 중심으로 뭉칠 것을 요구했다. 이들은 또한 "독일인들은 백인에 대항하도록 해방된 흑인 및 몽고인들과 연합한 러시아인들을 물리쳐야 한다"는 불길한 주장을 폈다. 이 선언은 독일의 벨기에 침입을 정당화하면서 자랑스럽게 외쳤다. "독일군과 독일인은 하나이다. 이런 인식 아래 칠천 만 독일인은 교육수준과 계급과 정당을 떠나 한데 뭉친다." 이 선언에는 아인슈타인의 은인이라 할 막스 플랑크뿐 아니라 수학자 펠릭스 클라인, 엑스레이를 발견한 물리학자 빌헬름 뢴트겐Wilhelm Röntgen, 발터 네른스트Walther Nernst, 빌헬름 오스트발트Wilhelm Ostwald와 같은 특출한 인물들도 서명했다.

마음속 깊이 평화주의자였던 아인슈타인은 이 선언에 서명하기를 거부했다. 엘자의 단골의사인 게오르크 니콜라이Georg Nicolai는 유명한 반전주의자였는데 반선언서를 만들어 지성인 100명의 서명을 받고자 했다. 하지만 독일을 휩쓴 병적인 전쟁의 열풍에 압도되어 이에 서명한 사람은 넷뿐이었고 거기에 아인슈타인도 포함되었다. 아인슈타인은 이 놀라운 사태에 머리를 저으며 "유럽이 이런 어리석음에 빠졌다는 게 믿어지지 않는다"라고 썼다. 그리고 슬픈 마음으로 "이런 때이면 우리는 인간이란 동물이 참으로 비참한 종(種)임을 깨닫게 된다"라고 덧붙였다.

1916년 아인슈타인의 세계는 또 다시 흔들린다. 예전에 아인슈타인을 위해 취리히대학교의 교수직을 기꺼이 포기했던 이상주의에 젖은 친구 프리드리히 아들러가 오스트리아의 수상 칼 폰 슈튀르크Karl von Stürgkh 백작을 암살했다는 놀라운 소식이 전해졌던 것이다. 많은 사람이 북적인 빈의 식당에서 일을 저지른 그는 "독재를 타도하자! 평화를 달라!"고 외쳤다. 오스트리아 사회민주당을 창립한 사람의 아들이 국가에 대항하여 언어도단적인 살인을 범했다는 소식에 온 나라는 충격에 휩싸였다. 아들러는 즉각 투옥되었고 사형선고를 받을 운명에 처했다. 재판이 진행되는 도중 아들러는 좋아하는 취미인 물리학으로 돌아와 아인슈타인의 상대성이론을 비판하는 긴 논문을 쓰기 시작했다. 실제로 그의 살인 및 그 귀결로 초래된 극심한 혼란의 와중에서 그는 자신이 상대론에 숨은 치명적인 실수를 발견했다는 생각에 사로잡혀 있었다!

아들러의 아버지 빅토르Viktor는 자식이 가질 수 있는 유일한 방어수단을 물고 늘어졌다. 가문에 정신병이 이어져 내려온다는 사실을 알고 있었던 빅토르는 아들이 실제로 미쳤다고 주장하며 관용을 베풀어 달라고 호소했다. 그 증거로 빅토르는 아들이 이미 널리 받아들여진 아인슈타인의 상대성이론을 반박하려 했다는 사실을 지목했다. 아인슈타인은 그의 성격에 대한 증인으로 채택되었지만 소환되지는 않았다.

처음에 재판소는 아들러의 유죄를 인정하고 교수형에 처하도록 판결했다. 하지만 아인슈타인을 비롯한 많은 사람들이 탄원한 결과 나중에 이를 번복하여 종신형으로 바꿨다. 아이러니컬하게도 아들러는 제1차 세계대전이 끝나 이 정권이 무너지자 1918년에 석방되었음은 물론 국회의원으로 뽑히기도 했고, 노동운동의 가장 유명한 인물 가운데 한 사람이 되었다.

전쟁에다 일반상대성이론을 창조하느라 엄청난 정신적 노력을 기울였기에 이미 부실해져 있던 아인슈타인의 건강이 다시 타격을 입었다. 1917년 그는 신경쇠약에 가까운 고통을 이기지 못하고 마침내 병석에 누웠다. 심신 양면으로 얼마나 지쳤던지 이때 그는 살고 있던 아파트조차 벗어날 수 없었다. 몸무게가 단 두 달 사이에 25킬로그램이나 위험할 정도로 급격히 빠져 지난날 모습의 껍질만 남은 듯했던 그는 암으로 죽는 게 아닌가 걱정했지만 위궤양이라는 진단이 내려졌다. 의사는 완전한 휴식을 취하고 식생활을 바꾸라고 조언했다. 이 동안 엘자는 줄곧 동반자 역할을 하면서 앓고 있던 아인슈타인이 서서히 건강을 회복하도록 도왔다. 아인슈타인은 엘자에게 깊이 빠져 들었고 그녀의 딸과도 친하게 되었는데, 특히 그녀의 아파트 바로 옆으로 이사하면서부터 더욱 그랬다. 1919년 6월 마침내 두 사람은 결혼했다. 고명한 교수가 어떤 옷차림을 해야 하는지에 대해 명확한 아이디어를 품고 있었던 엘자는 홀몸의 방랑자 같았던 교수를 잘 이끌어 우아하고 가정적인 남편으로 변화시켰다. 이러한 그녀의 노력은 이를테면 세계적 무대의 주인공으로 떠오를 다음 단계의 아인슈타인을 위한 사전 준비 작업이었다고 볼 수도 있다.

새 코페르니쿠스

제1차 세계대전의 혼란과 파괴로부터 회복되어 가면서 아인슈타인은 1919년 5월 29일로 예정된 다음 일식의 분석을 애타게 기다렸다. 영국의 과학자 아서 에딩턴Arthur Eddington은 아인슈타인의 이론에 대한 결정적 실험을 수행하는 데 대해 많은 관심을 보였다. 영국의 왕립천문학회Royal Astronomical Society의 간사였던 에딩턴은 망원경을 통한 천문학적 관측과 일반상대성이론의 수학적 이해에 모두 능숙했다. 그가 이 일식 실험을 수행하기로 한 데에는 다른 이유도 있었다. 퀘이커교도인 그는 평화주의의 신념을 가졌기 때문에 제1차 세계대전이 일어났음에도 영국군에 지원하지 않았다. 사실 그는 군대에 끌려가느니 차라리 감옥에 갇힐 각오를 단단히 했던 터였다. 케임브리지대학교의 관리는 한 젊은 스타가 양심적 병역 거부자로 감옥에 가는 불상사가 추문으로 번질 것을 염려한 나머지 정부와 교섭하여 유예해 주기로 했다. 다만 여기에는 공적 의무를 이행해야 한다는 조건이 있었으며, 1919년의 일식 때 아인슈타인의 이론을 검증하기 위해 탐사대를 이끌고 다녀와야 한다는 게 그것이었다. 따라서 이제 일반상대성이론에 대한 이 실험은 전쟁에 투입되는 것을 대신할 공적이고 애국적인 의무가 되었다.

아서 에딩턴은 서아프리카 해안의 기니만(灣)Gulf of Guinea에 있는 프린시페섬island of Principe에 캠프를 차렸고 앤드루 크로멜린Andrew Crommelin이 이끄는 다른 팀은 브라질 북부의 소브할Sobral로 향했다. 그런데 날씨가 좋지 않아 비구름이 해를 가렸던 탓에 거의 모든 실험을 망칠 뻔했다. 하지만 오후 1시 30분 무렵 사진을 겨우 찍을 정도의 시간만큼 기적적으로 구름이 조금 걷혀 자료를 확보하게 되었다.

탐사대가 영국으로 돌아와 자료를 분석하기까지는 아직 한 달 정도 더 기다려야 했다. 에딩턴이 자신의 사진과 영국에서 몇 달 전에 같은 망원경으로 찍은 사진을 비교했더니 평균적으로 1.61초의 편차가 있었고, 소브할팀의 자료에서는 1.98초가 나왔으며, 이 둘의 평균값 1.79초는 아인슈타인의 예측 1.74초와 실험 오차 안에서 일치했다. 후일 에딩턴은 아인슈타인의 이론에 대한 검증이 그의 생애에서 가장 위대한 순간이었다고 돌이켰다.

1919년 9월 22일 아인슈타인은 마침내 헨드리크 로렌츠로부터 감격적인 소식이 담긴 전보를 받았다. 흥분에 휩싸인 아인슈타인은 어머니에게 편지를 썼다. "사랑하는 어머니, 오늘 좋은 소식이 있었습니다. 헨드리크 로렌츠의 전보에 의하면 영국 탐사대는 별빛이 태양에 의해 정말로 휘어진다는 사실을 확인했다고 합니다." 막스 플랑크는 일식이 일반상대성이론을 확인해 줄 것인지 듣기 위하여 밤을 새웠던 것으로 보인다. 나중에 아인슈타인은 농담 삼아 "그분이 일반상대성이론을 정말로 이해했다면 저처럼 침대에 들어갔을 것입니다"라고 말했다.

   과학계는 아인슈타인의 새 중력이론이 전해 준 놀라운 뉴스로 소란스러웠다. 하지만 진짜 폭풍은 1919년 11월 6일 런던에서 왕립학회Royal Society와 왕립천문학회의 연석회의가 있을 때까지는 공식적으로 터뜨려지지 않았다. 갑자기 아인슈타인은 베를린대학교의 저명한 물리학 교수로부터 아이작 뉴턴을 승계할 충분한 자격을 지녔다고 여겨지는 세계적 인물로 떠올랐다. 이 회의에 대해 철학자 앨프리드 화이트헤드Alfred Whitehead는 "정확히 그리스의 연극과도 같은 긴장되고 흥미로운 분위기가 감돌았다"라고 썼다. 프랭크 다이슨 경(卿)Sir Frank Dyson이 첫 연사로 나서 "사진을 세심히 검토한 결과 나는 아인슈타인 교수의 예측이 의심의 여지없이 확증되었다고 말씀드릴 수 있게 되었습니다. 아인슈타인 교수의 중력이론에 따라 빛이 꺾인다는 사실을 보여 주는 명확한 결과를 얻었습니다"라고 선언했다. 노벨상 수상자이자 왕립학회의 회장인 톰슨J. J. Thomson은 엄숙하게 "이것은 인간 사고의 역사에서 가장 위대한 성과 가운데 하나로, 외딴 곳에 있는 섬 하나가 아니라 새로운 과학적 아이디어의 큰 대륙 전체를 발견한 것에 해당합니다. 또한 뉴턴의 중력이론이 발표된 이래 중력과 관련되어 이루어진 가장 위대한 발견입니다"라고 말했다.

   전해 오는 이야기에 따르면 에딩턴이 회의장을 떠날 때 어떤 과학자가 그를 붙들고 다음과 같이 말했다고 한다. "소문에는 아인슈타인 교수의 이론을 이해하는 사람이 전 세계에 세 사람뿐이라는데 당신은 그중 한 사람이겠지요." 에딩턴이 입을 다물고 서 있자 그 과학자는 "너무 겸손할 필요는 없습니다"라고 말했다. 에딩턴은 어깨를 으쓱하더니 "천만에요. 저는 잠시 셋째 사람이 누구일지 생각해 보았습니다"라고 답했다.

다음 날 런던의 〈더타임스 the Times〉는 헤드라인을 "과학의 혁명, 우주의 새 이론, 뉴턴의 아이디어를 뒤엎다, 중대 선언, 공간은 휘어 있다"라는 문구로 장식했다. 에딩턴은 아인슈타인에게 "당신의 이론으로 온 영국이 떠들썩합니다. … 영국과 독일의 과학적 관계를 위해 이보다 더 좋은 일은 없습니다"라고 썼다. 런던의 신문들은 또한 93명의 독일 지성인들이 서명하여 영국의 지성인들을 분노하게 했던 그 악명 높은 선언문에 아인슈타인이 서명하지 않았다는 사실도 보도했다.

실제로 에딩턴은 영어권 세계에서 아인슈타인을 널리 알리고 지지하면서 일반상대성이론에 대해 제기되는 모든 도전을 방어하는 역할도 떠맡았다. 지난 세기에 토머스 헉슬리 Thomas Huxley는 빅토리아 여왕의 치세 아래 종교적으로 깊이 빠져 있던 영국 사회에서 '다윈의 불독 Darwin's bulldog'이라 자처하며 진화론이라는 이단적 이론을 적극 옹호하고 퍼뜨렸다. 에딩턴도 마치 그와 같이, 자신의 과학적 평판과 훌륭한 토론 능력을 한껏 이용하여 상대성이론에 대한 이해를 증진하는 데에 앞장섰다. 각각 퀘이커교도와 유태인 출신인 두 평화주의자의 이 기이한 연합 덕분에 상대성이론은 영어권 세계에 잘 스며들 수 있었다.

그리하여 이에 관한 기사 때문에 많은 신문사들은 쉴 새 없이 일해야 했고 물리학적 지식이 있는 사람들을 급히 수배해야 했다. 〈뉴욕타임스 New York Times〉는 사태가 다급히 돌아가자 우선 급한 대로 골프전문가 헨리 크라우치 Henry Crouch를 파견한 탓에 많은 오류를 떠안아야 했으며, 〈맨체스터

가디언Manchester Guardian〉은 음악비평가를 보냈다. 나중에 〈더타임스〉로부터 상대성이론을 좀 더 자세히 설명한 기사를 써 달라고 요청 받은 아인슈타인은 다음과 같은 구절을 넣었다. "오늘 독일에서는 저를 독일과학자라고 부르지만 영국에서는 스위스유태인으로 통합니다. 만일 제가 아주 싫은 존재가 된다면 이 표현은 뒤바뀌어, 독일에서는 스위스유태인, 영국에서는 독일과학자라고 부를 것입니다."

곧이어 수백 곳의 신문사에서 코페르니쿠스와 뉴턴을 승계한 보증된 천재와 독점 인터뷰를 하고자 아우성치며 달려들었다. 그리하여 아인슈타인은 마감시간에 맞추려는 리포터들에 의해 포위되곤 했다. 마치 전 세계의 신문들이 하나같이 그의 이야기를 맨 앞면에 싣고자 하는 듯했다. 어쩌면 제1차 세계대전의 무자비한 야만성과 살육에 넌더리가 난 대중들은 그들의 꿈속에서 영원토록 미스터리로 남아 있는 천상의 별에 대한 전설과 깊은 신화로 이끌어 주는 신비의 인물에 곧장 빠져 들 태세가 되어 있는 것 같았다. 나아가 아인슈타인은 천재의 이미지 자체를 새로 규정했다. 범접할 수 없을 듯한 모습 대신 젊은 베토벤처럼 흩날리는 머리칼에 구겨진 옷을 입고 언론에게 신랄한 풍자를 날리는가 하면 대중에게는 지혜로운 경구와 비유를 던지는 머나먼 별에서 온 이 전령사에게 수많은 사람들이 열광했다.

아인슈타인은 친구에게 이렇게 썼다. "지금 모든 마부와 웨이터들까지 상대성이론이 옳은지 논쟁을 벌이고 있는데, 이때 각 개인의 신념은 어느 정당에 속하는지에 달려 있다네." 하지만 신선함이 사라져 감에 따라 그는 대중적 인기의 다른 면도 보게 되었다. "신문 기사들의 홍수에 이어 나는 질문과 초대와 도전에 허우적거리며 지옥에서 불타는 꿈도 꾼다네. 우편배달

부는 영원토록 내게 으르렁거리는 악마처럼 굴면서 전에 답장을 해 주지 않았다는 이유로 또 보내온 편지들을 머리 너머로 집어던지네." 아인슈타인은 스스로 "상대성 서커스라고 부르는 곳의 한가운데에 자신을 둔 이 세상이 기이한 정신병원과 같다"고 결론지었다. 그는 이어서 "이제 나는 마치 창녀처럼 여겨지네. 누구나 내가 뭘 하는지 알고 싶어하네"라고 한탄했다. 신기함을 쫓는 사람들, 괴짜들, 서커스 흥행사들 등 모두가 알베르트 아인슈타인에 대해 조금이라도 알고 싶어했다. '베를리너 일루스트리테 차이퉁Berliner Illustrite Zeitung' 은 어느 날 갑자기 유명세를 탄 과학자가 마주친 몇 가지 문제점들을 상세히 그렸는데, 한 내용에는 런던 팔라듐London Palladium 극장의 예약 담당자가 그의 얼굴을 코미디언, 줄타기 연기자, 불을 삼키는 마술사 등과 함께 표에 넣겠다는 후의를 거절했다는 것도 나온다. 아인슈타인은 이처럼 그를 호기심의 대상으로 삼는 제의에 대해서는 언제나 정중히 거절했다. 하지만 어린이 용품, 나아가 시가 회사들도 그의 이름을 상표화하는 것까지 막을 도리는 없었다.

아인슈타인의 발견과 같은 중대한 사건들은 이를 트집 잡고 늘어지는 한 무리의 회의론자들과 맞서게 마련인데, 〈뉴욕타임스〉가 이들을 이끌었다. 영국 신문들에게 특종을 빼앗긴 초기의 충격에서 회복되기 시작한 〈뉴욕타임스〉의 편집자들은 아인슈타인의 이론을 그토록 빨리 받아들이면서 쉽게 속아 넘어간 영국인들을 조롱했다. 그들은 "영국인들이 아인슈타인의 이론을 입증하는 사진에 대한 뉴스를 들었을 때 일종의 지적 공황 상태에 빠졌던 것 같다. 하지만 이제 그들은 아직도 해가 동쪽에서 떠오른다는 사실을 분명히 깨달으며 서서히 회복되고 있다"라고 썼다. 뉴욕 편집자들의 심기를 거스르고 의심을 불러일으킨 것은 전 세계를 통틀어 극히 소수의 사람들만이 아인슈타인의 이론을 이해한다는 사실이었다. 그래서 그들은 이것이야말로 비미국인 및 비민주적인 사람들을 구분 짓는 경계선이라고 외쳤다. 과연 세계는 한 사람의 못된 장난에 감쪽같이 속아 넘어간 것일까?

학계에서의 회의론은 컬럼비아대학교의 천체역학 교수 찰스 레인 푸어 Charles Lane Poor에 의하여 정식화되었다. 그는 "아인슈타인이 주장하고 서술한 그의 이론에 대한 천문학적 증거란 것은 존재하지 않는다"고 말함으로써 이런 역할을 잘못 떠안았다. 푸어는 또한 상대성이론의 창시자를 루이스 캐롤Lewis Carroll의 소설에 나오는 인물과 비교했다. "나는 4차원과 아인슈타인의 상대성이론에 대한 여러 글들 및 우주의 구성에 대한 심리학적 고찰 등을 읽었다. 그런 뒤 나는 브랜디지Brandegee 상원의원이 워싱턴의 저녁 식사에서 성찬을 들고 난 뒤 느꼈던 기분을 느꼈다. 그는 '마치 내가 이상한 나라의 앨리스Alice in Wonderland를 따라 돌아다니다가 미친 모자 장수와 함께 차를 나눈 듯 느꼈다'고 말했다." 엔지니어 조지 프랜시스 질레트 George Francis Gillette도 입에 거품을 물고 떠들어 댔다. "상대성이론은 모들뜨기의 물리학이고 … 완전히 헛소리이고 … 정신병자의 얼뜨기 작품이고 … 애들 장난 중에서도 가장 유치하며 … 사이비 종교의 주술이다. 1940년이면 이 이론은 흘러간 농담으로 여겨질 것이다. 아인슈타인은 이미 죽었고, 앤더슨Anderson, 그림Grimm, 미친 모자 장수와 나란히 묻혔다." 아이러니컬하게도 역사가들이 이들을 기억하는 유일한 이유는 상대성이론에 대한 부질없는 비난들 때문이다. 물리학이 인기투표나 〈뉴욕타임스〉의 편집자들이 아니라 정교한 실험에 의해 판단된다는 것은 정당한 과학이라는 증거이다. 막스 플랑크는 양자론을 제안했을 때 맞서야 했던 격렬한 비판들을 지적하며 다음과 같이 말했다. "일반적으로 볼 때 새로운 과학적 진리는 반대자들이 설득되고 깨닫게 되어서가 아니라 그들이 차츰 세상을 떠나고 처음부터 이 진리에 친밀한 새 세대들이 자라나 과학계를 채움으로써 널리 퍼지게 된다." 아인슈타인 자신은 이렇게 말했다. "위인들은 언제나 범인들의 거센 저항에 마주쳤다."

불행하게도 언론들이 아인슈타인을 지나치게 찬양함에 따라 갈수록 늘어나는 그를 비난하는 사람들의 증오와 질투와 편견도 그만큼 커져 갔다. 물리학계에서 가장 악명 높은 반 유태계 인물은 노벨상을 받은 필리프 레나르트였다. 그는 빛의 진동수가 광전효과에 미치는 영향을 실험적으로 확립했는데, 아인슈타인은 빛의 양자론에 근거한 광자의 개념으로 이를 설명했다. 밀레바는 하이델베르크를 방문했을 때 그의 강의를 듣기도 했다. 레나르트는 자신이 펴낸 섬뜩한 내용의 책에서 아인슈타인을 '유태인 사기꾼'이라 헐뜯고, "아인슈타인은 유태인이므로 상대성이론은 인종이론이 널리 퍼졌다면 처음부터 예측 가능했을 것이다"라고 말했다. 결국 그는 반상대성이론연맹Anti-relativity League이라 부르는 단체를 이끌게 되었는데, 그 목적은 독일에서 '유태인 물리학Jewish physics'이란 것을 몰아내어 '아리안 물리학Aryan physics'의 순수성을 확립하는 데에 있었다. 여기에는 노벨상을 받은 요하네스 슈타르크Johannes Stark와 '가이거계수기'를 발명한 한스 가이거Hans Geiger 등 독일의 저명한 과학자들이 여럿 가담했다.

1920년 8월 이 악의에 찬 단체는 전적으로 상대성이론을 매도하기 위한 목적으로 거대한 베를린교향악단의 건물을 빌려 대회를 치렀는데, 놀랍게도 청중 속에는 아인슈타인도 있었다. 그는 바로 눈앞에서 분노에 찬 연설가들이 쉴 새 없이 번갈아 가며 그를 인기만 쫓는 사냥개이고 표절꾼이며 사기꾼이라고 비난하는 것을 당당히 지켜보았다. 다음 달에도 이와 같은 대결이 펼쳐졌는데 이번에는 바트나우하임Bad Nauheim에서 열린 독일과학자회의 모임에서였다. 무장한 경찰들은 만약의 폭력 사태나 무력 행사를 저지하기 위해 회의장의 입구를 지켰다. 아인슈타인은 레나르트의 몇몇 선동적인 매도에 답을 하고 나섰지만 조롱과 야유의 함성을 들어야 했다. 이 귀에 거슬리는 뉴스는 런던의 신문을 장식했으며, 영국인들은 독일의 가장 위대한 과학자가 독일 밖으로 쫓겨나게 되었다는 소문을 듣고 긴장했다. 런던의 독일대사관은 이런 소문을 잠재우기 위해 아인슈타인이 떠난다면 독일 과학계는 파국을 맞을 것이며, "우리는 그와 같이 … 문화적 홍보에 효과적으로 쓰일 수 있는 분을 몰아내서는 안 됩니다"라고 말했다.

1921년 4월 전 세계 곳곳으로부터 초청이 쏟아 들어오자 아인슈타인은 새롭게 부각된 자신의 명성을 이용하여 상대성이론뿐 아니라 마음에 품은 다른 목적도 널리 퍼뜨리고자 했는데, 여기에는 평화주의와 시오니즘Zionism이 포함되었다. 그동안 그는 유태인으로서의 자신의 뿌리를 재발견했다. 친구 쿠르트 블루멘펠트Kurt Blumenfeld와의 오랜 대화를 통해 아인슈타인은 여러 세기 동안 유태인들에게 가해진 많은 박해를 깊이 이해하게 되었다. 그는 "블루멘펠트 덕분에 나의 유태 영혼을 되찾았다"고 말했다. 시오니즘의 지도자 차임 바이츠만Chaim Weizmann은 아인슈타인을 자석처럼 활용하여 예루살렘의 히브리대학교Hebrew University를 위한 모금활동을 펼치고자 했다. 그리하여 아인슈타인으로 하여금 세계의 심장이라 할 미국 순방

여행에 오르도록 했다.

배가 뉴욕에 닿자마자 아인슈타인은 잠깐이라도 그를 붙들려는 리포터들에 둘러싸여 버렸다. 시가지에는 그를 호위하고 가는 차량 행렬을 보려고 많은 사람들이 늘어서서 구경했으며, 오픈카 형태의 리무진에서 답례로 손을 흔들면 환호성을 지르곤 했다. 엘자는 누군가 그녀에게 꽃다발을 던지자 "마치 바르눔 서커스Barnum circus 같아요!"라고 말했다. 아인슈타인은 "뉴욕의 여인들은 해마다 새 스타일로 나서기를 원한다는데 올해의 패션은 상대론인 모양이지"라고 말하면서, "서커스의 광대처럼 나도 주위에 사람들을 끄는 사기꾼이나 최면술사 같은 특징이 있나?"라고 덧붙였다.

예상했듯, 아인슈타인은 대중들로부터 강한 관심을 끌었으며 시오니즘에 활기를 지폈다. 그가 연설하는 곳마다 호의적인 사람들과 호기심에 넘치는 사람들과 유태인에 열광하는 사람들이 빈틈없이 들어찼다. 맨해튼의 69번 병기창69th Regiment Armory에서 열린 강연의 경우 8천 명이 입장했지만 3천 명은 되돌아가야 했다. 뉴욕시립대학이 주최한 환영회는 이 여행의 하이라이트 가운데 하나였다. 나중에 노벨상을 수상한 이지도어 아이작 라비Isidor Isaac Rabi는 아인슈타인의 강연에 대해 많은 기록을 남겼는데, 아인슈타인이 다른 물리학자들과 달리 대중을 즐겁게 하는 카리스마를 가진 데 대해 찬탄해 마지않았다. 뉴욕시립대학의 모든 학생들이 아인슈타인 주위로 몰려드는 광경을 찍은 사진은 오늘날에도 그곳 학장실에 걸려 있다.

뉴욕을 떠난 뒤 미국을 누비는 아인슈타인의 여행은 마치 선거 유세와도 같이 몇 군데의 대도시를 거쳐 가며 진행되었다. 클리블랜드에서는 3천 명의 군중이 모여들었고, 한 무리의 유태계 참전용사들이 아인슈타인을 보기 위해 맹목적으로 접근하는 사람들을 힘겹게 막아 내어 혹시 발생할 수도 있었을 불상사를 방지했다. 워싱턴에서는 워런 하딩Warren G. Harding 대통령을 만났다. 하지만 아인슈타인은 영어를 못하고 하딩은 독일어나 프랑스어를 못했기에 아쉽게도 직접 의사소통을 하지는 못했다. 바람처럼 휩쓴 여행을 통해 아인슈타인은 거의 100만 달러를 모금했는데, 800명의 유태계 의사들이 모인 월도프 아스토리아 호텔Waldorf Astoria Hotel에서의 강연에서는 한 번에 25만 달러가 걷히기도 했다.

　미국 여행에서 아인슈타인은 수많은 미국인들에게 시간과 공간의 신비를 전해 주었을 뿐 아니라 그의 마음속 깊이 자리 잡게 된 유태주의, 곧 시오니즘을 새로이 다지게 되었다. 유럽의 안락한 중산층에서 자란 그는 전 세계에 퍼진 가난한 유태인들이 받는 고통을 직접 목격한 적이 없었다. "이렇게 많은 유태인들을 본 것은 처음이다"라고 그는 말했다. "미국에 오기 전까지만 해도 나는 유태인 집단을 발견하지 못했다. 나는 많은 유태인을 보아 왔지만 베를린은 물론 독일 어디에서도 유태인 집단은 만나지 못했다. 미국에서 본 유태인 집단은 러시아와 폴란드 등 대개 동유럽 쪽에서 왔다."

　미국 다음으로 아인슈타인은 영국을 방문했으며 거기서는 캔터베리Canterbury의 대주교를 만났다. 아인슈타인은 성직자들의 우려와 달리 상대성이론은 사람들의 도덕심이나 종교적 신념을 해치지는 않는다고 확언했고 이에 그들은 안도의 한숨을 내쉬었다. 로스차일드Rothschild 가문의 저택에서 점심을 든 그는 위대한 고전 물리학자 레일리 경Lord Rayleigh을 만났는데, 그는 아인슈타인에게 "당신의 이론이 옳다면 내가 이해하기로는 … 예컨대 노르만정복Norman Conquest 사건은 아직 일어나지 않은 거죠"라고 말했다. 한편 홀데인 경Lord Haldane과 그 딸에게 소개되었을 때 그녀는 아인슈타인을 보고 기절하고 말았다. 나중에 영국의 가장 신성한 땅 웨스트민스터 사원Westminster Abbey을 찾은 아인슈타인은 아이작 뉴턴의 묘를 조용히 응시하고 화환을 드림으로써 경의를 표했다. 1922년 3월 아인슈타인은 콜레쥬 드 프랑스Collège de France로부터 강연 요청을 받았는데, 그곳에서도 언론과 엄청난 군중에 둘러싸였다. 한 언론인은 "아인슈타인은 대단한 유행이 되었다. 학자, 정치가, 예술가, 경찰, 택시운전사, 그리고 심지어 소매치기들도 그가 언제 강연을 하는지 알고 있다. 파리 전체가 아인슈타인에 대한 모든 것을 알고 있으며, 아는 것보다 더 많이 떠들어 댄다"라고 말했다. 아직 제1차 세계대전의 상처가 다 아물지 않았기에 이 여행을 둘러싸고 논쟁도 벌어졌다. 어떤 과학자들은 독일이 국제연맹의 회원국이 아니라는 이유로 그의 강연을 거부했다. 이에 대해 파리의 한 신문은 다음과 같이 조롱했다. "독일이 암이나 결핵의 특효약을 개발했다고 하자. 그때도 이 30명의 학자들은 독일이 국제연맹의 회원이 될 때까지 이 약을 쓰지 않을 것인가?"

그런데 독일로 돌아오는 여행은 전쟁 이후 불안정해진 베를린의 정치적 상황 때문에 방해를 받았다. 불길하게도 때는 정치적 암살의 시기로 접어들었던 것이다. 1919년 사회주의자들의 지도자인 로자 룩셈부르크Rosa Luxemburg와 카를 리프크네히트Karl Liebknecht가 피살되었고, 1922년 4월에는 유태인 물리학자이자 아인슈타인의 동료로 독일의 외무장관이 되었던 발테 라테나우Walther Rathenau가 차에 타는 도중 반자동소총에 의해 암살당했다. 그리고 며칠 뒤에는 또 다른 저명한 유태인 막시밀리안 하르덴 Maximilian Harden이 암살 시도를 당해 중상을 입었다.

라테나우를 추모하기 위하여 나라 전체에 하루 동안의 애도 기간이 선포되어 극장과 학교와 대학들이 문을 닫았다. 의사당 건물 가까이에서 진행되는 장례식에는 백만의 인파가 모여 조용히 서서 지켜보았다. 그러나 하이델베르크대학교의 물리연구소에 있던 필리프 레나르트는 담당한 강의의 휴강을 거부했다. 전에 그는 라테나우의 살해를 옹호하기까지 했다. 전국적인 추모의 날, 한 무리의 연구원들이 휴강하도록 설득하기 위해 그를 찾았는데, 2층에서 뿌리는 물세례를 맞았다. 연구원들은 레나르트의 연구실로 쳐들어가 그를 끌어냈다. 이어서 강으로 끌고 가 집어던지려는 순간 경찰이 관여하여 사태를 수습했다.

그해에 루돌프 라이부스Rudolph Leibus라는 젊은 독일인이 베를린에서 아인슈타인을 비롯한 지식인들을 살해하면 대가를 주겠다고 제의했다는 이유로 체포되었다. 그는 "감상적 평화주의의 지도자들을 총살하는 것은 애국적 의무이다"라고 말했다. 법원은 그의 유죄를 인정했지만 16달러의 벌금을 선고하는 데에 그쳤다. 아인슈타인은 반유태주의자들뿐 아니라 미치광이들의 이와 같은 위협을 심각하게 받아들였다. 한번은 정신적으로 불안정한 러시아인 이주자 유제니아 딕슨Eugenia Dickson이 아인슈타인에게 일련의 협박 편지를 써서 그가 진짜 아인슈타인을 가장한 사기꾼이라는 궤변을 늘어놓더니, 언젠가는 실제로 아인슈타인을 살해할 목적으로 그의 집으로 쳐들어왔다. 하지만 이 미친 여자가 아인슈타인을 공격하기 전에 엘자가 현관에서 붙들고 씨름한 끝에 결국 굴복시키고 경찰을 불렀다.

반유태주의의 위협에 처했던 아인슈타인은 다시 세계 여행에 나설 기회를 잡았고 이번 목적지는 동쪽이었다. 철학자이자 수학자였던 버트런드 러셀Bertrand Russell은 언젠가 일본에서 강연 여행을 하던 중 일본에 초청하도록 추천하고 싶은 다른 저명한 인물로는 어떤 사람이 있는지에 대한 질문을 받고 즉각 레닌과 아인슈타인을 지목했다. 하지만 레닌은 사실상 불가능했으므로 아인슈타인이 초청되었다. 1923년 1월 아인슈타인은 이를 받아들여 동쪽으로의 여행에 나서면서 "인생은 자전거 타기와 같다. 균형을 유지하려면 계속 나아가야 한다"라고 썼다.

일본과 중국을 여행하던 중 아인슈타인은 스톡홀름으로부터 이미 오래 전에 받았어야 할 소식을 들었다. 드디어 그가 노벨 물리학상을 받게 되었다는 결정을 전하는 전보였다. 하지만 수상 이유는 최고 업적인 상대성이론이 아니라 광전효과에 대한 연구였다. 이듬해 마침내 수상 연설을 하게 된 아인슈타인은 전통적 방식을 벗어남으로써 청중들에게 충격을 주었는데, 이때 그는 모두 기대하고 있던 광전효과에 대해서는 한마디도 하지 않고 오직 상대성이론에 대해서만 이야기했다.

물리학 분야에서 누구보다 훨씬 유명하고 존경받는 인물인 아인슈타인이 노벨상을 받는 데에 왜 이렇게 오랜 세월이 걸렸을까? 아이러니컬하게도 노벨상위원회는 1910년부터 1921년 사이에 여덟 차례나 그를 거부했지만, 이 기간 동안 상대성이론이 옳음을 입증하는 수많은 실험이 수행되었다. 노벨상 지명위원의 한 사람이었던 스벤 헤딘Sven Hedin은 나중에 레나르트 때문에 이런 결과가 나왔다고 고백했는데, 당시 레나르트는 헤딘을 포함한 많은 위원들에게 큰 영향력을 발휘했다고 한다. 노벨 물리학상 수상자인 로버트 밀리컨Robert Millikan은 노벨상 지명위원들이 상대성이론을 두고 양쪽으로 갈렸다고 돌이켰다. 마침내 그들은 위원 가운데 한 사람에게 이에 대한 평가를 위임했다. "그는 모든 시간을 바쳐 아인슈타인의 상대성이론을 공부했다. 하지만 이를 이해할 수 없었다. 결국 그는 훗날 상대성이론이 엉터리로 판명될 것을 꺼려 시상의 모험도 감수하지 않기로 했다."

이혼 조건 가운데 하나에서 약속한 대로 아인슈타인은 1923년 당시 32,000달러였던 노벨상의 상금을 모두 밀레바에게 보냈다. 그녀는 나중에 이 돈으로 취리히에서 세 채의 아파트를 샀다.

1920년대와 1930년대 사이에 아인슈타인은 세계무대의 거인으로 떠올랐다. 신문들은 인터뷰를 해 달라고 아우성쳤고, 그의 얼굴은 뉴스, 영화에서 미소지었으며, 간절한 강연 요청들이 물밀듯 밀려들었고, 언론인들은 그의 아주 사소한 일상생활들까지도 숨 쉴 틈 없이 기사화해서 내보냈다. 아인슈타인은 자신이 마치 미다스 왕King Midas처럼 여겨지는데, 손대는 것마다 신문의 헤드라인이 되는 것만 다르다고 말했다. 1930년에 뉴욕대학교 학생들에게 실시한 조사에서 그의 이름은 찰스 린드버그Charles Lindbergh에 이어 세계에서 가장 유명한 두 번째 인물로 꼽혀 할리우드의 모든 영화 스타들을 눌렀다. 아인슈타인이 가는 곳마다 단지 그가 있다는 이유만으로도 많은 사람들이 몰려들었다. 뉴욕의 미국자연사박물관American Museum of Natural History에서 상대성이론을 설명하는 영화를 상영할 때는 4천 명의 군중들이 몰려 거의 폭력 사태에 이를 지경이었다. 한 무리의 기업가들은 독일의 포츠담Potsdam에 아인슈타인탑Einstein Tower을 건립하도록 자금을 후원하고 나섰다. 1924년에 완공된 이 건물은 미래지향적인 모습을 한 태양관측소였는데 안에는 16미터에 이르는 망원경이 탑재되었다. 아인슈타인에게는 또한 천재의 얼굴을 화면에 담으려는 수많은 예술가와 사진작가들의 요구도 빗발쳤으며, 이에 대해 그는 자신의 직업이 '예술가들의 모델'이라고 말하기도 했다.

이 시기에 아인슈타인은 예전에 밀레바에게 저질렀던 실수, 곧 여러 여행에 그녀를 동반하지 않았던 잘못을 되풀이하지 않았다. 아인슈타인은 유명인이나 왕족이나 유력한 인사들을 만날 때마다 엘자를 동반하여 그녀를 기쁨에 넘치게 했다. 이에 대해 엘자는 남편을 존경하면서 세계적 인물로 높이 찬양했다. 그녀는 "부드럽고 따사롭고 어머니 같았으며, 전형적인 유산계급의 자태를 풍겼고, 그녀의 '알베르틀Albertle'('작은 알베르트little Albert'란 뜻의 아인슈타인 애칭: 옮긴이)을 소중히 돌보기를 좋아했다."

1930년에 아인슈타인은 두 번째 미국 여행에 나섰다. 샌디에이고San Diego를 방문했을 때 유머작가 윌 로저스Will Rogers는 "그는 모든 사람들과 함께 먹고, 함께 이야기하고, 필름이 남은 모든 사람들에게 포즈를 취해 주고, 모든 점심과 저녁과 영화시사회에 참석하고, 모든 결혼식과 이혼하는 자리의 2/3에 참석했다. 사실 그는 모든 사람들에게 어찌나 잘 대해 주던지 감히 그의 이론이 무엇인지 묻는 사람은 아무도 없었다." 아인슈타인은 캘리포니아공과대학California Institute of Technology(흔히 '칼텍Caltech'으로 줄여 부른다: 옮긴이)을 방문했고, 윌슨산천문대Mt. Wilson observatory에서는 우주에 관한 자신의 이론 일부를 관측을 통해 입증한 천문학자 에드윈 허블Edwin Hubble을 만났다. 또한 그는 할리우드도 방문하여 슈퍼스타에 어울리는 빛나는 환영을 받았다. 1931년 아인슈타인과 엘자는 찰리 채플린Charlie Chaplin의 영화

'도시의 불빛City Lights'을 세계 최초로 개봉하는 자리에 초대받았는데, 할리우드 왕족들에 둘러싸인 위대한 과학자의 얼굴을 잠깐이라도 보기 위하여 수많은 군중이 몰려들었다. 이를 본 채플린은 아인슈타인에게 "사람들은 나를 모두 이해하기에 환호하지만 당신에 대해서는 전혀 모르기에 환호합니다"라고 말했다. 유명인들이 불러온 커다란 열광에 넋이 나간 아인슈타인은 그 말이 무슨 뜻이냐고 물었지만, 채플린은 현명하게도 "아무것도 아닙니다"라고 답했다. 뉴욕의 유명한 리버사이드교회Riverside Church를 방문했을 때 아인슈타인은 자신의 얼굴이 창문에 스테인드글래스로 그려져 세계적으로 위대한 철학자이자 지도자이자 과학자로 기려지는 것을 보았다. 그는 이에 대해 "그들은 나를 통해 유태 성인의 모습을 표현하는 것으로 보이는데, 신교도의 모습으로 그릴 줄은 몰랐다"라고 말했다.

철학과 종교에 대한 아인슈타인의 생각도 관심의 대상이었다. 1930년에 이루어진 아인슈타인과 노벨 문학상을 받은 인도의 신비주의자 라빈드라나트 타고르Rabindranath Tagore와의 만남은 언론의 많은 주목을 받았다. 이때 불타는 듯한 흰머리의 아인슈타인과 길고 하얀 수염을 기른 장중한 분위기의 타고르는 그 모습부터 잘 어울리는 한 쌍의 인물 그림과 같았다. 한 언론인은 "두 사람을 함께 보는 것만으로도 흥미로운 사건이었다. 타고르는 사색가의 머리를 가진 시인이고, 아인슈타인은 시인의 머리를 가진 사색가이다. 사람들의 눈에는 마치 두 행성이 만나 대화를 나누는 것처럼 보였다"라고 썼다.

어렸을 때 칸트의 책을 읽은 이래 아인슈타인은 전통적 철학에 대해 회의론자가 되었다. 그는 대체로 철학을 겉모습만 화려할 뿐 궁극적으로 단순한 말장난에 지나지 않는다고 생각했으며, 이에 따라 "모든 철학은 꿀로 쓰인 것 같지 않은가? 처음 숙고해 볼 때는 놀라운 듯하지만 다시 돌아보면 모두 사라지고 허튼소리만 남는다"고 썼다. 타고르와 아인슈타인은 우주가 인간의 존재를 떠나서도 존재할 수 있는가 하는 문제를 두고 의견이 갈렸다. 타고르가 실체에게 인간의 존재는 필수적이라는 신비주의적 믿음을 피력하자 아인슈타인은 "물리학적 관점에서 보면 이 세상은 인간의 의식과 독립적으로 존재합니다"라고 답했다. 이처럼 그들은 물리적 실체에 대해서는 의견이 달랐지만 종교와 도덕의 문제에서는 꽤 많은 일치를 보았다. 윤리학의 영역에서 아인슈타인은 도덕이 신이 아니라 인간에 의해 규정된다고 믿었다. 그는 "도덕은 신이 아니라 우리에게 가장 중요합니다"라고 말하고, 이어서 "나는 인간이 비도덕적이라고 믿지 않습니다. 나는 윤리가 오직 인간에 대한 것이며 그 배경에 초인간적 권위가 있다고 생각하지 않습니다"라고 덧붙였다.

전통적인 철학에 대해서는 회의적이었지만 아인슈타인은 종교, 특히 존재의 본질이 제기하는 신비에 대해서는 깊은 경의를 품었다. 그는 "종교 없는 과학은 절름발이이고 과학 없는 종교는 장님이다"라고 썼으며, 신비감을 과학의 원천으로 보고 "과학의 정수(精髓)라 할 고찰들은 모두 깊은 종교적 감정에서 나온다"라고 말했다. 나아가 그는 "인간이 얻을 수 있는 가장 아름답고 심오한 경험은 신비감이다. 이것은 종교는 물론 예술과 과학에서 펼쳐지는 모든 진지한 노력의 배경에 자리 잡은 원리이다"라고 썼다. 끝으로 그는 "내 안에 무엇인가 종교적이라고 부를 만한 게 있다면 그것은 아마 과학적 이해를 통해 비로소 품을 수 있는 우주의 구조에 대한 무한한 경외

심이라 할 것이다"라고 결론지었다. 종교에 관한 그의 가장 우아하고도 명확한 서술은 1929년에 쓴 다음 구절일 것이다: "나는 무신론자가 아니지만 범신론자라고 말할 수도 없다. 이를테면 우리는 수많은 언어로 쓰인 책들로 가득 찬 거대한 도서관에 들어서는 어린이와 같은 처지에 있다. 이 애는 이 책들이 누군가에 의해 쓰였을 것이란 점은 안다. 하지만 어떻게 쓰였는지는 모르며, 쓰인 언어들도 이해하지 못한다. 어린이는 책들이 배열된 순서에 내포된 신비를 어렴풋이 깨닫지만 그게 무엇인지는 모른다. 나는 가장 위대한 지성을 가진 사람이라도 신 앞에서는 이와 마찬가지일 것이라고 생각한다. 우리가 보기에 우주는 경이롭게 배열되어 뭔가 신비로운 법칙을 따르는 듯하지만, 이 법칙들이 무엇인지는 오직 어렴풋이 이해할 따름이다. 우리의 유한한 지성으로는 별자리들을 움직이는 신비로운 힘을 파악할 수 없다. 나는 스피노자Spinoza의 범신론에 열광했지만 현대의 사상에 대한 그의 기여로부터 더욱 깊은 감명을 받았다. 그는 영혼과 육신이 분리되지 않은 일체라고 여긴 최초의 철학자였기 때문이다."

아인슈타인은 신을 자주 두 가지로 나누곤 했는데, 대개의 종교적 토론에서는 이를 구분하지 않아 혼란을 겪는다. 첫째는 인격적 신으로, 우리의 기도에 응답하고, 물을 가르고, 기적을 행한다. 이는 바로 성경에 나오는 신으로 우리의 생활에 일일이 관여하는 신이다. 둘째는 스피노자의 신으로, 우주를 지배하는 단순하고도 우아한 법칙을 창조한 신인데, 아인슈타인이 믿은 신은 바로 이런 신이었다.

그런데 여러 언론 매체들과의 실랑이 속에서도 아인슈타인은 이와 같은 우주의 법칙들에 대해 바쳐진 집중력과 노력을 기적처럼 견지해 갔다. 대서양을 건너는 배나 지루한 기차 여행 중에도 그는 놀라운 자기 규율을 발휘하여 잡념을 끊고 연구에 몰입했다. 이 시기에 아인슈타인의 흥미를 끈 것은 우주 자체의 구조를 해명할 것으로 보이는, 자신의 방정식에 내포된 능력이었다.

빅뱅과 블랙홀

우주에 시작이 있는가? 우주는 유한한가, 무한한가? 우주에 끝이 있는가? 자신의 이론이 우주에 대해 무엇을 말해 줄 수 있는지 묻기 시작하면서 아인슈타인은 예전의 뉴턴처럼 여러 세기 전의 물리학자들을 어리둥절케 했던 문제들에 맞닥뜨렸다.

1692년 뉴턴은 그의 걸작 『자연철학의 수학적 원리』를 펴내고 5년이 지난 뒤, 리처드 벤틀리Richard Bentley 목사로부터 스스로 당혹스럽게 여기는 문제가 담긴 편지를 받았다. 벤틀리는 중력이 결코 척력이 아니고 언제나 인력이라면 별들의 정적인 집합은 언젠가 하나로 뭉쳐 버릴 것이라고 지적했다. 이는 언뜻 단순하면서도 문제성 있는 수수께끼였다. 왜냐하면 전체 우주는 충분히 안정한 것 같으므로 충분한 시간만 주어진다면 만유인력에 의해 전 우주가 붕괴될 것이기 때문이다! 벤틀리는 중력이 인력으로 작용하는 우주가 감당해야 할 핵심적 문제 하나를 따로 떼어 내 본 것이었다. 곧 우주가 유한하다면 필연적으로 불안정하고 동적이어야 한다.

이 혼란스런 문제를 숙고한 끝에 뉴턴은 이런 붕괴를 피하려면 우주의 크기는 무한대이고 별들이 균일하게 퍼져 있어야 한다는 내용의 답장을 보냈다. 우주가 정말로 무한하다면 별들은 모든 방향으로 똑같이 잡아당겨질 것이고 이 경우 중력이 언제나 인력으로 작용하더라도 우주는 안정할 수 있다. 뉴턴은 "물질이 무한한 공간에 균일하게 퍼져 있다면 결코 하나로 뭉칠 수 없으며, 이에 따라 태양이나 항성이 생성될 수 있습니다"라고 썼다.

하지만 이런 가정을 하면 '올베르스역설Olbers' paradox'이라 알려진 더 어려운 문제가 떠오른다. 이 문제는 아주 단순하게도 왜 밤하늘이 어두운지 묻는다. 우주가 정말 무한하고 정적이고 균일하다면 하늘 어느 곳에서나 별이 보여야 한다. 그러면 모든 방향에서 무한한 양의 별빛이 우리 눈을 향해야 하고, 따라서 밤하늘이라도 어둡지 않고 밝아야 한다. 요컨대 우주가 균일하고 유한하면 무너져야 하고 무한하면 하늘은 불타올라야 한다!

200여 년이 지난 뒤 아인슈타인은 같은 내용이지만 약간 다른 형태의 문제에 봉착했다. 1915년까지만 해도 우주는 안락한 장소로, 정적이며 고독한 성운인 은하수가 전부라고 여겼다. 밤하늘을 가로지르는 이 밝은 빛의 띠는 수십 억 개의 별들로 이루어진 것이었다. 하지만 아인슈타인이 자신의 방정식을 풀었을 때 뭔가 예상치 못했던 혼란스런 결과가 나왔다. 그는 우주가 균일한 기체로 채워졌다고 가정했는데, 이는 바로 수많은 별들과 먼지 구름들을 근사적으로 다루기 위함이었다. 그러나 참으로 놀랍게도 결과적으로 도출된 우주는 동적인 것으로, 팽창하거나 수축할 수 있을 뿐 결코 안정한 상태에 머물 수 없었다. 실제로 그는 자신이 오랜 세월 동안 뉴턴

같은 물리학자와 철학자들을 혼란케 했던 우주적 의문의 모래 함정 속으로 빨려 들어가고 있음을 깨달았다. 유한한 우주는 중력 아래에서 결코 안정할 수 없다.

아인슈타인도 뉴턴과 마찬가지로 수축하거나 팽창해야 하는 동적인 우주를 받아들여야 할 처지에 놓이기는 했지만 아직도 영겁의 세월에 걸쳐 정적으로 유지되어 왔다는 지배적인 그림을 버릴 준비가 되어 있지 않았다. 혁명의 화신이었던 아인슈타인마저도 우주가 팽창한다거나 시작이 있었다는 등의 사실을 받아들일 만큼 충분히 혁명적이지는 못했던 것이다. 그의 해답은 어딘지 취약한 것이었다. 1917년 아인슈타인은 자신의 방정식에 이를테면 '눈가림 요소'라고나 할 '우주상수 cosmological constant'를 집어넣었다. 이 요소는 반중력적인 척력을 나타내는 것으로 중력의 인력 효과를 상쇄하기 위한 것이었다. 말하자면 우주는 절대 명령에 의해 다시 정적인 상태를 회복한 셈이다.

아인슈타인은 마술적인 손놀림을 완성하기 위해 일반상대성이론의 배경에 숨은 핵심적인 수학적 지도원리로부터 두 가지의 일반공변체, 곧 시공간의 부피와 (일반상대성이론의 기초가 되는) 리치곡률이 유도된다는 점을 되새겼다. 따라서 그의 방정식에는 우주의 부피에 비례하면서 일반공변원리에도 저촉되지 않는 항을 덧붙일 수 있는데, 이렇게 더해진 항으로서의 우주상수는 텅 빈 공간에 에너지를 부여한다. 오늘날 '암흑에너지 dark energy'라고 부르는 이 반중력항은 순수한 진공의 에너지이다. 이것은 성운들로 하여금 서로 밀어내거나 끌어당기게 할 수 있다. 아인슈타인은 우주상수의 값을 중력에 의한 우주의 수축을 정확히 상쇄하는 값으로 택하여 정적인 우주가 유지되도록 했다. 이처럼 우주상수라는 개념은 정적인 우주를 보존하기 위한 어쩔 수 없는 선택이었지만, 어쨌든 아인슈타인은 수학적 속임수라는 낌새가 풍기는 이 결과에 만족할 수 없었다. 그러나 80년의 세월이 흐른 뒤 천문학자들은 마침내 우주상수의 증거를 찾아냈으며, 오늘날 이는 우주가 가진 에너지의 주된 원천으로 믿어지고 있다.

수수께끼는 이후 몇 년 사이에 아인슈타인의 방정식에 대한 해들이 더 발견되면서 더욱 깊어 갔다. 1917년 네덜란드의 물리학자 빌렘 데 시테르 Willem de Sitter는 아인슈타인방정식으로부터 한 가지 기이한 해를 발견했는데, 이에 따르면 아무런 물질도 없는 텅 빈 공간으로 된 우주도 팽창할 수 있다! 필요한 것은 진공에너지인 우주상수뿐으로, 이것이 우주를 팽창하게 한다. 아인슈타인은 이를 보고 혼란스러워했다. 그는 아직도 선구자격인 마흐의 견해를 좇아 시공간의 특성은 우주에 들어 있는 물질의 양에 따라 결정된다고 믿었기 때문이었다. 하지만 이제 물질이 전혀 없으면서도 암흑에너지만 있으면 이를 원동력 삼아 스스로 팽창하는 우주가 등장했다.

마지막의 결정적 단계는 1922년 러시아의 알렉산더 프리드만 Alexander Friedmann과 벨기에의 목사 조르주 르메트르 Georges Lemaître에 의해 내디뎌졌는데, 이들은 아인슈타인방정식의 자연스런 귀결로 팽창하는 우주가 얻어짐을 보였다. 프리드만은 균일하고 어느 방향으로든 동등한 우주가 반지름 방향으로 팽창하거나 수축한다는 가정에서 출발하여 아인슈타인방정식의 해를 얻어 냈다. 불행하게도 그는 1925년 레닌그라드에서 장티푸스로 세상을 떠 그의 해를 더 이상 진전시킬 수 없었다. 프리드만-르메트르 그림에 따르면 우주의 밀도에 따라 결정되는 세 가지의 해가 얻어진다. 우주의 밀도가 세제곱미터당 수소 원자 10개 정도로 여겨지는 임계값보다 크면 우주의 팽창은 언젠가 중력 때문에 멈추고 다시 수축되기 시작하는데, 이 우주의 전체적 곡률은 양수가 된다(유추에 따르면 구(球)는 양의 곡률을 가진다). 우주의 밀도가 임계값보다 작으면 우주의 팽창을 역전시킬 중력이 부족하므로 우주는 무한히 팽창한다. 이런 우주는 팽창함에 따라 온도가 절대영도에 한없이 가까워지는 '빅프리즈$_{\text{big freeze}}$'라 부르는 상태가 되며, 전체적 곡률은 음수가 된다(유추에 따르면 안장이나 트럼펫의 나팔 부분은 음의 곡률을 가진다). 끝으로 밀도가 정확히 임계값과 같을 수도 있으며, 이런 우주의 곡률은 0이므로 전반적 모습은 평평하다. 따라서 우주의 운명은 원칙적으로 그 평균밀도를 측정하면 결정할 수 있다.

이 방향으로의 전진은 혼란스러웠는데 이제는 우주가 어찌 진화할 것인지에 대해 적어도 세 가지의 우주 모델이 주어졌기 때문이었다(아인슈타인, 데 시테르, 프리드만-르메트르의 것). 이 문제는 1929년 천문학자 에드윈 허블이 천문학의 근본을 흔드는 결과를 발표할 때까지는 멈춰 있는 것이나 마찬가지였다. 그는 먼저 은하수를 훨씬 벗어난 곳에 다른 은하들이 있음을 보임으로써 하나의 은하밖에 없다는 전통적 이론을 허물었다. 그때까지의 우주는 약 천 억 개의 별이 들어 있는 하나의 은하로 이루어진 안락한 장소였다. 하지만 실제 우주는 이와 아주 동떨어진 것으로, 새 그림에 따르면 각각 수십 억 개의 별을 가진 은하가 수십 억 개나 존재한다. 단 1년 사이에 우주는 갑자기 폭발하게 된 것이나 마찬가지였다. 허블은 수십 억 개의 은하가 존재할 수 있음을 발견했고 그 가운데 가장 가까운 것은 지구에서 약 200만 광년 떨어진 안드로메다$_{\text{Andromeda}}$성운이었다('성운'을 뜻하는 'galaxy'는 '우유'를 뜻하는 그리스어에서 유래했다. 그리스인들은 신들이 밤하늘을 가로질러 우유를 뿌려서 은하수가 만들어졌다고 여겼다).

이 놀라운 발견만으로도 허블은 천문학의 거인으로서 역사에 이름을 남기기에 부족함이 없다. 하지만 그는 여기서 더 나아갔다. 1928년 네덜란드로 운명적 여행을 떠난 허블은 거기서 데 시테르를 만났는데, 데 시테르는 아인슈타인의 일반상대성이론이 팽창하는 우주를 예언한다고 주장했다. 또한 그는 우주의 팽창이 거리와 적색편이 사이의 간단한 관계로 나타나며, 지구에서 먼 은하일수록 더 빠르게 멀어져 간다고 말했다. 이 적색편이의 원인은 1915년에 아인슈타인이 생각했던 것과 다르며, 팽창하는 우주 속에서 은하들이 지구로부터 멀어져 가기 때문에 나타난다. 예를 들어 본래는 노란색의 별이 지구로부터 멀어져 가면 빛의 속도는 일정하지만 아코디언의 바람통을 펼치는 것처럼 파장은 늘어나므로 이 별의 색깔은 약간 붉은 색조를 띠게 된다. 반대로 노란색의 별이 지구로 다가서면 파장이 줄어들므로 약간 푸른 색조를 띠게 된다.

윌슨산천문대로 돌아온 허블은 데 시테르가 말한 관계가 성립하는지 보기 위해 은하들의 적색편이를 체계적으로 측정하기 시작했다. 그는 1912년에 이미 베스토 멜빈 슬라이퍼Vesto Melvin Slipher가 어떤 먼 성운들은 지구로부터 멀어져 가며, 이에 따라 적색편이가 나타남을 보인 적이 있다는 사실을 알고 있었다. 이제 허블은 머나먼 은하들이 보이는 적색편이를 체계적으로 계산함으로써 이것들이 지구로부터 멀어져 간다는 사실, 곧 우주가 엄청난 속도로 팽창하고 있음을 발견했다. 나아가 그의 자료는 먼 곳의 은하일수록 더 빨리 멀어져 간다는 데 시테르의 추측과도 일치했으며, 오늘날 이 사실은 '허블법칙Hubble's law'으로 불린다.

 허블이 자신의 자료를 토대로 거리와 후퇴속도 사이의 관계를 그래프로 그렸더니 일반상대성이론이 예측한 대로 거의 똑바른 직선이 얻어졌으며, 그 기울기는 오늘날 '허블상수Hubble's constant'라고 불린다. 허블은 이제 거꾸로 그의 결과가 아인슈타인의 모델과 일치하는지 궁금했다. 그런데 아인슈타인의 모델은 물질은 있지만 운동이 없으며, 데 시테르의 모델은 운동은 있지만 물질이 없다. 따라서 그의 결과는 물질과 운동을 모두 갖는 프리드만과 르메트르의 모델에 부합하는 것으로 보였다. 1930년 윌슨산천문대로 순례여행을 온 아인슈타인은 허블과 처음 만났다. 그곳 천문학자들은 엘자에게 거대한 100인치 망원경이 우주의 구조를 결정할 수 있다고 자랑스럽게 설명했다. 하지만 엘자는 별 감명을 받지 못한 듯 보였으며, "제 남편은 그 일을 낡은 봉투 뒷면에서 합니다"라고 말했다. 허블이 수많은 은하들을 분석하여 힘겹게 얻은 자료를 보여 주면서 은하들이 모두 후퇴하고 있다는 사실을 설명하자 아인슈타인은 우주상수의 도입이 자신의 일생에서 가장 큰 실수였다고 자인했다. 정적인 우주를 지키기 위하여 아인슈타인이 인위적으로 집어넣었던 우주상수는 이제 삭제해도 좋게 되었다. 우주는 그가 오래 전에 발견했던 것처럼 팽창하고 있었던 것이다.

 나아가 아인슈타인의 방정식은 허블법칙을 가장 간단하게 유도해 내는 것으로 보였다. 우주가 팽창하고 있는 풍선이라고 생각해 보자. 이 풍선 위에 많은 점들을 찍으면 이것들은 서로 멀어져 가는 은하를 나타내게 된다. 그 점 가운데 하나에 앉아 있는 개미의 입장에서 보면 다른 모든 점들이 그로부터 멀어져 간다. 더욱이 허블법칙이 말하는 것처럼 개미로부터 멀리 떨어진 점일수록 더 빠르게 멀어져 간다. 이 상황에서 아인슈타인의 방정식은 고대로부터 내려오는 의문들에 새로운 통찰을 줄 수 있다. 과연 우주에 끝은 있는가? 우주의 끝에 벽이 있다면 그 벽 너머에는 또 무엇이 있을까? 콜럼버스 같으면 지구의 모양을 토대로 답을 할지도 모른다. 3차원에서 보면 지구는 공간에 떠 있는 구이므로 크기가 유한하다. 하지만 2차원에서 보면 무한하게 보일 수 있다. 그 위의 어느 한 점에서 출발하여 대원(大圓)을 그리며 돌면 어떤 벽에 마주치지 않고 끝없이 나아갈 수 있기 때문이다. 다시 말해서 지구는 어떤 차원에서 보느냐에 따라 유한할 수도 무한할 수도 있다. 마찬가지로 우주를 3차원에서 본다면 무한하다고 말할 수 있다. 이 경우 우주의 끝에 경계를 나타내는 벽 같은 것은 없으므로 우주 공간에 발사된 로켓은 벽에 부딪히지 않고 끝없이 나아갈 수 있다. 그러나 4차원에서 본다면 유한할 가능성이 있다. 우주가 '초구(超球)hypersphere'라고도 부르는 '4차원의 구'라면 그 안의 '대원'을 따라 계속 진행하여 출발했던 곳으로 되돌아오는 여행을 상상할 수 있다. 이런 우주에서 망원경으로 볼 수 있는 가장 먼 곳에 있는 대상은 바로 우리의 뒤통수이다.

우주가 어떤 속도로 팽창한다면 거꾸로 계산하여 팽창이 처음 시작했을 때의 시점을 대략 알아낼 수 있다. 다시 말해서 우주에는 시작이 있을 뿐 아니라 나이도 계산할 수 있다는 뜻이다(2003년의 인공위성 자료에 따르면 우주의 나이는 137억 살 정도이다). 1931년 르메트르는 우주에 특별한 기원이 있다고 가정했는데, 이에 따르면 우주는 극히 뜨거운 상태에서 출발했다. 아인슈타인의 방정식을 논리적 결론으로 받아들인다면 우주가 극도로 격렬한 기원을 가진다는 사실이 드러난다.

1949년 우주론자 프레드 호일Fred Hoyle은 BBC 라디오 방송과의 토론 도중에 이것을 '빅뱅big bang이론'이라고 불렀다. 당시 그는 이와 반대되는 이론을 주장하고 있었으므로 전설에 따르면 '빅뱅'이란 말은 일종의 모욕적 의미로 만들어진 것이라고 하지만, 호일 자신은 나중에 이를 부정했다. 하지만 어쨌든 이 이름은 사실 완전히 잘못 지어진 것이다. 그것은 크지도 않았고 거기에 폭발도 없었기 때문이다. 우주는 무한히 작은 특이점 singularity에서 시작했다. 그리고 전통적 의미로서의 폭발 같은 것은 없었는데 이때는 공간 자체가 늘어났기 때문이다.

이처럼 아인슈타인의 일반상대성이론은 전에는 전혀 예상하지 못했던 빅뱅과 팽창하는 우주 등의 개념을 내놓았다. 하지만 태어난 뒤부터 이제껏 천문학자들을 끊임없이 당혹케 하는 개념이 또 하나 있었으니, 그것은 바로 블랙홀black hole이었다. 1916년 일반상대성이론이 발표된 지 겨우 1년 밖에 지나지 않았는데 아인슈타인은 카를 슈바르츠실트Karl Schwarzschild라는 물리학자로부터 점과 같은 하나의 별에 대한 아인슈타인방정식의 정확한 해를 얻었다는 내용이 담긴 편지를 보고 깜짝 놀라지 않을 수 없었다. 일반상대성이론의 방정식은 너무 복잡했으므로 지금까지 아인슈타인은 이것을 어림으로 풀어야 했다. 그러나 슈바르츠실트는 어떤 어림도 사용하지 않고 정확한 해를 얻어 내어 아인슈타인을 기쁘게 했다. 슈바르츠실트는 포츠담에 있는 천문대의 대장이었지만 군복무를 자원하여 러시아 전선에 투입되었다. 놀랍게도 그는 머리 위로 포탄이 날아다니고 가까이서 폭발하는 와중에서도 물리학 연구에 집중할 수 있었다. 그리하여 독일군을 위해 포탄의 탄도를 계산해 주었을 뿐 아니라 오늘날 '슈바르츠실트해

Schwarzschild solution'라고 불리는 아인슈타인방정식의 가장 우아하고도 정확한 해를 얻어 냈다. 불행하게도 슈바르츠실트는 자신의 해가 가져다줄 드높은 명성을 누리지 못한 채 마흔두 살의 나이로 세상을 떴다. 상대성이론이라는 새 분야에서 가장 밝게 떠오르는 별들 가운데 하나였던 그는 러시아 전선에서 감염된 보기 드문 피부병으로 죽었는데, 그의 논문이 출판된 지 두 달밖에 되지 않은 때여서 세계 과학계의 큰 손실이었다. 아인슈타인은 그에게 감동적인 조사(弔詞)를 보냈으며, 이를 계기로 아인슈타인은 무자비한 전쟁을 더욱 증오하게 되었다.

슈바르츠실트해에는 기이한 귀결이 담겨 있어서 과학계에 상당한 파문을 일으켰다. 슈바르츠실트는 이 점과 같은 별의 아주 가까운 곳에서는 중력이 매우 강하므로 심지어 빛마저도 벗어나지 못하며, 따라서 이 별은 보이지 않는다는 사실을 발견했다! 이것은 아인슈타인의 중력이론뿐 아니라 뉴턴의 중력이론에 비춰 봐도 골치 아픈 문제였다. 일찍이 1783년에 이미 영국 쏜힐Thornhill의 목사 존 미첼John Michell은 별의 무게가 빛마저도 벗어나지 못할 정도로 커질 수 있는가 하는 의문을 제기했다. 당시 빛의 속도는 아무도 정확히 몰랐으므로 뉴턴법칙만을 사용한 그의 계산 결과는 믿을 수 없었다. 하지만 값의 정확성 여부와 상관없이 그의 결론 자체는 무시하기 어려웠다. 원칙적으로 별은 빛마저도 궤도운동을 하게 할 정도로 무거워질 수 있다. 13년 뒤 프랑스의 수학자 피에르-시몽 라플라스Pierre-Simon Laplace도 그의 유명한 책 『우주체계해설Exposition du système du monde』에서 이와 같은 '어두운 별'이 존재할 수 있는지 물었다(하지만 그 자신이 이 의문을 황당하다고 여겼던지 제3판에서는 이에 대한 구절을 삭제했다). 몇 세기가 흐른 뒤 슈바르츠실트 덕택으로 어두운 별에 대한 의문이 다시 부각되었다. 그는 이 별의 주위에 '마술의 원'이 있음을 발견했는데 오늘날에는 이를 '사건지평선event horizon'이라고 부른다. 슈바르츠실트는 사건지평선 부근에서는 시공간의 왜곡이 엄청나게 심하며, 누군가 운 나쁘게 이 경계를 지나 안으로 들어가면 결코 다시 빠져나올 수 없음을 보였다(빠져나오려면 빛보다 빨리 달려야 하지만 이는 불가능하다). 실제로 사건지평선 안으로부터는 아무것도 빠져나올 수 없고 심지어 빛조차도 그렇다. 이 점과 같은 별에서 방출된 빛은 그 별의 주위를 영원토록 공전할 따름이다. 따라서 밖에서 보면 이런 별은 암흑 속에 숨겨진 것처럼 보인다.

슈바르츠실트해를 사용하면 물질을 얼마나 압축해야 이 마술의 원 또는 정식으로 '슈바르츠실트반지름Schwarzschild radius'이라 부르는 영역 안에 가둘 수 있는지 계산할 수 있다. 이 크기에 이르면 별은 완전히 붕괴되는데, 태양의 경우 그 반지름은 3킬로미터이며 지구의 경우는 1센티미터도 되지 않는다. 1910년대만 하더라도 이와 같은 엄청난 압축률은 물리적으로 도저히 이룰 수 없다고 보았으므로 물리학자들은 아무도 이런 물체를 관찰할 수 없을 것이라고 여겼다. 이것을 '블랙홀black hole'이라고 명명한 사람은 물리학자 존 휠러John Wheeler였는데, 마치 이 이름이 예시하듯 아인슈타인은 이에 대해 연구하면 할수록 더욱 깊은 의혹 속으로 빠져 들었다. 예를 들어 어떤 사람이 블랙홀에 빠져 들면 순식간에 사건지평선을 통과하여 끝없이 추락할 것이다. 그 사람은 이 과정에서 영원토록, 어쩌면 수십 억 년 전부터 이를 공전하는 빛도 보게 될 것이다. 곧이어 그는 공포 속에서 최후의 순간을 맞이한다. 블랙홀 안의 중력은 온몸의 원자들을 완전히 뭉개 버릴 정도로 강하다. 따라서 죽음은 필연적이며 끔찍스럽다. 그러나 이 우주적 죽음을 블랙홀로부터 멀리 떨어진 안전한 곳에서 지켜보면 전혀 다른 광경이 된다. 블랙홀로 빠져 드는 사람에게서 나온 빛은 중력에 의해 끝없이 길게 늘어나며, 따라서 마치 시간적으로 얼어붙은 듯 보인다. 결국 블랙홀 바깥에 있는 사람들의 눈에 이 사람은 아무런 움직임도 없이 영원토록 블랙홀 위에 떠도는 것처럼 보인다.

이런 별들은 너무 환상적이어서 대부분의 물리학자들은 우주 속에서 실제로 관찰되는 일은 없을 것으로 여겼다. 예를 들어 에딩턴은 "뭔가 알 수 없는 자연법칙이 존재하여 이토록 터무니없는 일이 일어나는 것을 막아 줄 것이다"라고 말했다. 아인슈타인도 1939년에 블랙홀이 수학적으로 불가능하다는 점을 증명해 보이려고 했다. 그는 이제 막 탄생하는 별을 상상하는 데에서부터 시작했다. 이때 많은 수의 입자들은 떼를 지어 공간을 돌아다니다 중력에 의하여 서서히 뭉쳐진다. 아인슈타인의 계산에 따르면 이 입자들의 집합은 계속 뭉쳐지고 압축되지만 이 과정은 슈바르츠실트반지름의 1.5배에 이를 때까지만 계속된다. 그러므로 블랙홀은 결코 생겨나지 못한다.

이 계산은 언뜻 물샐틈없이 완벽한 것으로 보였지만 아인슈타인이 한 가지 간과한 것은 별을 구성하는 물질이 안으로 폭발하면서 물질 속의 모든 핵력들까지도 압도하는 거대한 중력을 생성하고 붕괴하는 과정이었다. 이를 고려한 더 자세한 계산은 1939년 로버트 오펜하이머Robert Oppenheimer와 그의 제자 하틀랜드 스나이더Hartland Snyder가 발표했다. 이들은 공간 속을 떠도는 입자들의 집합이 아니라 중력이 그 안의 모든 양자력quantum force들을 압도하는 정지한 별을 상정했다. 예를 들어 중성자별neutron star은 길이가 약 30킬로미터인 맨해튼 정도의 공간에 중성자들이 가득 차 있는 별로 거대한 원자핵 덩어리라고 말할 수 있다. 이와 같은 중성자별이 더 붕괴되지 않도록 막아 주는 것은 페르미힘Fermi force으로, 이 힘은 예를 들어 스핀spin이라는 양자수quantum numbers가 서로 같은 입자들이 동일한 양자상태quantum state에 있을 수 없다는 법칙에서 유래한다. 그러나 중력이 페르미힘까지 이겨 낼 정도로 강해지면 별은 슈바르츠실트반지름보다 더 작게 압축될 수 있으며, 그 뒤로는 (적어도 현재까지의 과학에 따르면) 더 이상의 다른 억제력이 없으므로 끝없이 붕괴된다. 하지만 중성자별과 블랙홀이 발견된 것은 이로부터 30년이 더 지난 뒤의 일이었으므로, 그때까지 블랙홀의 기괴한 특성을 다룬 논문들은 대부분 이론적 흥미의 대상에 지나지 않았다.

아인슈타인도 블랙홀의 존재에 대해서는 미심쩍게 생각했지만 그의 또 다른 예측인 중력파gravity wave의 존재는 언젠가 밝혀질 것으로 확신했다. 앞서 보았듯, 맥스웰방정식의 위대한 성공 가운데 하나는 진동하는 전기장과 자기장으로부터 관측 가능한 파동이 생성된다는 사실을 예언한 것이었다. 아인슈타인은 이와 마찬가지로 그의 방정식이 중력파의 존재를 허용하는지 궁금히 여겼다. 뉴턴의 세계에서는 중력파가 존재할 수 없다. 왜냐하면 그의 중력은 우주를 통해 즉각적으로 전달되어 모든 물체에 동시에 닿기 때문이다. 그러나 어떤 의미로 볼 때 일반상대성이론에서는 중력장의 진동이 빛의 속도를 초월할 수 없으므로 중력파가 존재해야 한다. 따라서 두 개의 블랙홀이 서로 충돌할 때와 같은 엄청나게 격렬한 사건이 일어나면 중력의 충격파, 곧 중력파가 빛의 속도로 널리 퍼져 나갈 것이다.

일찍이 1916년에 이미 아인슈타인은 적절한 어림을 통해 그의 방정식으로부터 파동과 같은 중력의 움직임이 나온다는 점을 보였는데, 예상했던 대로 이 파동은 시공간의 조직을 빛의 속도로 퍼져 나간다는 결론을 얻었다. 1937년 아인슈타인은 제자 나탄 로젠Nathan Rosen과 함께 아무런 어림을 쓰지 않고도 그의 방정식에서 중력파가 나온다는 사실을 보여 주는 정확한 해를 얻어 냈다. 이렇게 하여 중력파는 일반상대성이론을 확증해 줄 유력한 수단으로 떠올랐다. 하지만 아인슈타인은 깊은 실망에 빠졌는데, 계산에 따르면 당시의 관측 능력으로는 중력파의 존재를 도저히 검출할 수 없게 분명했기 때문이었다. 아인슈타인이 그의 방정식을 통해 중력파의 존재를 예언한 지 거의 80년이 지난 뒤 그 간접적 증거를 처음으로 발견한 물리학자가 노벨상을 받았다. 아마 최초의 직접적 검출은 첫 예측으로부터 90년 뒤에나 이루어질 텐데, 중력파가 일단 검출되면, 이제는 거꾸로 이를 이용하여 빅뱅 자체를 탐지하고 통일장이론을 찾아 나서게 될 것이다.

1936년 체코의 엔지니어 루디 만들Rudi Mandl은 시공간의 기이한 특성과 관련된 또 하나의 아이디어를 들고 아인슈타인에게 접근했다. 그에 따르면 어떤 별 가까이의 중력은 렌즈로 작용하여 그 뒤의 먼 곳에서 오는 별빛에 담긴 영상을 확대할 수 있는데, 이는 마치 유리렌즈가 물체의 영상을 확대하는 것과 비슷하다. 아인슈타인 자신도 1912년에 이미 이런 가능성을 생각해 보았다. 하지만 이제 만들의 제안을 받아들여 계산해 본 결과 지구의 관측자가 이 렌즈를 통해 보면 고리 모양의 형상이 나타남을 알게 되었다. 예를 들어 아주 먼 은하에서 온 빛이 가까운 은하를 지나 지구에 닿는 경우를 상상해 보자. 먼 은하에서 오는 빛은 대략 절반으로 나뉘어 가까운 은하의 곁을 지날 텐데, 가까운 은하의 중력은 렌즈로 작용하여 이 빛들을 끌어당기며, 결과적으로 가까운 은하를 지난 빛은 다시 합쳐진다. 지구의 관측자에게 이 빛은 둥근 고리처럼 보이지만, 실제로는 고리가 아니라 가까운 은하의 중력이 만들어 낸 광학적 환영에 지나지 않는다. 하지만 아인슈타인은 "이런 현상을 직접 관찰할 가능성은 거의 없을 것이다"라고 결론지으며 "따라서 별 가치는 없겠지만 어쨌든 가엾은 만들은 행복하게 여길 것이다"라고 덧붙였다. 이 현상이 실제로 관측된 것은 이로부터 60년이 지난 뒤의 일이므로 아인슈타인은 여기서도 시대를 너무 앞서 갔다. 그러나 오늘날 이 아인슈타인렌즈Einstein lense는 우주를 탐사하는 천문학자들의 필수적 도구 가운데 하나가 되었다.

일반상대성이론은 매우 심원하고 성공적인 이론이었다. 그러나 1920년대라는 이른 시기에 아인슈타인이 남은 일생을 바쳐 이뤄 내고자 했던 통일장이론, 곧 물리학의 모든 법칙을 통일함과 동시에 '악마'적인 양자론과의 싸움도 훌륭히 수행할 수 있는 이론을 고안하는 데에 필요한 준비까지 충분히 지원해 주지는 못했다.

제3부 합친 그림: 통일장이론

통일과 양자 문제

1905년 특수상대성이론을 완성함과 거의 동시에 아인슈타인은 이에 대한 흥미를 잃기 시작했는데, 그 이유는 바로 일반상대성이론 때문이었다. 1915년에 이 패턴은 또 되풀이되었다. 중력에 대한 이론을 완성하자마자 그는 연구의 초점을 더욱 야심 찬 계획으로 돌리기 시작했다. 이것은 바로 통일장이론unified field theory으로, 아인슈타인은 이를 통해 맥스웰의 전자기이론과 자신의 중력이론을 통합하고자 했다. 완성된다면 이는 그의 걸작이자 중력과 빛에 대한 2천 년에 걸친 과학적 노력의 정화(精華)가 될 것이며, 그로 하여금 "신의 마음을 읽을 능력"을 갖도록 해 줄 것이다.

전자기력과 중력 사이의 관계를 처음 숙고해 본 사람은 아인슈타인이 아니었다. 19세기 런던의 왕립연구소Royal Institution에서 일하던 마이클 패러데이는 보편적으로 존재하는 이 두 종류의 힘 사이에 어떤 관계가 있는지 알아보기 위하여 처음으로 몇 가지의 실험을 실시했다. 한 예로 그는 런던교 London Bridge에서 자석을 떨어뜨려 낙하속도가 보통의 돌과 다른지 관찰했다. 만일 자기력이 중력과 상호작용을 한다면 자기장이 중력에 영향을 미쳐 자석은 돌과 다른 속도로 떨어지게 될 것이다. 또한 그는 강의실 책상에서 쿠션을 깔아 놓은 바닥으로 금속 물체를 떨어뜨리면서 금속에 전류가 발생하는지의 여부도 관찰했다. 이런 실험들에서 패러데이는 어떤 상호작용의 증거도 찾지 못했다. 하지만 그는 "아직까지는 중력과 전자기력의 상호작용에 대한 아무런 증거도 찾지 못했지만 이들 사이에 어떤 관계가 있다고 보는 나의 신념에는 추호의 동요도 없다"고 말했다. 한편 임의의 차원에서 휘어진 곡면에 대한 이론을 개발했던 리만도 중력과 전자기력의 이론이 결국 순수한 기하학적 논의로 환원될 수 있을 것이라고 깊이 믿었다. 다만 불행하게도 그는 장방정식이나 물리적 그림을 전혀 갖지 못했으며, 따라서 그의 아이디어는 아무런 결실을 맺지 못했다.

아인슈타인은 언젠가 통일에 대한 자신의 생각을 구슬과 나무에 비유했다. 아인슈타인은 연속적으로 부드럽게 휘어진 곡면을 가진 구슬은 아름다운 기하학의 세계를 상징한다고 보았다. 별과 은하들로 이루어진 은하는 아름다운 시공간의 구슬 위에서 우주적 게임을 펼친다. 반면 나무는 물질들의 혼란스런 세계를 상징하며, 이를 구성하는 아원자입자들이 날뛰는 정글과 같은 세계는 황당하게 보이는 양자 법칙들의 지배를 받는다. 따라서 이 나무는 구불구불한 포도나무 줄기처럼 예측할 수 없는 임의적 방식으로 자라나며, 원자에서 발견되는 새 입자들은 물질에 대한 이론을 사뭇 추하게 만든다. 아인슈타인은 자신의 이론이 가진 결점을 알아차렸는데, 결정적인 원인은 나무가 구슬의 구조를 결정한다는 데에 있었다. 시공간의 휘어진 정도는 어떤 점에 존재하는 나무의 양에 달려 있었던 것이다.

따라서 아인슈타인이 취할 전략은 분명하다: 순수한 **구슬의 이론을 개발**하고, 나무는 구슬의 이론만으로 재구성하여 제거하면 된다. 나무 자체가 구슬로 이뤄진 것으로 표현될 수 있으면 결국 순수한 기하학적 이론만 남게 된다. 예를 들어 점입자point particle는 무한히 작아 공간에서 어떤 영역을 차지하지 않는다. 장이론에서 점입자는 '특이점'으로 나타내지며, 이는 장의 세기가 무한대가 되는 점을 가리킨다. 아인슈타인은 이런 특이점을 공간과 시간의 부드러운 왜곡으로 대체하고자 했다. 예를 들어 밧줄이 꼬였거나 매듭지어진 곳을 생각해 보자. 멀리서 보면 이런 곳이 입자처럼 보이겠지만 가까이서 보면 밧줄의 뒤틀림에 지나지 않는다. 이와 비슷하게 아인슈타인은 특이성이 전혀 나오지 않는 순수한 기하학적 이론을 창조하고자 했다. 그렇게 하면 전자와 같은 아원자입자는 시공간의 표면에 있는 작은 꼬임이나 주름으로 표현될 수 있다. 하지만 근본적인 문제는 전자기력과 중력을 통일할 확고한 대칭성과 원리가 없다는 사실이었다. 일찍이 보았듯, 아인슈타인적 사고의 핵심은 대칭성을 통한 통일이었다. 특수상대성이론의 경우 그는 빛과 함께 달린다는 그림의 안내를 줄곧 받으면서 이를 개발했다. 이 그림은 뉴턴의 역학과 맥스웰의 장이론 사이에 존재하는 근본적 모순을 드러내 주었다. 이를 통해 그는 광속이 일정하다는 원리를 추출해 냈고, 마침내 시간과 공간을 통합하는 대칭성으로서의 로렌츠변환을 정식화할 수 있었다.

이와 비슷하게 일반상대성이론에서도 아인슈타인은 중력의 원인이 휘어진 시공간임을 설명해 주는 그림을 가졌다. 이 그림은 아무리 먼 거리라도 즉각 전파된다는 뉴턴의 중력이론과 빛보다 빠른 것은 없다는 상대론적 중력이론 사이의 근본적 모순을 드러내 주었다. 이를 통해 그는 가속계와 중력계가 같은 물리법칙을 따른다는 등가원리를 추출해 냈고, 마침내 가속과 중력을 함께 묘사해 주는 일반공변원리로서의 일반화된 대칭성을 정식화할 수 있었다.

그러나 이번에 아인슈타인이 마주친 문제는 적어도 시대를 50년 이상 앞서기 때문에 참으로 버거운 것이었다. 그가 통일장이론에 손을 대기 시작한 1920년대까지 확립된 힘은 중력과 전자기력뿐이었다. 원자핵은 1911년에야 어니스트 러더퍼드Ernest Rutherford에 의해 발견되었고, 이것을 한데 엮고 있는 힘은 장막에 가린 미스터리였다. 그런데 원자에 관련된 힘을 알지 못한다는 것은 바로 통일장이론이란 수수께끼의 핵심을 놓치고 있다는 뜻이다. 게다가 중력과 전자기력 사이에 어떤 모순이 있음을 보여 주는 관측이나 실험적 증거도 전혀 없었으므로 아인슈타인으로서는 뭔가 실마리를 잡을 근거 역시 확보할 수 없었다.

아인슈타인의 통일장이론 연구로부터 자극을 받은 수학자 헤르만 바일 Hermann Weyl은 1918년에 처음으로 진지한 시도를 내놓았다. 아인슈타인은 처음에 이를 보고 깊은 감명을 받아 "이것은 거장의 교향악이다"라고 썼다. 바일은 아인슈타인의 옛 중력이론의 방정식에 맥스웰의 장을 곧바로 더하여 이를 확장했다. 그런 다음 그는 이 방정식들이 아인슈타인의 본래 이론보다 더 많은 대칭성 속에서 공변일 것을 요구했는데, 여기에는 크기변환scale transformation, 곧 관련된 모든 크기를 일정하게 늘이거나 줄이는 변환도 포함되었다. 하지만 얼마 가지 않아 이 이론에서 아인슈타인은 뭔가 이상한 점을 발견했다. 예를 들어 우리가 원을 그리며 여행을 하고 본래의 위치로 돌아오면 모양은 본래와 같지만 길이가 짧아진 모습이 된다. 다시 말해서 길이가 보존되지 않는다(아인슈타인의 이론에서도 길이가 바뀔 수 있다. 그러나 본래의 자리로 돌아오면 언제나 같아진다). 뿐만 아니라 닫힌 경로에서 시간도 이동했으며 이것도 물리적 세계에 대한 우리의 이해와 어긋난다. 이 사실은 예를 들어 진동하는 원자가 한 바퀴 돌고 제자리로 돌아왔을 때 진동수가 처음과 달라진다는 뜻이다. 바일의 이론은 독창적으로 보였지만 자료와 일치되지 않으므로 버려져야 했다. 돌이켜 보면 바일의 이론에는 대칭성이 너무 많았다. 자연은 우리가 보는 우주를 기술하는 데에 크기불변성scale invariance이란 대칭성은 사용하지 않는 것으로 보인다.

1923년 아서 에딩턴도 뛰어들었다. 바일의 연구에서 자극을 받은 에딩턴(과 그 뒤의 많은 사람들)도 통일장이론에 손을 뻗었던 것이다. 그런데 에딩턴도 아인슈타인처럼 리치곡률에 근거한 이론을 만들었지만 그의 방정식에는 거리의 개념이 나타나지 않았다. 다시 말해서 그의 이론에서는 미터나 초를 정의할 수 없다는 뜻으로, 이를테면 이것은 '선(先)기하학적' 이론이었다. 그의 방정식에서는 마지막 단계에서야 비로소 방정식들의 한 귀결로 길이가 나타나며, 전자기력은 리치곡률의 한 조각으로 모습을 드러낼 것이라 예상되었다. 물리학자 볼프강 파울리Wolfgang Pauli는 이 이론을 전혀 좋아하지 않았으며 "물리학에서 아무런 중요성도 없다"라고 말했다. 아인슈타인도 여기에 아무런 물리적 내용이 없다고 혹평했다.

이 와중에 아인슈타인의 마음을 깊이 흔들어 놓은 것은 1921년 쾨니히스

베르크대학교의 이름 없는 수학자 테오드르 칼루자Theodr Kaluza가 펴낸 논문이었다. 칼루자는 4차원의 개념을 개척한 아인슈타인이 그의 이론 속에 또 하나의 차원을 덧붙여 놓았다고 지적했다. 칼루자는 아인슈타인의 일반상대성이론을 4차원의 공간과 1차원의 시간으로 구성된 5차원의 세계에서 재구성하는 것으로 그의 이론을 시작했다. 다만 이 자체는 사실 아무것도 아닌데, 아인슈타인의 방정식은 어느 차원에서나 쉽게 재구성해 낼 수 있기 때문이다. 그러나 이로부터 몇 줄만에 칼루자는 놀라운 결론을 이끌어 낸다. 그의 방정식에서 다섯째 차원을 다른 네 개의 차원으로부터 떼어 내면 아인슈타인방정식이 맥스웰방정식과 함께 나타난다! 다시 말해서 모든 물리학자와 엔지니어들이 암기해야 하는 공포의 여덟 가지 편미분방정식으로 된 맥스웰방정식이 다섯째 차원을 달리는 파동으로 귀결된다는 뜻이다. 이를 한 번 더 바꿔 말하면, 일반상대성이론을 5차원으로 확장해서 보면 맥스웰의 이론이 아인슈타인의 이론에 자연스럽게 내포된다는 뜻이다.

　아인슈타인은 칼루자의 논문에 담긴 특출한 대담성과 아름다움에 크게 놀랐으며, 칼루자에게 "나는 통일장이론을 5차원의 원통으로 성취한다는 이론은 꿈도 꾸지 못했습니다. … 이제 한 번 훑어보았을 뿐이지만 나는 귀하의 아이디어가 매우 마음에 듭니다"라는 답장을 썼다. 칼루자의 이론을 자세히 읽어 본 몇 주 뒤 그는 다시 "귀하의 이론에 담긴 형식적 통일성은 경이롭습니다"라고 썼다. 1926년 수학자 오스카 클라인Oskar Klein은 칼루자의 연구를 일반화하고 다섯째 차원은 매우 작아서 보이지 않으며 양자론과 관련되어 있을 수 있다고 추측했다. 이렇게 하여 칼루자와 클라인은 전혀 새로운 통일론을 제시하게 되었다. 여기에서 전자기파는 아주 작은 다섯째 차원의 표면을 달리는 파동으로 나타난다.

예를 들어 아주 얕은 연못에 사는 고기를 생각해 보자. 그러면 고기는 좌우와 전후로만 헤엄칠 수 있으므로 우주가 2차원으로 되어 있다고 여길 것이고 셋째 차원에 해당하는 상하의 개념은 모른 채 살아간다. 이처럼 그들의 세계가 2차원이라면 신비에 싸여진 3차원의 세계는 어떻게 알아차릴 수 있을까? 이를 위하여 이 연못에 비가 오는 날을 상상해 본다. 그러면 연못 표면에서 작은 물결이 상하, 곧 셋째 차원으로 진동하며 퍼져 나갈 것이고, 이 광경은 고기의 눈으로도 분명 볼 수 있다. 이처럼 물결이 퍼져 나가는 것을 본 고기는 뭔가 신비로운 힘이 그들의 세계를 비춘다고 여길 것이다. 이 그림의 고기가 우리라고 생각하면 우리는 4차원시공간에서 실험을 하므로 통상 이보다 높은 차원의 존재를 감지하지 못한다. 그러나 빛은 우리가 볼 수 없는 다섯째 차원과의 유일한 통로인지도 모르며, 이게 사실이라면 빛은 그 다섯째 차원으로 퍼져 나가는 파동인 셈이다.

칼루자-클라인이론이 매우 성공적인 데에는 그만한 이유가 있었다. **대칭성을 통한 통일**은 아인슈타인이 상대성이론을 얻기 위해 펼친 훌륭한 전략 가운데 하나였음을 상기하자. 칼루자-클라인이론에서 전자기력과 중력은 5차원에서의 일반공변성이라는 새 대칭성에 의해 통일되었다. 물론 이 그림은 즉각적인 호소력을 발휘했다. 하지만 중력과 전자기력을 통일하는 데에 또 다른 차원을 도입한 탓에 한 가지의 성가신 문제, 곧 "다섯째 차원은 어디에 있나?"라는 의문을 불러일으켰다. 지금까지 어떤 실험도 길이와 너비와 높이 이외의 다른 공간 차원을 찾아내지 못했다. 따라서 만일 여분의 차원이 있다면 그것은 아주 작아야 하며, 구체적으로 말하면 원자의 크기보다 훨씬 더 작아야 한다. 예를 들어 방 안에 염소 가스를 방출하면 염소 원자들은 천천히 방 안 곳곳의 미세한 틈으로 스며들 것이다. 하지만 그렇다고 어디 신비한 다른 차원으로 사라진 것이 아니라는 사실은 분명하다. 따라서 만일 감춰진 차원이 있다면 어떤 원자의 크기보다 훨씬 더 작아야 한다. 이 새 이론에서 다섯째 차원을 원자보다 훨씬 더 작게 만든다면 지금까지 어떤 실험도 이 다섯째 차원을 검출하지 못했다는 점에서 현실적으로도 별문제가 없는 셈이다. 이에 칼루자와 클라인은 다섯째 차원이 실험적으로 도저히 검출될 수 없을 정도의 극히 작은 공 속에 곱슬머리 모양으로 감겨져 있다고 가정했다.

칼루자-클라인이론이 중력과 전자기력을 통일하는 데에 신선하고 흥미로운 접근법이기는 했지만 결국 아인슈타인은 이에 대해 의구심을 품게 되었다. 다섯째 차원이 존재하지 않을 것 같고 따라서 전체적으로 수학적 공상이거나 신기루에 지나지 않을지도 모른다는 생각이 그를 괴롭혔다. 또한 칼루자-클라인이론으로부터 아원자입자들의 존재를 이끌어 낼 수 없다는 점도 문제였다. 아인슈타인의 목표는 자신의 중력장방정식으로부터 전자의 존재를 이끌어 내는 것이었는데, 아무리 노력해도 이런 결론을 얻을 수 없었다. 돌이켜 보면 물리학은 이때 엄청난 기회를 놓쳤다. 물리학자들이 칼루자-클라인이론을 좀 더 진지하게 받아들였다면 여기에 5차원보다 더 많은 차원을 덧붙여서 살펴볼 수도 있었을 것이기 때문이다. 이처럼 차원의 수를 늘림에 따라 맥스웰의 장도 그 수가 늘어 '양-밀스장 Yang-Mills field' 이라 부르는 것이 되는데, 실제로 클라인은 1930년대 말에 양-밀스장을 이미 발견했다. 하지만 그의 이 업적은 제2차 세계대전의 와중에 잊혀지고 말

않으며, 거의 20년이 지난 1950년대 중반에야 비로소 재발견되었다. 양-밀스장은 현재 핵력이론의 근본을 이루어, 아원자물리학의 거의 대부분은 이를 토대로 구성되어 있다. 이로부터 다시 20년이 지난 뒤 칼루자-클라인이론은 끈이론 string theory이라는 새 이론의 모습으로 부활했으며, 이는 오늘날 통일장이론의 가장 유력한 후보로 여겨지고 있다.

아인슈타인은 다른 길도 찾아보기로 했다. 칼루자-클라인이론이 실패한다면 결국 통일장이론으로 나아갈 다른 방법을 찾아야 할 것이기 때문이었다. 그의 선택은 리만기하학을 초월한 기하학을 탐사하는 것이었다. 이를 위해 그는 많은 수학자들의 자문을 구했는데, 얼마 가지 않아 이는 완전히 새로운 분야임이 분명해졌다. 실제로 많은 수학자들은 아인슈타인의 설득에 따라 그가 새로운 우주의 가능성을 탐사할 수 있도록 돕기 위해 '후(後)리만기하학 post-Riemannian geometry'이나 '연결이론 theory of connection' 등을 생각해 보기 시작했다. 그리하여 '비틀림 torsion'과 '꼬인 공간 twisted space' 등을 포함하는 새 기하학들이 개발되기도 했다(이 추상적 공간들은 이로부터 70년 뒤 초끈이론이 나올 때까지 아무런 물리학적 응용성을 갖지 못했다). 하지만 후리만기하학의 연구는 한마디로 악몽이었다. 아인슈타인에게는 수많은 방정식들의 숲을 헤쳐 나갈 단 하나의 물리적 원리도 없었다. 예전에 그는 등가원리와 일반공변원리를 나침반으로 삼았는데 이 두 원리는 실험적 자료에 깊이 뿌리를 내리고 있었다. 나아가 그는 앞길을 밝혀 줄 물리적 그림들에도 의지할 수 있었다. 그러나 새로 붙들고 있는 통일장이론의 경우 이와 같은 원리나 그림이 전혀 없었다.

아인슈타인의 연구에 대한 사람들의 관심이 워낙 컸으므로 프러시아과학아카데미에 제출한 통일장이론의 경과보고서가 〈뉴욕타임스〉에 보도되었고 심지어 그의 논문 일부가 함께 실리기도 했다. 곧이어 수백 명의 리포터들이 잠깐이라도 아인슈타인을 만나기 위하여 집 밖에 진을 치고 대기했다. 에딩턴은 "런던에 있는 가장 큰 백화점 가운데 하나인 셀프리지스 Selfridges가 박사님의 여섯 쪽짜리 논문을 창문에 붙여서 지나가는 사람들이 모두 볼 수 있도록 했다는 소식을 들으면 사뭇 흡족하시겠지요. 실제로 아주 많은 사람들이 이를 읽으려고 모여들었답니다"라고 썼다. 하지만 아인슈타인은 그의 앞길을 안내해 줄 간단한 물리적 그림이 있다면 이와 같은 모든 환호나 찬사와 얼마든지 기꺼이 바꿨을 것이다.

차츰 다른 물리학자들은 아인슈타인이 잘못된 길로 들어섰고 그의 물리적 직관도 그를 잘못 이끌어 간다고 말하기 시작했다. 친구이자 동료인 볼프강 파울리도 이런 비판가들 가운데 한 사람이었는데, 양자역학의 개척자였던 그는 과학계에서 신랄한 재치로도 유명했다. 언젠가 제대로 쓰이지 못한 한 논문을 본 그는 "이것은 틀리기조차도 못했다"라고 말했다. 또한 어떤 동료 연구가의 논문을 검토한 그는 "나는 천천히 생각하는 것은 개의치 않습니다. 하지만 생각하는 것보다 빨리 출판하는 것은 반대합니다"라고 말했다. 혼란스럽고 앞뒤가 잘 맞지 않는 세미나를 들었을 때는 "지금 말한 내용은 너무 혼란스러워서 난센스인지 아닌지조차 모르겠군요"라고 말했다. 동료 물리학자들이 그가 너무 비판적이라고 말하면 "어떤 사람들은 아주 아픈 티눈을 갖고 있는데, 그것과 함께 잘 살아가려면 아픔을 참고 둔감해질 때까지 꽉 눌러 디디면서 적응해 가야 합니다"라고 대답했다. 통일장이론에 대한 그의 생각은 "신이 떼어 놓은 것을 사람이 엮으려 하지 말라"는 유명한 언급에 잘 드러나 있다. 하지만 아이러니컬하게도 나중에 그도 이 주제를 붙들어 나름의 통일장이론을 내놓기도 했다.

　20세기의 또 다른 위대한 이론인 양자론에 더욱 심취해 간 많은 동료 물리학자들도 파울리의 견해에 동의했다. 양자론은 물리학 역사상 가장 성공적인 것 가운데 하나로 우뚝 서 있다. 양자론은 특히 원자 세계의 신비를 설명하는 데에 비길 데 없는 성공을 거두었으며, 이로부터 레이저, 현대적 전자제품, 컴퓨터, 나노기술 등이 이끌려 나왔다. 하지만 아이러니컬하게도 양자론은 모래성과 같은 처지에 있다. 원자의 세계에서 전자는 동시에 여러 곳에 존재하는 것처럼 보인다. 아무런 경고도 없이 유령처럼 사라져 한 곳에서 다른 곳으로 옮겨 가며 존재와 비존재 사이를 넘나든다. 1912년에 아인슈타인은 "성공을 거둘수록 양자론은 더 엉터리처럼 보인다"라고 말했다.

　양자 세계의 기괴한 모습은 1924년 아인슈타인이 잘 알려지지 않은 인도 물리학자 사트옌드라 나트 보스Satyendra Nath Bose로부터 받아 본 호기심을 자아내는 논문에서도 뚜렷이 드러난다. 통계물리학에 관한 그의 논문은 내용이 너무나 기이했기에 다른 심사자는 출판을 단호히 거절했다. 거기서 보스는 통계역학에 대한 아인슈타인의 옛 연구를 확장하여 기체를 양자적 물체로 취급하면서 이에 대한 완전한 양자론을 탐구하고 나섰다. 아인슈타인이 빛에 대한 플랑크의 이론을 확장했듯, 보스도 아인슈타인의 연구를 확장하면 기체에 대한 완전한 양자론이 얻어질 수 있음을 지적했던 것이다. 이 주제에 대해 누구보다 잘 알고 있었던 아인슈타인은 보스가 정당화될 수 없는 가정을 하고 몇 군데 실수도 저질렀지만 최종 결론은 옳게 내렸다는 사실을 간파했다. 흥미를 느낀 아인슈타인은 이 논문을 독일어로 옮기고 출판하도록 제출했다.

나아가 아인슈타인은 보스의 연구를 확장하고 절대영도에 극히 근접한 물질에 적용하여 나름의 논문을 썼다. 보스와 아인슈타인은 양자 세계의 기이한 사실에 주목했다. 볼츠만과 맥스웰도 이미 지적했듯 같은 종류의 원자들은 서로 구별할 수 없으므로 개별적인 이름표를 붙일 수 없다는 아주 단순한 사실이 그것이다. 예컨대 일상적으로 보는 돌이나 나무들은 자세히 보면 모두 서로 다르므로 이름표를 붙일 수 있지만 양자 세계에 등장하는 수소 원자들은 어떤 실험에서나 구별할 수 없다. 이를테면 빨강, 파랑, 노랑 수소 원자란 것은 없다는 뜻이다. 아인슈타인은 이런 상황에서 어떤 원자의 집합이 절대영도에 근접하여 모든 운동이 거의 멈추게 되는 경우를 상상했다. 그러면 모든 원자들은 최저에너지상태라는 동일한 처지에 놓이므로 전체적으로 하나의 '초원자superatom'를 만든다. 다시 말해서 수많은 원자들이 동일한 양자상태로 들어가 거대한 하나의 원자처럼 행동한다는 뜻이다. 이것은 지구상에서 일찍이 볼 수 없었던 새로운 물질 상태였다. 하지만 이런 상태를 얻으려면 온도를 극도로 낮춰야 하는데, 구체적으로 이는 절대영도 바로 위 약 수백만 분의 일도 정도로, 당시의 실험 기술로는 꿈도 꾸지 못할 낮은 온도였다. 이처럼 극도로 낮은 온도에서 원자들은 정확히 똑같은 모습으로 진동한다. 그리하여 하나의 원자가 보여 주는 미묘한 양자 효과가 원자들 집합 전체를 통해 나타난다. 예를 들어 운동 경기장에서 관중들이 '파도타기' 응원을 펼치면 관중석 전체에 걸쳐 하나의 파동이 휩쓸고 지나가는 것과 같다. '보스-아인슈타인응축상(凝縮相)Bose-Einstein condensate'

이라 부르는 이 상태에서 모든 원자들은 일체가 되어 진동한다. 아인슈타인은 1920년대의 실험 기술이 도저히 이에 미치지 못하므로 자신이 살아 있는 동안 이를 볼 수 없을 것으로 여겨 다시금 실망에 빠졌는데, 세월이 흘러 밝혀졌듯, 실제로 이 현상에서 아인슈타인은 시대를 70년이나 앞섰다.

보스-아인슈타인응축 외에도 아인슈타인은 자신의 이중성원리principle of duality가 빛뿐 아니라 물질에 대해서도 적용될 수 있는지에 대해 흥미를 느꼈다. 1909년의 강연에서 아인슈타인은 빛이 이중성, 곧 입자성과 파동성을 함께 가졌음을 보였는데, 언뜻 이는 아주 이단적으로 보이지만 실험적으로는 완전히 입증된 결과였다. 아인슈타인에 의해 촉발된 이중성의 개념에서 영감을 받은 대학원생 루이 드브로이Louis de Broglie는 1923년 심지어 물체들도 빛처럼 입자성과 파동성을 함께 가질 것이라고 추측했다. 이것은 대담하고 혁명적인 생각이었는데, 그때까지의 뿌리 깊은 편견에 따르면 물체란 것은 입자들의 모임에 지나지 않았기 때문이었다. 아인슈타인의 이중성원리를 물질에도 적용함으로써 드 브로이는 원자들에 얽힌 몇 가지의 미스터리를 깨끗이 설명할 수 있었다.

아인슈타인은 드브로이가 제시한 '물질파matter wave'란 개념의 대담성을 좋아했으며 그의 이론을 널리 장려했다(드브로이는 이 혁명적인 아이디어 덕분에 노벨상을 받았다). 그런데 물질이 파동성을 가진다면 이 파동은 어떤 방정식을 따를 것인가? 고전물리학자들은 바다의 파도나 음파 등을 방정식으로 나타내는 데에 많은 경험을 갖고 있었으며, 그중 한 사람인 오스트리아 물리학자 에르빈 슈뢰딩거Erwin Schrödinger도 물질파의 방정식을 찾아 나섰다. 여자들에게 인기가 높기로 소문난 슈뢰딩거는 1925년 크리스마스 휴가 기간 중 수많은 여자친구들 가운데 한 여자와 아로사Arosa의 빌라 헤르비크Villa Herwig에 머물렀다. 하지만 그는 이 와중에도 물리학에 집중할 틈을 낼 수 있었고 이로부터 양자물리학 전체를 통틀어 가장 유명한 방정식, 곧 이후 그의 이름이 한데 얽힌 '슈뢰딩거(파동)방정식Schrodinger (wave) equation'을 만들어 냈다. 슈뢰딩거의 전기를 쓴 월터 무어Walter Moore는 "셰익스피어가 소네트sonnet를 쓰도록 영감을 주었던 미지의 여인처럼 아로사의 여인도 영원한 미스터리로 남았다"라고 썼다(슈뢰딩거는 평생에 걸쳐 수많은 여자친구와 애인을 거느렸음은 물론 사생아도 많았으며, 그래서인지 애석하게도 이 역사적인 방정식과 결부된 여인이 누구인지 밝히기는 불가능할 것으로 보인다). 이어지는 몇 달 동안 슈뢰딩거는 일련의 경이로운 논문들을 통해 닐스 보어가 발견했던 수소 원자와 관련된 신비로운 법칙들은 자신의 방정식에서 이끌어지는 단순한 귀결들임을 보였다. 역사상 처음으로 물리학자들은 원자의 내부에 대한 상세한 그림을 얻었음은 물론, 이를 이용하여 적어도 원칙적으로는 좀 더 복잡한 원자들, 심지어 분자들의 성질들까지도 계산해 낼 수 있게 되었다. 다시 몇 달이 흐르자 이 새로운 양자론은 마치 땅을 고르는 증기롤러steamroller처럼 구르면서 고대 그리스 이래 수많은 과학자들을 쩔쩔매게 했던 원자 세계의 커다란 수수께끼들을 흔적도 남기지 않도록 해치워 나갔다. 궤도와 궤도를 넘나들며 빛을 뿜고 분자를 함께 묶어 놓는 전자들의 현란한 춤도 어느 날 갑자기 계산할 수 있게 되었는데, 알고 보니 이는 바로 표준적인 미분방정식의 풀이에 지나지 않았다. 대담한 한 젊은 양자물리학자 폴 에이드리언 모리스 디랙Paul Adrian Maurice Dirac은 심지어 화학의 모든 것은 슈뢰딩거방정식의 해로 설명될 수 있으며, 따라서 화학은 응용물리학의 한 분야로 여겨질 수 있다고까지 주장했다.

이렇게 하여 광자에 대한 '구양자론 old quantum theory'의 아버지였던 아인슈타인은 슈뢰딩거방정식을 통해 '신양자론 new quantum theory'의 대부가 되었다. 오늘날 고등학교 화학 시간에 배우는 조금 묘한 풋볼 모양의 '오비탈 orbital'은 핵을 둘러싼 전자의 궤도인데, 여기에 붙은 이상한 이름과 양자수들은 실제로는 슈뢰딩거방정식의 여러 해들을 나타내는 기호들이다. 한번 돌파구가 열리자 양자물리학에는 엄청난 가속도가 붙었다. 슈뢰딩거방정식이 상대성이론을 반영하지 않았다는 점을 불만스럽게 여긴 디랙은 이를 일반화하여 불과 2년 뒤 전자에 대한 완전한 상대론적 양자론을 얻어 냈고, 이에 물리학계는 또다시 경이에 휩싸였다. 슈뢰딩거방정식이 광속보다 훨씬 작은 속도로 움직이는 비상대론적 상황에만 적용됨에 비하여 디랙의 방정식은 아인슈타인의 이론이 요구하는 대칭성을 완벽히 갖추었다. 나아가 디랙의 방정식은 전자와 관련된 모호한 성질들도 해명해 주었고, 그 가운데는 '스핀 spin'이란 것도 있었다. 오토 슈테른 Otto Stern과 발터 게를라흐 Walter Gerlach의 실험에 의하여 자기장 속의 전자는 회전하는 팽이처럼 행동한다는 점이 이미 알려져 있었는데, 플랑크상수를 1로 놓는다면 그 각운동량의 크기는 1/2이다. 디랙의 방정식을 풀면 슈테른-게를라흐실험에서 나온 1/2이란 값이 정확히 얻어지는데, 맥스웰장에서 나오는 광자의 스핀은 1이고, 아인슈타인 중력파의 스핀은 2이다. 디랙의 연구에 의하여 아원자입자들의 스핀은 이들의 아주 중요한 특성들 가운데 하나란 점이 분명해졌다.

디랙은 여기서 한 걸음 더 나아갔다. 전자들의 에너지를 자세히 살펴본 그는 아인슈타인의 해에 나오는 것 가운데 하나가 간과되었음을 발견했다. 일반적으로 어떤 수의 제곱근은, 예를 들어 4의 제곱근이 +2와 −2인 것처럼, 양과 음의 두 가지가 있다. 그런데 아인슈타인은 자신의 방정식을 풀면서 음의 근을 무시했으며, 따라서 그의 유명한 방정식 $E=mc^2$은 원칙적으로 $E=\pm mc^2$으로 써야 옳다. 디랙에 따르면 그동안 버려졌던 '−' 부호에 거울 속의 우주라고 할 새로운 세계가 숨어 있으며, 이 세계는 '반물질 antimatter' 이라는 미지의 물질로 이루어져 있다.

(기이하게도 몇 해 전인 1925년 아인슈타인 자신이 상대성이론에 나오는 전자의 부호를 바꿈으로써 반물질의 아이디어를 얻었고, 공간의 방향을 반대로 해도 같은 방정식이 얻어짐을 보고 즐거워한 적이 있었다. 그는 질량을 가진 모든 입자에는 같은 질량에 부호만 다른 입자가 존재해야 함을 보였다. 상대성이론은 4차원의 세계뿐 아니라 반물질로 되어 우리와 평행으로 나아가는 세계도 펼쳐 보여 준 셈이다. 하지만 아인슈타인은 관대하게도 우선권을 전혀 다투지 않고 디랙에게 모두 양보했다.)

처음에 디랙의 급진적인 아이디어는 치열한 비판에 맞서야 했다. $E=\pm mc^2$이라는 식으로부터 나오는 거울상 입자들로 만들어진 또 하나의 전체 우주라는 관념은 너무나 황당해 보였기 때문이었다. 슈뢰딩거의 것과 동등한 양자론을 닐스 보어와 함께 독립적으로 개발했던 양자물리학자 베르너 하이젠베르크Werner Heisenberg는 "현대물리학의 가장 슬픈 장(章)은 디랙의 이론이며 앞으로도 그럴 것이다. … 나는 그의 이론을 … 누구도 진지하게 고려하지 않을 현학적 쓰레기로 여긴다"고 썼다. 그러나 1932년 실제로 반전자, 곧 양전자positron가 발견됨으로써 이런 물리학자들의 자존심은 큰 상처를 입었으며, 반대로 디랙은 이 업적으로 노벨상을 수상하는 영광을 안았다. 하이젠베르크는 결국 "반물질의 발견은 우리 세기에 이루어진 모든 도약들 가운데 가장 큰 도약으로 여겨진다"라고 자인했다. 상대성이론은 다시 한번 예기치 못한 풍성함을 드러냈는데, 이번에는 반물질로 만들어진 전혀 새로운 우주였다.

(슈뢰딩거와 디랙은 양자론의 가장 중요한 두 파동방정식을 얻어 낸 사람들이지만 성격상으로는 극단의 대조를 보인다는 점이 이채롭다. 슈뢰딩거가 거의 언제나 어떤 여자친구와 함께 다녔던 반면 디랙은 여자들 앞에서 애처로울 정도로 부끄럼을 탔고 말수도 매우 적었다. 디랙이 세상을 뜨자 영국인들은 물리학의 세계에 끼친 그의 공로를 기려 웨스트민스터사원에 있는 뉴턴의 묘와 가까운 곳에 그를 묻고 묘비에는 그가 발견한 상대론적 디랙방정식을 새겨 넣었다.)

얼마 가지 않아 전 세계의 거의 모든 물리학자들은 기이하고도 아름다운 슈뢰딩거와 디랙의 방정식을 배우기에 힘썼다. 하지만 이 방정식들이 부정할 수 없는 놀라운 성공을 거두었음에도 양자물리학자들은 여전히 한 가지의 철학적 의문을 붙들고 싸워야만 했다: "물질이 파동이라면 정확히 **무엇의 파동**이란 말일까?" 이것은 빛의 파동설을 홀렸던 질문과 본질적으로 같은데, 예전에 물리학자들은 이에 대해 에테르라는 잘못된 답을 내놓았다. 슈뢰딩거의 파동은 대양의 파도와 같아서 그냥 놔두면 계속 멀리 퍼져 나간다. 충분한 시간만 주면 이 파동함수 wave function 는 결국 온 우주로 흩어져 갈 것이다. 그러나 이는 물리학자들이 전자에 대해 아는 모든 사실과 위배된다. 아원자입자들은 점과 같은 물체일 것이라고 믿어져 왔으며, 뿜어진 유체의 궤적처럼 사진으로 남길 수 있는 명확한 자취를 그린다고 여겼다. 따라서 슈뢰딩거방정식에서 얻어지는 양자 파동들은 수소 원자를 묘사하는 데에는 기적에 가까운 성공을 거두었지만, 자유 공간을 떠도는 전자를 묘사하는 데에는 적합하지 못하다고 생각되었다. 전자들이 정말로 슈뢰딩거의 파동처럼 행동한다면 우주 전체로 천천히 퍼져 나가 허공 속에 용해되어 버릴 것이기 때문이다.

분명 뭔가 아주 잘못되었다. 마침내 아인슈타인의 평생지기인 막스 보른이 이 수수께끼에 대해 가장 논란 많은 답의 하나를 내놓았다. 1926년 보른은 결정적인 발걸음을 내디디 슈뢰딩거방정식의 파동은 전자 자체가 아니라 전자를 발견할 확률을 나타낼 뿐이라고 주장했다. 그는 "입자의 운동은 확률법칙을 따르지만 그 **확률**은 인과법칙에 따라 퍼져 나간다"고 선언했다. 이 새 그림에 따르면 물질은 파동이 아니라 입자로 이루어져 있으며, 사진 건판에 포착된 자취는 파동이 아니라 점과 같은 입자들이 남긴 흔적이다. 그러나 어떤 점에서 이 입자를 발견할 확률은 파동으로 주어진다(더 정확히 말하면 슈뢰딩거 파동함수의 절대값의 제곱은 주어진 시공간의 한 점에서 이 파동함수가 나타내는 입자를 발견할 확률에 해당한다). 그러므로 슈뢰딩거 파동이 시간에 따라 퍼져 나가는 현상은 실질적으로 문제가 되지 않는다. 이는 전자를 그냥 내버려 두면 시간이 지남에 따라 그게 어디에 있는지 정확히 알 수 없게 된다는 사실을 뜻할 따름이다. 이제 모든 역설은 해결되었다. 슈뢰딩거 파동은 입자 자체가 아니라 그 입자가 발견될 확률을 나타낸다.

베르너 하이젠베르크는 한 걸음 더 나아갔다. 그는 보어와 함께 이 새 이론에 뛰어든 확률의 수수께끼에 대해 끊임없이 고민했으며 때로는 이 나이 많은 동료와 불꽃 튀는 논쟁을 벌이기도 했다. 어느 날 확률에 대한 의문을 붙들고 또다시 좌절의 밤을 보낸 뒤, 학교 뒤에 있는 파엘레트Faelled공원을 따라 오래도록 거닐면서 스스로에게 계속 질문을 던졌다. 도대체 왜 전자의 정확한 위치를 알 수 없단 말일까? 전자가 어디 있는지 관측하기만 하면 될 텐데, 왜 보어가 주장한 것처럼 전자의 위치는 불확실한 것일까?

그러던 중 뭔가 그의 머리를 스쳤고, 순식간에 모든 게 선명해졌다. 전자가 어디에 있는지 알려면 그것을 쳐다봐야 한다. 그런데 이것은 전자에게 빛을 비춰야 함을 뜻한다. 하지만 빛, 곧 광자가 전자와 부딪치면 이 충돌 때문에 전자의 위치는 불확실해지고 만다. 다시 말해서 관측이란 행위는 필연적으로 불확실성을 낳는다. 그는 이 관계를 '불확정성원리uncertainty principle'라는 물리학의 새 원리로 꾸며 냈는데, 이에 따르면 어떤 입자의 위치와 속도를 동시에 결정할 수 없다(좀 더 정확히 말하면, 위치와 운동량의 불확실성을 곱하면 플랑크상수를 4π로 나눈 값보다 더 크다). 이것은 기계의 성능이 좋지 않아서 그렇다는 뜻은 전혀 아니며, 자연의 근본 법칙의 하나이다. 심지어 신마저도 전자의 정확한 위치와 운동량을 동시에 알 수는 없다.

이것은 양자론이 지금껏 전혀 알려지지 않은 물속으로 깊이 빠져 들게 된 결정적 계기가 되었다. 이때까지 사람들은 양자 현상이 엄청나게 많은 전자들의 평균적인 운동을 통계적으로 보여 주는 것이라고 말하기도 했다. 하지만 이제는 단 하나의 전자에 대해서도 그 움직임을 명확히 말할 수 없게 되었다. 아인슈타인은 경악했다. 그는 절친한 친구인 막스 보른에 의해 고전물리학이 가장 소중하게 기려 왔던 아이디어의 하나인 결정론 determinism이 폐기되는 것을 보고 거의 배신감까지 느낄 지경이었다. 결정론에 따르면 현재에 대한 모든 것을 알면 원칙적으로 미래를 결정할 수 있다. 예를 들어 물리학에 대한 뉴턴의 위대한 공헌 가운데 하나는 현재의 태양계에 관한 모든 것을 알면 그의 운동법칙들을 통해 혜성과 달과 행성의 운동을 정확히 예측할 수 있게 했다는 것이다. 여러 세기 동안 물리학자들은 천체의 위치를 극도로 정확히 예측해 내는 뉴턴의 법칙을 경이롭게 여겨 왔으며, 원칙적으로 이는 몇백만 년 뒤의 미래에 대해서도 가능하다. 실제로 이때까지만 해도 모든 과학은 결정론에 근거를 두었다. 다시 말해서, 실험 대상이 되는 모든 입자들의 위치와 속도를 알기만 하면 실험의 결과를 예측할 수 있다. 뉴턴의 후계자들은 우주를 거대한 시계로 비유하여 이 신념을 피력했다. 신이 태초에 우주라는 거대한 시계의 태엽을 감았고, 이후로는 뉴턴의 법칙에 따라 끊임없이 똑딱거리며 운행하고 있다. 따라서 우주 안에 있는 모든 원자들의 위치와 시간을 알면 뉴턴의 운동법칙을 통해 우주의 진화 과정을 무한히 정확하게 계산할 수 있다. 그런데 불확정성원리가 우주의 미래 상태를 예측하는 것은 불가능하다고 선언함으로써 이 모두를 부정했다. 예를 들어 우라늄 원자가 하나 있다고 할 때 이것이 언제 붕괴할지 정확히 계산하는 것은 불가능하며 단지 그 확률만을 알아낼 수 있을 뿐이다. 실제로 신 또는 그 어떤 신성한 존재라도 우라늄 원자가 언제 붕괴할지 정확히 알지 못한다.

1926년 12월 보른의 논문에 대한 응답에서 아인슈타인은 "양자역학은 커다란 존경을 요구합니다. 하지만 어떤 내면의 목소리는 이게 진짜 야곱

이 아니라고 말합니다. 양자론은 많은 것을 제시했지만 우리를 신의 비밀로 조금도 가까이 데려가지 못했습니다. 내 관점에서 보자면 오히려 신이 주사위를 던지지 않는다는 데에 더 확신이 갑니다"라고 썼다. 또한 하이젠베르크의 이론에 대해서는 "하이젠베르크는 커다란 양자 알을 낳았고 괴팅겐 사람들은 이를 믿지만 나는 믿지 않는다"라고 평했다. 슈뢰딩거는 이 아이디어를 매우 싫어했다. 언젠가 그는 자신의 방정식이 확률만 나타낸다면 이와 어떻게든 관련 맺게 된 것을 후회한다고 말했다. 아인슈타인도 자신이 불을 당기도록 도와준 양자 혁명이 물리학에 확률을 들여올 줄 알았더라면 차라리 자신은 "신기료장수나 도박장의 일꾼"이 되었을 것이라고 맞장구를 쳤다.

물리학자들은 이제 두 진영으로 나뉘었다. 아인슈타인이 이끄는 진영은 뉴턴까지 거슬러 올라가고 이후 여러 세기 동안 물리학자들을 안내해 왔던 결정론이 옳다는 신조를 품었다. 슈뢰딩거와 드브로이가 동맹을 맺었다. 이보다 훨씬 큰 다른 진영은 닐스 보어가 이끌었는데, 불확정성을 믿고 평균과 확률에 기초를 둔 새로운 인과관계를 옹립했다.

어떤 의미로 보어와 아인슈타인은 다른 면들에서도 극단적인 대조를 보였다. 아인슈타인은 어렸을 때 운동을 싫어하고 기하와 철학 책에 매달려 지냈지만 보어는 축구선수로 덴마크 전역에 이름을 떨쳤다. 아인슈타인은 힘차고 역동적으로 말하며, 거의 시를 쓰듯 글을 써 내려가고, 언론인은 물론 왕족들과도 거리낌없이 농담을 잘 주고받았다. 하지만 보어는 딱딱한 태도로 지겨울 정도로 웅얼거리므로 내용이 불분명하고 거의 알아들을 수 없는 때가 많았다. 또한 깊은 생각에 빠졌을 때는 하나의 단어만 끝없이 되풀이하곤 했다. 그는 고등학교 시절 어머니에게 모든 숙제를 받아쓰게 하더니, 결혼한 뒤에는 아내에게 그랬다(심지어 길고 중요한 논문 때문에 신혼여행도 약간 망칠 정도였다). 또한 실험실의 모든 사람들에게 자신의 논문을 쓰도록 시키기도 했고, 언젠가는 모든 일을 완전히 멈추고 백 번이 넘도록 다시 쓰게 한 적도 있었다. 볼프강 파울리는 언젠가 코펜하겐을 방문해 달라는 보어의 요청을 받았을 때 "마지막 교정까지 제출했다면 가도록 하겠습니다"라고 대답했다. 하지만 아인슈타인과 보어 모두 첫사랑인 물리에 홀렸다는 점은 같다. 실제로 보어는 영감이 떠오르면 축구 경기 중에도 골대에 수식들을 휘갈겨 놓았다. 또한 두 사람 모두 다른 사람들을 자신의 아이디어에 대한 공명판으로 삼아 더욱 세련되게 가다듬었다(이상하게도 보어는 주변에 아이디어를 반사해 줄 사람들이 있을 때에만 연구를 수행할 수 있었다. 그에게 귀를 빌려 줄 사람이 없으면 그는 속수무책이었다).

아인슈타인과 보어 사이의 숙명적인 대결은 1930년 브뤼셀에서 열린 제6차 솔베이회의 때 벌어졌으며, 이때 문제가 된 것은 바로 실체의 본질 자체였다. 거기서 아인슈타인은 끊임없이 보어를 공격했고, 보어는 위태롭게 비틀거리면서도 어찌어찌 자신의 입장을 방어해 낼 수 있었다. 그러자 아인슈타인은 마침내 불확정성원리라는 괴물을 무너뜨릴 우아한 사고실험을 내놓았다. 안에 전등이 켜진 상자가 용수철 저울에 매달려 있다. 상자의 한쪽 벽에는 셔터가 장치된 작은 구멍이 있고, 셔터를 잠깐 열었다 닫으면 광자 하나가 상자 밖으로 방출된다. 따라서 우리는 광자가 방출되는 시간을 극도로 정확하게 측정할 수 있다. 이로부터 한참 뒤 상자의 무게를 잰다. 그러면 광자가 하나 방출되었으므로 그만큼 무게가 줄어든다. 특수상대성이론에 따르면 물질과 에너지는 동등하므로 상자가 가진 에너지도 극도로 정확하게 잴 수 있다. 다시 말해서 이 실험으로 우리는 셔터를 여는 시간과 상자의 전체 에너지를 아무런 불확정성 없이 얼마든지 정확하게 잴 수 있다는 뜻이며, 따라서 불확정성원리는 잘못이다. 이로써 아인슈타인은 마침내 양자론을 무너뜨릴 결정적 도구를 찾았다고 생각했다. (불확정성원리는 173쪽에 나와 있듯, 기본적으로 $\triangle x \triangle p \geqq h/4\pi$, 곧 "위치와 운동량을 임의로 정확히 결정할 수 없다"고 표현하지만, $\triangle t \triangle E \geqq h/4\pi$, 곧 "에너지와 측정시간을 임의로 정확히 결정할 수 없다"고도 표현한다. 위 사고실험은 뒤의 표현을 이용한 것이다: 옮긴이)

  이 회의의 참석자 가운데 한 사람이자 이 격렬한 싸움의 증인이기도 한 파울 에렌페스트는 "보어에게 이것은 심각한 타격이었다. 우선 당장 그는 답을 찾지 못했다. 그래서 온 저녁이 지나도록 이 사람 저 사람 붙들고 아인슈타인이 옳다면 물리학은 끝장이란 뜻이므로 이는 결코 옳을 수 없다는 식으로 설득하려고 했다. 하지만 이것 외에 아무런 반론도 찾을 수 없었다. 나는 두 논적이 이곳 대학교 회의실을 떠날 때의 모습을 결코 잊지 못할 것이다. 위엄 서린 풍모의 아인슈타인은 희미하게 아이러니컬한 미소를 띠고 조용히 걸어 나온 반면 극히 못마땅한 표정의 보어는 총총히 자신의 방 쪽으로 사라졌다." 그날 저녁 다시 에렌페스트를 보았을 때 보어가 중얼거린 것은 오직 한 단어로 그는 끊임없이 "아인슈타인 … 아인슈타인 … 아인슈타인 …"이라고 되뇌었을 뿐이었다. 하지만 뜬눈으로 치열한 밤을 보낸 보어는 마침내 아인슈타인이 내놓은 논리의 결점을 발견했는데, 그것도 다름아닌 아인슈타인의 상대성이론을 이용해서 찾아냈다. 보어는 상자의 무게가 감소했으므로 지구의 중력장 속에서 조금 위로 올라갈 것이란 점에 주목했다. 그런데 일반상대성이론에 따르면 중력이 약해지면 시간이 빨리 흐른다(예컨대 달에서는 지구에서보다 시계가 더 자주 똑딱거린다). 여기서 보듯, 셔터의 시간을 측정하는 것과 관련된 미세한 불확정성은 상자의 위치를 측정하는 것과 관련된 불확정성으로 이전된다. 따라서 상자의 위치를 절대적으로 정확하게 잴 수 없다. 게다가 상자의 무게와 관련된 불확정성은 상자의 에너지와 관련된 불확정성에 반영되며, 이는 곧 운동량과 관련된 불확정성으로 이전되므로 상자의 운동량도 절대적으로 정확하게 잴 수 없다. 이 모든 것들을 종합하면 보어가 계산해 낸 두 가지의 불확정성, 곧 위치와 운동량의 불확정성들이 정확하게 불확정성원리를 충족함이 밝혀진다. 이렇게 보어는 또다시 양자론을 성공적으로 방어해 냈다. 전하는 이야기에 따르면 아인슈타인이 "신은 세상을 두고 주사위를 던지지 않는다"고 불평을 터뜨린 데 대해 보어는 "신에게 뭘 할지 말하지 말라"고 되받아쳤다고 한다.

궁극적으로 아인슈타인은 보어가 성공적으로 반박해 냈다는 사실을 받아들일 수밖에 없었다. 아인슈타인은 "나는 양자론에 명확한 진리가 담겨 있다고 믿는다"라고 썼다. 존 휠러는 역사적인 보어-아인슈타인논쟁Bohr-Einstein debate에 대해 "내가 아는 한 이것은 인류 지성사에서 가장 위대한 논쟁이었다. 지난 삼십 년 사이에 우리가 사는 이 기이한 세계의 이해를 위해 이들보다 더 위대한 두 사람이 이보다 더 긴 시간 동안 이보다 깊은 주제로 이보다 깊은 결론을 이끌어 내며 토론한 것을 본 적이 없다"라고 썼다.

마찬가지로 자신의 방정식에 대한 새 해석을 싫어했던 슈뢰딩거는 그의 유명한 고양이문제를 제기하여 불확정성원리의 결함을 파고들었다. 슈뢰딩거는 양자역학에 대해 "나는 이것을 좋아하지 않으며, 이것과 어떤 형태로든 관련된 것에 대해 유감으로 생각한다"고 썼다. 그가 가장 우스꽝스럽다고 생각하면서 제기한 고양이문제는 다음과 같다. 어떤 상자 안에 독가스를 발생하는 시안화수소산이 든 병이 들어 있다. 또한 이 상자 안에는 방사성원소인 우라늄이 들어 있는데, 여기에는 가이거계수기가 연결되어 있고, 가이거계수기에는 다시 망치가 연결되어 있으며, 우라늄이 붕괴하면 가이거계수기가 방아쇠로 작용하여 망치가 시안화수소산이 든 병을 깨뜨리도록 되어 있다. 방사성원소인 우라늄의 붕괴가 양자적 현상이란 데에는 의문의 여지가 없다. 만일 우라늄이 붕괴하지 않으면 고양이는 살아남는다. 하지만 우라늄이 붕괴하면 가이거계수기가 신호를 방출하여 망치를 작동시킨다. 그러면 병이 깨뜨려지고 독가스가 발생하여 고양이가 죽는다. 그런데 양자론에 따르면 우리는 우라늄이 언제 붕괴할지 알 수 없다. 따라서 원칙적으로 우라늄은 붕괴하지 않거나 붕괴하거나의 두 상태로 동시에 존재할 수 있다. 하지만 우라늄 원자가 동시에 두 상태로 존재할 수 있다면 고양이 또한 동시에 두 가지 상태로 존재할 수 있다. 그러므로 문제는 다음과 같다: 고양이는 죽었는가, 살아 있는가?

  일반적으로 보면 이는 어리석은 질문이다. 상자를 열 수 없다 하더라도 상식적으로 고양이는 죽었든지 살았든지 둘 중 하나이다. 어떤 생물이 동시에 죽기도 하고 살기도 할 수는 없으며, 만일 그렇다면 우리가 우주와 물리적 실체에 대해 알고 있는 모든 것에 위배된다. 그러나 양자론은 우리에게 이상한 답을 내놓으며, 최종 답은 정말로 모른다는 것이다. 상자를 열기 전까지 고양이는 파동으로 존재하는데, 파동은 수처럼 서로 더할 수 있다. 그러므로 우리는 죽은 고양이와 산 고양이의 파동함수를 서로 더해야 한다. 이 경우 상자를 열기 전까지 고양이는 죽은 것도 아니고 산 것도 아니다. 상자에 감춰져 있는 한 우리가 말할 수 있는 것은 죽은 고양이와 산 고양이를 동시에 나타내 주는 파동이 그 안에 존재한다는 것뿐이다.

마침내 상자를 열면 우리는 관측을 하여 고양이가 죽었는지 살았는지 결정할 수 있는데, 이는 외부의 관측으로 인해 파동함수가 '응결collapse' 되어 고양이의 정확한 상태를 나타낸다는 뜻이며, 그 결과 고양이의 생사 여부도 결정된다. 여기서의 핵심은 외부 관찰자에 의한 관측 과정이다. 상자 안에 빛을 비추면 파동함수는 응결되고 관측 대상은 갑자기 어떤 명확한 상태를 나타낸다.

다시 말해서 관측 또는 측정 과정이 대상의 최종 상태를 결정한다. 이와 같은 보어의 코펜하겐해석Copenhagen interpretation은 측정을 하기 전에 대상의 실제적 존재 여부가 의문시된다는 약점을 안고 있다. 아인슈타인과 슈뢰딩거는 이 모두가 터무니없다고 보았다. 하지만 속 시원한 반론도 할 수 없었고 결국 남은 생애 동안 아인슈타인은 이 깊은 철학적 의문을 붙들고 지내야 했는데, 심지어 오늘날까지도 이 문제는 치열한 논란의 대상으로 남아 있다.

이 수수께끼의 몇 가지 언짢은 점들이 아인슈타인의 깊은 내면을 뒤흔들었다. 첫째, 측정이 이뤄지기 전에 우리는 가능한 모든 우주의 합으로 존재한다. 측정을 하기 전에는 우리가 죽었는지 살았는지, 공룡이 아직 살아 있는지, 지구가 몇십 억 년 전에 파괴되었는지 말할 수 없다. 측정을 하기 전에는 모든 사건들이 가능하다. 둘째, 이에 따르면 측정 과정이 실체를 창조하는 것 같다! 따라서 우리는 이제 오래된 철학적 수수께끼, 곧 아무도 듣지 않았을 때 숲의 나무가 정말 쓰러졌는가 하는 문제의 새로운 형태와 마주친다. 뉴턴의 후계자들은 관측과 상관없이 나무는 쓰러질 수 있다고 말할 것이다. 그러나 코펜하겐학파의 사람들은 관측이 이뤄지기 전까지 나무는 가능한 모든 상태로(서 있거나, 쓰러졌거나, 묘목이거나, 다 자랐거나, 탔거나, 썩었거나 등) 존재하며, 관측이 이뤄진 때에 갑자기 이 가운데 어떤 하나의 명확한 상태를 취한다고 말할 것이다. 이처럼 양자론은 전혀 예상하지 못한 해석을 내놓으며, 이에 따르면 관측이 나무의 상태를 결정한다.

아인슈타인은 특허국에서 일할 때부터 어떤 문제의 정수(精髓)를 간파해 내는 데에 초인적인 감각을 발휘해 왔다. 하지만 이 문제에 대해서는 그를 찾아온 사람들에게 "쥐 한 마리가 쳐다본다고 달이 존재하겠습니까?"라고 묻는 것밖에 다른 뾰족한 수가 없었다. 코펜하겐학파가 옳다면 이에 대한 답은 "예"이며, 한 마리의 쥐가 달을 쳐다보는 순간 달의 파동함수는 응결되어 존재로 튀쳐나오게 된다. 이후 몇십 년 사이에 슈뢰딩거의 고양이 문제에 대해 수많은 '해답'들이 제기되었지만 어느 것도 완전히 만족스럽지는 못했다. 한편으로 양자역학 자체의 정당성에 대해서는 누구도 이의를 제기하지 않지만, 이런 기초적인 의문은 아직도 물리학의 모든 범위에 걸쳐 가장 중요한 철학적 문제로 남아 있다.

아인슈타인은 양자론의 기초에 대해 끝없이 골몰했기에 "나는 일반상대성이론에 대해 생각해 본 것에 못지않게 양자론의 문제들에 대해서도 헤아릴 수 없이 되풀이해서 생각해 보았다"고 썼다. 이와 같은 오랜 숙고 끝에 그는 양자론에 대한 결정적 타격이라고 여겨지는 문제를 들고 재반격에 나섰다. 1933년 아인슈타인은 보리스 포돌스키Boris Podolsky와 나탄 로젠Nathan Rosen이라는 두 제자와 함께 오늘날까지도 수많은 철학자들과 양자물리학자들의 골치를 썩이는 새로운 사고실험 문제를 제기했다. 세 사람의 이름 첫 글자를 따 'EPR실험EPR experiment'으로 명명된 이 사고실험은, 아인슈타인도 바랐듯, 양자론을 허물지는 않더라도 이미 충분히 기이하게 보이는 양자론이 더욱 괴이하고 또 괴이하다는 점을 보여 주기에 충분하다. 어떤 원자가 두 전자를 반대 방향으로 방출했다고 상상해 보자. 각 전자는 팽이의 자전에 해당하는 스핀을 가지며 그 각운동량 벡터는 위 아니면 아래라는 두 상태 가운데 하나를 취한다. 이제 두 전자의 스핀이 서로 반대여서 전체 스핀은 0인데, 다만 어떤 전자가 어떤 스핀 상태인지는 모른다고 하자. 이 상태에서 충분히 오래 기다리면 두 전자는 수십 억 킬로미터 이상 떨어질 수 있다. 그리고 어떤 측정을 하기 전에는 각 전자의 스핀이 어떤 상태인지 아무도 알 수 없다.

이제 한 전자의 스핀을 측정했다고 상상하자. 그 각운동량 벡터의 방향이 위였다면 다른 전자의 각운동량 벡터의 방향은, 비록 서로 수십 광년 이상 떨어져 있다 하더라도, 파트너와의 스핀 합이 0인 이상 필연적으로 아래여야 한다. 이 사실은 우주의 어느 한쪽에 있는 전자에 대해 이뤄진 측정에 의해 다른 한쪽에 있는 전자의 상태가 즉각적으로 결정된다는 뜻을 담고 있으며, 따라서 언뜻 특수상대성이론에 위배되는 것으로 보인다. 아인슈타인은 이것을 "유령원격작용spooky action-at-a-distance"이라고 불렀는데, 이에 담긴 철학적 암시는 사뭇 놀랍다. 이를 그대로 풀이하면 우리 몸을 이루는 어떤 원자들은 보이지 않는 그물을 통해 우주 건너편의 다른 원자들과 연결되어 있으므로 우리 몸의 운동은 수십 억 광년 이상 떨어진 원자들에게 즉각적인 영향을 미치고, 따라서 이는 특수상대성이론에 위배된다. 아인슈타인은 이런 생각을 싫어했다. 이것은 곧 "우주가 국소적이 아니어서" 지구에서 일어난 사건이 빛보다 빠르게 우주의 다른 한편으로 즉각 영향을 미친다는 사실을 뜻하기 때문이었다.

양자역학에 대한 이 새로운 도전을 전해 들은 슈뢰딩거는 아인슈타인에게 "그 논문으로 … 독단적인 양자역학의 옷자락을 확실히 붙잡은 것으로 여겨져 아주 기쁩니다"라는 내용의 편지를 썼다. 역시 아인슈타인의 최신 논문에 대해 전해 들은 보어의 동료 레온 로젠펠트Leon Rosenfeld는 "우리는 모든 것을 멈췄다. 이러한 오해는 즉각 바로잡아야 하기 때문이었다. 큰 흥분에 휩싸인 보어도 답변서의 초안을 지체 없이 작성하도록 구술하기 시작했다"라고 썼다.

코펜하겐학파는 이렇게 도전에 맞섰지만 대가를 치러야 했다. 보어는 양자 세계가 정말로 비국소적이란 점을 자인해야 했던 것이다. 비국소적이라 함은 우주의 한쪽에서 발생한 사건이 다른 쪽에 즉각 영향을 미친다는 뜻이다. 다시 말해서 우주의 모든 것은 어떤 알 수 없는 방식으로 우주적 '얽힘entanglement'을 이루고 있다. 여기서 보듯 EPR실험은 양자역학을 부정하지 않으며, 다만 얼마나 괴이한지를 뚜렷이 보여 줄 뿐이다(오랫동안 많은 사람들은 이 실험을 근거로 빛보다 빠른 통신을 개발할 수 있다거나, 시간을 거슬러 신호를 보낼 수 있다거나, 이 효과를 텔레파시telepathy로 활용할 수 있을 것이라는 등의 이야기를 했지만 이는 모두 오해이다).

EPR실험은 상대론도 허물지 않으며, 이런 점에서 아인슈타인은 마지막에 웃는 사람이 되었다. 이 실험을 이용하여 어떤 신호를 빛보다 빨리 전달할 수는 없다. 예를 들어 EPR실험장치를 통해 모스부호 Morse code를 빛보다 빨리 보낼 수 없다. 물리학자 존 벨 John Bell은 다음과 같은 예로 이 문제를 설명했다. 버틀먼 Bertlmann이란 수학자는 언제나 한쪽 발에 분홍색 다른 발에 녹색 양말을 신는다. 따라서 우리가 그의 한쪽 발에 녹색 양말이 신겨 있는 것을 보면 다른 발에는 분홍색 양말이 신겨 있다는 사실을 즉각 알게 된다. 하지만 이때 두 발 사이에 어떤 신호가 전달된 것은 아니다. 다시 말해서 어떤 사실을 아는 것과 그 사실을 보내는 것은 전혀 다른 문제이다. 정보의 소유와 전달은 전혀 다른 세계에 속한다.

1920년대 말, 물리학의 세계는 상대론과 양자론이라는 양대 기둥이 떠받치게 되었다. 물리적 우주에 대한 인간의 모든 지식은 이 두 가지 이론으로 설명될 수 있다. 먼저 상대론은 매우 큰 현상에 대한 이론으로 빅뱅이나 블랙홀 등을 설명한다. 반면 양자론은 매우 작고 괴이한 원자의 세계에 적용된다. 양자론은 직관과 배치되는 아이디어에 근거하지만 실험적으로 놀라운 성공을 거두었다는 데에는 이견의 여지가 없다. 노벨상도 양자론을 기꺼이 활용하는 젊은 물리학자들에게 정신없이 날아들었다. 아인슈타인도 원숙한 물리학자였기에 거의 매일처럼 양자론이 새 돌파구를 열어 간다는 소식을 무시할 수 없었다. 그는 양자론의 실험적 성공에 대해서는 논박하지 않았으며 나아가 "우리 시대의 가장 성공적인 물리 이론"이라고 인정했다. 속 좁은 물리학자들 같으면 양자역학의 발전에 훼방을 놓을 수도 있겠지만 아인슈타인은 그러지 않았으며, 1929년에는 슈뢰딩거와 하이젠베르크가 노벨상을 공동으로 수상하도록 추천하기도 했다. 대신 아인슈타인은 작전을 바꾸어 양자론이 잘못되었다고 공격하는 게 아니라 자신의 통일장이론 속에 흡수하기로 했다. 보어 진영의 비판가들이 그가 양자론을 무시한다고 비난하면 그는 자신의 진짜 목표는 우주적 개관을 지니는 것으로 양자론 전체를 자신의 새 이론 속에 포함시키는 것이라고 반박했다. 이에 대해 아인슈타인은 바로 자신의 성과를 예로 들어 비유했다. 상대론은 뉴턴의 이론이 완전히 잘못되었다고 주장하지 않으며, 다만 불완전하다는 사실을 보임으로써, 더 큰 이론 속으로 합류시켰다. 따라서 뉴턴역학은 나름의 특별한 영역, 곧 질량이 크고 속도가 느린 대상들에 대해서는 아주 타당하다. 마찬가지로 아인슈타인은 고양이가 죽었으면서도 살아 있다는 식의 괴이한 가정을 해야 하는 양자론도 보다 높은 차원의 이론으로 깨끗이 설명될 수 있을 것이라고 믿었다. 이 점에서 아인슈타인의 전기를 쓴 한 무리의 사람들은 핵심을 제대로 파악하지 못했다. 많은 비평가들은 아인슈타인의 목표가 양자론의 오류를 증명하는 데 있다고 잘못 주장해 왔다. 이에 따라 그는 고전물리학의 마지막 공룡 또는 시대를 거스르는 반동의 목소리를 대변하는 나이 든 반란군으로 자주 묘사되어 왔다. 아인슈타인의 진정한 목적은 양자론의 불완전성을 드러내고 통일장이론으로 이를 완전하게 만드는 데에 있었다. 실제로 통일장이론에 대한 판단 기준들 가운데 하나는 어떤 어림을 했을 때 불확정성원리가 이끌어져 나와야 한다는 것이었다.

  아인슈타인의 전략은 일반상대성이론과 그의 통일장이론을 사용하여 물질 자체의 기원을 설명하려는 것으로 기하학적 구조에서 물질을 얻어 내려 했다. 1935년 아인슈타인과 나탄 로젠은 전자와 같은 양자론적 입자들이 근본적인 대상이 아니라 그의 이론으로부터 자연스런 귀결로 얻어 낼 수 있는 새 방법에 대해 연구했다. 이렇게 함으로써 그는 양자론을 우연이나 확률의 문제로부터 해방시킬 수 있기를 바랐다. 대부분의 이론들에서 소립자들은 특이성, 곧 방정식이 무한대로 발산하는 형태로 나타난다. 예를 들어 힘이 두 물체 사이의 거리의 제곱에 반비례한다는 뉴턴의 식을 보자. 이 거리가 무한히 작아지면 중력은 무한히 커져서 특이성이 나온다. 아인슈타인은 양자론을 깊은 차원의 이론에서 유도해 낼 수 있기를 바랐으므로 특이성이 전혀 없는 이론이 필요할 것이라고 추론했다(이에 대한 예가 간단한 양자론에 있으며, 이른바 '솔리톤 soliton'이란 게 그것으로 공간의 꼬임과 닮았다. 따라서 특이성은 아니고 부드러운 연속체로서 서로 반발도 하지만 이런 상호작용에서도 본래의 모습을 유지한다).

아인슈타인과 로젠은 이런 해를 얻을 새 방법을 제시했다. 이들은 평행한 두 장의 종이 위에서 정의된 두 개의 슈바르츠실트 블랙홀에서 시작한 다음, 가위를 사용하여 블랙홀이라는 특이성을 잘라 내고 두 장의 종이를 풀로 붙인다. 그러면 특이성이 없는 부드러운 해가 얻어지며, 아인슈타인은 이것이 아원자입자를 나타낸다고 생각했다. 다시 말해서 양자적 입자들은 매우 작은 블랙홀로 볼 수 있다(이 아이디어는 60년 뒤 끈이론으로 부활했는데, 여기에는 아원자입자와 블랙홀의 상호변환을 나타내는 수학적 관계식이 들어 있다).

이 '아인슈타인-로젠다리 Einstein-Rosen bridge'는 다른 방식으로 볼 수도 있으며, 과학 문헌들에서 두 우주를 이어 주는 것이라고 소개되는 '웜홀 wormhole'이 그것이다. 웜홀은 시공간의 지름길로서, 두 평행한 종이를 연결해 주는 통로나 문과 같다. 웜홀의 개념은 루이스 캐롤Lewis Carroll이라고도 알려진 찰스 닷슨Charles Dodgson에 의해 대중들에게 소개되었는데, 그는 옥스퍼드대학교의 수학자이며 『이상한 나라의 앨리스Alice in Wonderland』와 『거울 나라 앨리스Through the Looking Glass』의 작가로 유명하다. 앨리스가 거울로 손을 내밀면 실질적으로 아인슈타인-로젠다리로 들어가게 되며, 이는 옥스퍼드의 시골 마을과 이상한 나라라는 두 우주를 연결해 준다. 물론 아인슈타인-로젠다리로 떨어지는 사람은 원자도 찢어 놓을 정도로 엄청나게 강한 중력 때문에 으깨져 죽게 된다고 알려져 있다. 또한 블랙홀이 정지한 상태라면 웜홀을 통해 평행한 우주 사이를 왕복하는 것은 불가능하다(웜홀의 개념이 물리학에서 핵심적 역할을 하게 된 것은 이때부터 60년이 지난 뒤의 일이었다).

하지만 결국 아인슈타인은 이 아이디어를 포기하는데, 이유 가운데 하나는 아원자입자들의 세계가 내용적으로 풍성하다는 점을 설명하지 못한다는 것이었다. 그는 '나무'의 기이한 성질들을 '구슬'로 설명할 수 없었던 것이다. 아원자입자들은 질량, 스핀, 전하, 양자수 등 많은 특성들이 있는데, 그의 방정식은 이것들을 이끌어 내지 못한다. 그의 목적은 통일장이론의 광휘를 남김 없이 드러내 줄 그림을 찾는 것이었지만, 당시에는 핵력의 성질들이 충분히 알려지지 않았다는 점이 결정적인 문제로 작용했다. 아인슈타인의 연구는 강력한 입자가속기들이 아원자입자들의 성질을 뚜렷이 보여 주던 시대보다 수십 년이 앞섰으며, 결과적으로 이런 그림은 결코 얻을 수 없었다.

전쟁과 평화와 $E=mc^2$

1930년대에 세계는 대공황의 손아귀에 붙들렸고, 극심한 혼란이 독일의 거리를 휩쓸었다. 통화가 붕괴되자 열심히 일해 온 중산층들은 평생 모았던 저축이 거의 하룻밤 사이에 흔적도 없이 사라졌음을 알게 되었다. 때마침 떠오르던 나치당은 비참한 지경에 빠진 독일인들의 불만을 가장 편리한 희생양인 유태인들에 대한 분노로 집중시켰다. 강력한 산업주의자들의 지지를 받아 나치는 얼마 가지 않아 독일 제국 의회의 다수당이 되었다. 오랫동안 반유태 활동에 맞서 왔던 아인슈타인은 작금의 상황으로부터 생명의 위협까지 느끼게 되었다. 평화주의자였지만 충분히 현실적이었던 그는 급속히 솟구치는 나치의 위상에 맞추어 자신의 견해를 조절해 갔다. 그는 이때 "나는 어떤 상황에서든 무력의 사용을 반대해 왔지만 생명 자체의 파괴를 추구하는 적과 맞설 때만은 예외이다"라고 썼다.

1931년 이 유명한 물리학자를 향해 온갖 반유태적 중상모략을 담은 『아인슈타인에 맞선 100인의 권위자들One Hundred Authorities against Einstein』이란 제목의 책이 출판되었다. 그 책은 펴내는 목적이 "아인슈타인주의자들의 테러에 대해 반대하는 사람들이 그들을 강한 설득력으로 맞서기 위함이다"라고 강변했다. 나중에 아인슈타인은 상대성이론을 파괴하는 데에 굳이 100명이나 권위자들을 동원할 필요가 없다고 비꼬았다. 상대성이론이 잘못되었다면 단 하나의 작은 사실로도 충분하기 때문이다. 1932년 12월, 밀어닥치는 나치의 파도에 저항할 수 없음을 깨달은 아인슈타인은 독일을 영원히 떠났다. 그는 엘자에게 카푸트Caputh라는 시골 마을에 있는 그들의 집을 가리키면서 슬픈 목소리로 "천천히 돌아보게. 이제 다시는 못 볼 테니"라고 말했다. 1933년 1월 30일 이미 의회의 다수당이 된 나치는 아돌프 히틀러Adolf Hitler가 수상으로 지명됨에 따라 정권까지 장악함으로써 상황은 극적으로 악화되었다. 나치는 아인슈타인의 재산을 압류하고 은행구좌를 폐쇄하여 공식적으로 무일푼의 처지에 빠뜨렸으며, 소중히 아끼던 카푸트의 별장도 거기에서 위험한 무기가 발견되었다는 이유로 몰수했다. 이때 발견되었다는 것은 빵을 써는 칼이었을 뿐이었는데, 이렇게 몰수된 카푸트의 집은 제3제국 시절 '독일소녀연맹Nazi Bund Deutsches Madel'이란 단체가 사용했다. 5월 10일 나치는 아인슈타인의 저작들도 포함된 금서들을 공개적으로 불살랐다. 이해에 아인슈타인은 독일이 드리운 그늘 아래 있던 벨기에의 사람들에게 "오늘날의 상황에서 내가 벨기에 사람이라면 군복무를 거부하지 않겠다"라는 편지를 썼다. 그의 이 언급은 언론 매체를 타고 전 세계로 퍼져 나갔으며 나치와 평화주의자 양쪽 모두 즉각 헐뜯고 나섰다.

평화주의자들 가운데 많은 이들은 히틀러에 맞설 유일한 길은 평화적 수단이라고 믿었다. 하지만 나치 정권의 야만성을 깊이 꿰뚫어 본 아인슈타인은 흔들림 없이 이에 반대하면서 "내 눈에는 반무장주의자들이 사악한 배신자들로 보인다. … 그들은 눈가리개를 쓰고 있을 뿐이다"라고 말했다.

독일에서 쫓겨난 아인슈타인은 다시 한 번 집 없이 세상을 떠도는 여행자가 되었다. 1933년 영국으로 향하는 여행에서 그는 윈스턴 처칠Winston Churchill의 집에 들렀는데, 방명록의 주소란에 "없음"이라고 썼다. 나치가 증오하는 인물 목록의 상위에 올라 있는 아인슈타인은 이제 개인적인 안전에 주의를 기울여야 했다. 나치의 통치에 적으로 간주된 인물들을 수록한 독일의 한 잡지는 표지에 아인슈타인의 사진과 함께 "아직 목매달지 못했음"이란 글귀를 넣었다. 반유태주의자들은 아인슈타인을 독일에서 몰아낼 수 있다면 모든 유태 과학자들도 몰아낼 수 있다고 자랑스레 떠벌렸다. 한편 나치는 모든 유태인 공직자들을 파면한다는 법률을 통과시켰고 이는 독일 물리학계에 즉각적인 재앙이 되었다. 새 공무원법 때문에 아홉 명의 노벨상 수상자가 독일을 떠나야 했고 첫해에만 1700명의 교수들이 파면되어 독일의 과학계와 기술계는 막대한 출혈을 감수해야 했다. 나치가 장악한 유럽에서의 집단 탈출은 엄청난 수준에 이르렀고 최고의 과학적 엘리트들은 사실상 씨가 마를 지경이었다.

언제나 조정자의 위치에 섰던 막스 플랑크는 히틀러에게 공개적으로 맞서는 동료들의 모든 노력을 한사코 만류했다. 그는 사적인 통로를 선호했고 심지어 1933년 5월에는 히틀러와 개인적으로 만나 독일 과학의 붕괴를 막기 위한 마지막 탄원을 했다. 플랑크는 이에 대해 "나는 그가 유태인 동료들을 추방함으로써 … 우리가 엄청난 피해를 입고 있다는 점이 납득되기를 바랐다. 나는 그에게 언제나 자신을 독일인으로 여기고 다른 사람들과 똑같이 그들의 삶을 독일에 바친 사람들을 희생시키는 게 참으로 비이성적이며 완전히 부도덕한 일이란 점을 설득시키고자 했다"라고 썼다. 그러자 히틀러는 그 자신이 유태인에게 아무런 반감이 없지만 그들은 모두 공산주의자라고 말했다. 플랑크가 이에 대해 대답하려 하자 히틀러는 큰 소리를 지르며 가로막고 나섰다. "사람들은 내가 겁쟁이라고 공격합니다. 하지만 나는 강철같이 강합니다!" 그는 이어서 자신의 정강이까지 올라오는 군화를 짧은 채찍으로 한 번 내려치고 유태인에 대한 장광설을 퍼부었다. 플랑크는 결국 후회했다. " 나는 그를 설득하는 데에 실패했다. … 그런 사람과는 어떤 언어로도 통할 수 없다."

아인슈타인의 유태인 동료들은 생명을 부지하기 위해 모두 독일을 빠져나갔다. 레오 실라드Leo Szilard는 신발 속에 평생 모은 돈을 구겨 넣어 떠났고, 프리츠 하버Fritz Haber는 1933년에 팔레스타인으로 향했다. 독일에 충성을 바친 과학자였던 하버는 독일군을 위해 악명 높은 독가스 '치클론 B Zyklon B'를 개발했는데, 아이러니컬하게도 나중에 그 집안의 많은 사람들이 아우슈비츠수용소에서 이 가스에 의해 목숨을 잃었다. 에르빈 슈뢰딩거는 유태인이 아니었으면서도 이 광기에 휩쓸렸다. 1933년 3월 31일 나치가 모든 유태인 가게를 보이콧하기로 선언했던 날 그는 우연히 베를린의 커다란 유태인 백화점 '베르템Werthem' 앞에 있었다. 그런데 갑자기 나치 완장을 두른 무리가 나타나더니 유태인 가게 주인들을 구타하기 시작했고 군중과 경찰들은 이를 보고 웃었다. 이에 격분한 슈뢰딩거는 무리 가운데 한 사람을 붙들고 거세게 꾸짖었다. 그러자 무리는 오히려 그에게 달려들어 구타하기 시작했는데, 그 가운데 한 젊은 물리학자가 슈뢰딩거를 알아보고 재빨리 구해 냄으로써 자칫 크게 다칠 위기를 가까스로 면했다. 여기서 큰 충격을 받은 슈뢰딩거는 독일을 떠나 영국과 아일랜드로 향했다.

1943년 나치는 덴마크를 점령했고 부분적으로 유태계였던 보어는 제거의 대상에 올랐다. 그는 게슈타포보다 겨우 한발 앞서 탈출할 수 있었고, 중립국인 스웨덴을 거쳐 영국으로 날아갔는데, 비행기의 산소마스크가 잘 맞지 않아 어이없게도 거의 질식사할 뻔했다. 플랑크는 충실한 애국자로서 독일을 떠나지 않았지만 역시 큰 고통을 맛봐야 했다. 그의 아들은 히틀러를 암살하려 한 이유로 체포되었으며, 고문을 받은 끝에 결국 처형되었다.

아인슈타인은 추방당한 신세였지만 전 세계에서 와 달라는 제의가 쇄도했다. 영국, 스페인, 프랑스의 선도적인 대학교들이 세계적으로 유명한 그를 붙잡으려고 애썼다. 예전에 그는 방문 교수로 프린스턴대학교에 머문 적이 있었는데, 겨울은 프린스턴, 여름은 베를린에서 보냈다. 프린스턴에 새로 설립된 연구소의 책임자였던 에이브러햄 플렉스너Abraham Flexner는 뱀버거Bamberger 가문이 내놓은 5백만 달러의 거금을 배경으로 아인슈타인을 여러 번 만나면서 자신의 새 연구소로 올 의향이 없는지 타진했다. 아인슈타인은 이때 강의 의무도 없고 여행도 자유롭게 할 수 있다는 제의에 마음이 끌렸다. 그는 특유의 재치로 청중들의 웃음을 이끌고, 매력적인 일화로 열성 팬들을 홀리는 인기 있는 강사였지만, 강의와 강연 의무는 그가 사랑하는 물리학으로 향할 시간을 빼앗아 갔기 때문이었다.

한 동료는 아인슈타인이 미국에 영주하려는 것은 자살을 시도하는 것과 같다고 경고했다. 나치 치하의 독일에서 유태계 과학자들이 물밀 듯 몰려오기 전의 미국은 과학의 변방이었으며, 유럽에 있는 일류 대학들과 경쟁할 기관이 거의 전무하다시피 했다. 자신의 선택을 변호하기 위해 아인슈타인은 벨기에의 엘리자베스 여왕에게 다음과 같이 썼다. "프린스턴은 경이로운 작은 마을입니다. … 어이없이 과장된 우상들이 야릇하게도 예의바르게 살아갑니다. 하지만 몇 가지 특별한 관습을 무시하면서 저는 아무런 흐트러짐 없이 연구에 전념할 좋은 분위기를 조성할 수 있게 되었습니다." 아인슈타인이 마침내 미국에 정착하게 되었다는 소식은 전 세계로 퍼져 나갔다. '물리학의 교황'이 유럽을 떠났으며, 프린스턴의 고등과학원이 새 바티칸으로 자리 잡았다.

아인슈타인이 고등과학원의 연구소에 처음 모습을 드러내던 날, 누군가 책상과 의자 외에 무엇이 필요한지 묻자 그는 "내 모든 실수를 내던져 버릴 큰 쓰레기통"이라고 대답했다. (고등과학원은 슈뢰딩거에게도 자리를 제의했지만, 아내와 정부를 동반하고 다니며, 수많은 애인들과 '열린 결혼'을 실행했던 그는 이곳의 분위기가 너무 답답하고 보수적이라고 여겨 거절했던 것으로 보인다.) 미국인들은 뉴저지의 새 손님에게 열광했다. 얼마 지나지 않아 그는 이 지방의 가장 유명한 과학자가 되었을 뿐 아니라 누구에게나 친밀한 인물로 떠올랐다. 어떤 두 유럽인들은 시험삼아 주소를 "미국의 아인슈타인 박사"라고만 쓴 편지를 보내 봤는데, 실제로 아인슈타인에게 전해졌다.

1930년대에 아인슈타인은 개인적으로 힘겨운 세월을 보내야 했다. 그는 테델Tedel이란 애칭으로 즐겨 불렀던 아들 에두아르트를 줄곧 불안한 마음으로 지켜보아 왔는데, 1930년에 그가 연상의 여인과 실연을 겪은 뒤 신경쇠약으로 쓰러지자 예상했던 최악의 사태가 닥친 것으로 여겼다. 에두아르트는 예전에 밀레바의 누이가 입원했던 취리히의 부르고즐리Burghozli 정신병원에 수용되었다. 그는 정신분열증이라는 진단을 받았고 이후 가끔씩 짧은 나들이에 나선 것을 제외하곤 평생 동안 그곳에서 살아가야 했다. 아인슈타인은 아들 가운데 하나가 필연 밀레바의 정신적 문제를 이어받을 것으로 예상해 왔던 터라 이를 두고 "저주스런 유전"이라고 한탄했으며, "나는 테델에게 어렸을 때부터 느리지만 불가항력적으로 이 사태가 다가오는 것을 지켜보았다"라고 썼다. 1933년에는 친한 친구로서 일찍이 일반상대성이론에 대한 연구를 자극하고 도왔던 파울 에렌페스트가 우울증에 빠져 자살한 때문에도 깊은 고통을 겪었는데, 이때 에렌페스트는 정신지체아였던 어린 아들도 사살하고 떠났다.

약 20년을 아인슈타인과 함께 살아온 엘자가 오랫동안 이어진 고통스런 지병으로 1936년에 세상을 떴다. 친구들에 따르면 아인슈타인은 "완전히 잿빛에 휩싸여 흔들렸다." 그녀의 죽음은 "인간들과 가졌던 가장 강한 끈에 대한 가혹한 시련이었다." 그는 극심한 충격에 빠졌지만 어찌어찌 천천히 회복되어 갔다. 아인슈타인은 이에 대해 "이곳의 생활에 나는 아주 잘 적응하여, 소굴 속의 곰처럼 살아왔다. … 이 곰 같은 삶은 인간관계를 나보다 더 잘 헤쳐 간 동반자가 세상을 뜬 뒤 더욱 깊어만 갔다"라고 썼다.

엘자가 죽은 뒤 아인슈타인은 나치를 피해 독일을 떠나 온 누이동생 마야, 의붓딸 마르고트Margot, 비서 헬렌 두카스와 함께 지냈으며, 이때부터 삶의 마지막 단계가 시작된다. 1930년대와 1940년대 사이에 아인슈타인은 빠르게 늙어 갔고, 그의 외모를 끊임없이 가다듬어 주던 엘자의 손길이 끊어지자 턱시도 차림의 말쑥하고도 카리스마에 넘치는 자태로 왕과 여왕들을 매료시켰던 풍모도 나이 든 모습에 젊은 시절의 흐트러진 방식으로 되돌아갔다. 이제 그는 사람들이 가장 소중히 기억하는 하얀 머리칼을 날리는 인물이 되어 갔고, 어린이나 왕족이나 한결같이 다정하게 대하는 프린스턴의 현인으로 여겨지게 되었다.

하지만 아인슈타인에게 휴식은 주어지지 않았다. 프린스턴에 있는 동안 그는 원자폭탄의 제조라는 문제에 휩쓸려 들어갔다. 1905년 아인슈타인은 자신의 이론이 어둠 속에서 맹렬히 빛나는 소량의 라듐에서 많은 양의 에너지가 무한정이다시피 방출되는 현상을 설명할 수 있을 것이라고 생각했다. 실제로 원자핵에 갇힌 에너지는 화학무기에 저장된 것을 쉽사리 1억 배나 뛰어넘을 정도로 컸다. 1920년이 되자 아인슈타인은 원자핵에 갇힌 엄청난 에너지의 실용적 가능성을 파악하고 이렇게 썼다. "효율성이 극히 높은 새 에너지가 활용될 가능성이 있고 실제로 불가능하게 보이지 않는데, 다만 아직껏 우리가 알고 있는 사실로 직접 뒷받침되지는 않는다. 따라서 어떤 예언을 하기란 매우 어렵지만 분명 이는 가능성의 영역 안에 있다." 1921년 그는 미래의 어느 땐가 석탄에 의지하는 현재의 경제 체제가 원자력으로 옮겨 갈 수 있을 것으로 내다보기도 했다. 하지만 아인슈타인은 두 가지의 심대한 문제도 분명히 인식했다. 첫째, 이 우주적 불길은 원자폭탄으로 바뀌어 인류에게 파국적 결말을 안겨 줄 수 있다. 그는 예언자적인 논조로 "이 제껏 만들어진 모든 화기를 다 합치더라도 이 파괴적인 효과에 비하면 거의 아무런 해도 없는 아이들 장난에 지나지 않을 것이다"라고 썼다. 나아가 그는 원자폭탄이 핵테러나 핵전쟁까지 유발할 수도 있을 것이라고 썼다. "그 가공할 에너지를 해방시킬 수 있다고 가정할 경우, 언젠가 우리는 검은 석탄에 근거한 현재의 세계가 황금기로 여겨질 세상에 살게 될 수도 있다."

둘째이자 더 중요한 것으로 아인슈타인은 이런 무기를 개발하는 데에 엄청난 문제가 있음을 깨달았다. 사실 그는 이것이 그의 생애 동안 실현될 것인지에 대해 의구심을 품었다. 한 원자 안에 갇힌 막대한 힘을 1조 배가 넘도록 증폭하는 것은 1920년대까지 확보된 모든 수단을 초월하는 일이었기 때문이었다. 그는 이것이 "어둠 속에서 새도 거의 없는 이웃집의 새를 향해 총을 쏘는 것"처럼 어렵다고 썼다.

아인슈타인은 이 문제를 푸는 열쇠는 한 원자의 힘을 어떤 방법으로든 증폭하는 데에 있을 것이라고 보았다. 먼저 한 원자에서 에너지가 나오고 이것이 방아쇠로 작용하여 이웃한 원자들도 따라서 에너지를 방출하도록 하면 이런 증폭이 이뤄질 것이다. 그는 "어떤 입자들이 방출되고, … 이것들이 같은 효과를 일으킨다면" 이런 식의 연쇄반응chain reaction이 일어날 것이라고 암시했다. 그러나 1920년대에는 이 연쇄반응이 구체적으로 어떻게 진행될지 전혀 알 수 없었다. 물론 이때쯤 다른 사람들도 핵에너지에 대해 여러모로 궁리했는데, 다만 인류의 이익이 아니라 악의적인 이유에서 그랬다. 1924년 4월 파울 하르테크Paul Harteck와 빌헬름 그로트Wilhelm Groth는 독일군 사령부에 핵력에 대한 내용을 알려 주면서 "이 힘을 처음으로 이용할 수 있는 나라는 다른 나라들보다 엄청나게 우월한 지위에 설 것이다"라고 말했다.

핵의 에너지를 방출하는 문제는 다음과 같다: 원자핵은 양전하를 띠므로 마찬가지로 양전하를 띤 다른 입자들과 반발한다. 따라서 원자핵은 그 안에 담긴 무궁무진한 에너지를 이끌어 낼 임의적인 충돌들로부터 보호를 받고 있는 셈이다. 원자핵의 발견에 대한 선구적 연구를 했던 어니스트 러더퍼드는 "원자들의 변환을 통해 이 에너지를 이끌어 내겠다는 이야기는 헛소리이다"라고 말함으로써 원자폭탄의 아이디어를 일축했다. 하지만 1932년 제임스 채드윅James Chadwick이 전기적으로 중성이며 핵 안에서 양성자와 어울려 사는 중성자neutron란 입자를 발견한 뒤 이 교착상태에는 극적인 돌파구가 열렸다. 만일 원자핵을 향해 중성자를 발사할 수 있다면 중성자는 원자핵이 가진 양전하의 영향을 받지 않으므로 이를 깨뜨리고 핵의 에너지를 방출시킬 수 있을 것이다. 마침내 물리학자들은 핵심적인 아이디어를 얻었다. 중성자 다발을 쓰면 힘들이지 않고 원자를 쪼개 원자폭탄의 방아쇠가 되도록 할 수 있다.

아인슈타인이 원자폭탄의 가능성을 의심하고 있는 사이에도 사태는 원자핵 분열로 점점 더 빨리 다가섰다. 1938년 베를린에 있는 카이저빌헬름 물리학연구소의 오토 한Otto Hahn과 프리츠 슈트라스만Fritz Strassmann은 우라늄 원자핵을 쪼갬으로써 세계의 물리학계를 전율케 했다. 그들은 중성자를 우라늄 원자에 충돌시킨 실험에서 바륨barium의 흔적을 발견했는데, 이것은 우라늄 원자가 절반으로 쪼개져서 바륨이 되었음을 보여 주는 증거였다. 오토 한의 유태인 연구 동료로 나치를 피해 독일을 떠났던 리제 마이트너Lise Meitner와 그녀의 조카 오토 프리슈Otto Frisch는 한의 연구 결과가 갖추지 못한 이론적 설명을 제시했다. 이 결과에 따르면 반응이 끝난 뒤 남겨진 물질들의 무게는 처음에 투입한 우라늄의 무게보다 조금 가벼웠다. 따라서 약간의 질량이 반응과정에서 사라진 것처럼 보였는데, 한편으로 이 과정에서 2억 전자볼트 electron volt 의 에너지가 허공에서 방출된 것처럼 보였다. 과연 사라진 질량은 어디로 갔고, 신비의 에너지는 어디에서 왔을까? 마이트너는 아인슈타인의 $E=mc^2$ 이란 식에 이 수수께끼의 열쇠가 있음을 간파했다. 사라진 질량에 광속의 제곱을 곱하면 정확히 2억 전자볼트가 나와 아인슈타인의 식과 일치한다. 보어는 아인슈타인의 식에 대한 이 놀라운 증거를 전해 듣고 이 결과의 중요성을 즉각 깨달았으며, 이마를 치면서 "아, 우리는 얼마나 바보였던가!"라고 외쳤다.

1939년 3월 아인슈타인은 〈뉴욕타임스〉에 기고한 글에서 "지금까지의 결과는 이 과정에서 방출된 원자력 에너지의 실용적 이용 가능성을 뒷받침하지 않는다. … 이 결과가 극히 중요한 이 주제에 대한 개인적 관심에 영향을 줄 것이라고 여길 정도로 열등한 정신을 가진 물리학자는 단 한 사람도 없다"라고 썼다. 아이러니컬하게도 바로 그달, 엔리코 페르미 Enrico Fermi 와 프레데릭 졸리오-퀴리 Frédéric Joliot-Curie (마리 퀴리의 사위)는 우라늄 핵이 분열하면 두 개의 중성자가 방출된다는 사실을 발견했다. 이것은 참으로 경이로운 결과였다. 이 두 중성자가 다른 두 우라늄 핵으로 들어가 분열을 일으키면 네 개의 중성자가 방출될 것이고, 이어서 여덟 개, 또 이어서 열여섯, 서른넷, … 등의 연쇄반응을 통해 상상할 수도 없는 핵력이 모두 방출될 때까지 무한정 계속될 것이다. 말 그대로 한 원자가 방아쇠의 역할을 하여 순식간에 주변에 있는 모든 우라늄 원자를 분열시키게 되며, 거기에 담긴 핵에너지를 방출하게 된다. 페르미는 컬럼비아대학교 Columbia University에 있는 자신의 연구실 창밖을 내다보고 원자폭탄 하나면 눈에 보이는 이 뉴욕 시가 모두 파괴될 수 있음을 생각하면서 소름끼치는 음울한 기분에 빠져 들었다.

이제 경쟁이 시작되었다. 일련의 사태가 긴박하게 돌아가는 것을 지켜본 실라드는 원자물리학의 선구자들인 독일 과학자들이 원자폭탄을 최초로 만들지 않을까 하는 위기감을 느꼈다. 1939년 실라드와 유진 위그너Eugene Wigner는 아인슈타인을 만나 루스벨트 대통령에게 전달할 편지에 서명을 받기 위해 롱아일랜드Long Island로 차를 몰았다.

역사상 가장 중요한 편지 가운데 하나인 이 운명적인 편지는 다음과 같이 시작한다. "원고 상태로 전해 받은 엔리코 페르미와 레오 실라드의 최근 연구 결과에 따라 저는 우라늄이란 원소가 바로 가까운 미래에 새롭고도 중요한 에너지의 원천이 될 수 있을 것이라는 예상을 하게 되었습니다." 또한 이 편지는 히틀러가 체코슬로바키아를 침공하여 보헤미아 지방의 역청우라늄광을 장악하고 봉쇄했는데 이것은 우라늄의 풍부한 원천임을 지적한 뒤, 다음과 같이 경고했다. "이런 종류의 폭탄은 배로 운반하여 항구에서 폭발시킬 수 있으며, 단 하나만으로도 항구 전체와 주변 지역을 괴멸시킬 수 있습니다. 다만 무게가 아주 무거워 비행기로는 운반할 수 없을 것으로 여겨집니다." 루스벨트 대통령의 자문을 맡고 있던 알렉산더 삭스Alexander Sachs는 이 편지를 대통령에게 전달했다. 삭스가 이 편지에 담긴 극도의 심각성을 이해했는지 묻자 대통령은 "알렉스(알렉산더의 애칭: 옮긴이), 당신이 하는 일은 나치가 우리를 날려 버리지 않도록 하는 것이오"라고 대답했다. 대통령은 왓슨E. M. Watson 장군을 불러 즉각 행동에 나서도록 지시했다. 그해에 우라늄의 연구에는 모두 6천 달러의 예산밖에 배정되지 않았다. 하지만

1941년 가을 프리쉬-파이얼스Frisch-Peierls의 비밀보고서가 워싱턴에 도착하자 원자폭탄에 대한 관심은 갑자기 치솟았다. 독립적으로 연구하던 이 영국 과학자들은 아인슈타인이 윤곽만 그렸던 과정의 모든 세부 사항을 선명히 밝혀냈다. 그리하여 1941년 12월 6일 마침내 맨해튼계획Manhattan Project이 비밀리에 수립되었다.

블랙홀에 대한 아인슈타인의 이론을 연구했던 로버트 오펜하이머의 지휘 아래 세계 최고 수준의 과학자 수백 명이 비밀리에 교섭되었고, 이어서 뉴멕시코New Mexico 주(州)의 사막에 있는 로스알라모스Los Alamos로 속속 소집되었다. 주요 대학들에서 한스 베테Hans Bethe, 엔리코 페르미, 에드워드 텔러Edward Teller, 유진 위그너 등의 과학자들이 어깨를 가볍게 두드리는 손놀림에 이끌려 조용히 이 길로 합류했다. 하지만 모든 사람들이 원자폭탄에 대한 높은 관심을 기뻐하지는 않았다. 이 연구의 방아쇠를 당긴 리제 마이트너는 폭탄을 만드는 연구에는 절대로 관여하지 않겠노라고 거부했다. 그녀는 연합군 쪽의 저명한 핵과학자들 가운데 로스알라모스 그룹에 참여하기를 거부한 유일한 사람으로 "폭탄과는 어떤 인연도 맺지 않겠다!"고 단호히 선언했다. 세월이 흘러 할리우드의 각본 작가들이 '종말의 시작The Beginning of the End'이란 영화에서 그녀를 나치 독일에서 원자폭탄의 설계도를 갖고 용감하게 탈출한 사람으로 미화하려고 접촉했을 때 그녀는 "그따위의 공상적이면서도 몰상식한 노력에 참여하느니 브로드웨이를 알몸으로 걷겠다"라고 대답했다.

아인슈타인은 프린스턴의 가까운 동료들이 뉴멕시코의 샌타페이Santa Fe에 있는 이상한 주소들을 남기고 갑자기 사라졌음을 깨달았다. 하지만 아인슈타인의 어깨를 두드린 사람은 없었고 따라서 그는 프린스턴의 이 사태에서 완전히 벗어나 있었다. 이렇게 된 이유는 나중에 공개된 전쟁문서에서 밝혀졌다. 과학연구개발국Office of Scientific Research and Development의 책임자이자 루스벨트 대통령의 신임을 받는 자문이었던 배니버 부시Vannevar Bush는 "나는 아인슈타인에게 이 일의 전모를 펼쳐 보이고 싶었다. … 하지만 그의 모든 과거를 조사한 이곳 워싱턴 사람들의 태도에 비춰 볼 때 이는 전혀 불가능한 일이었다"라고 썼다. FBI와 군정보국은 아인슈타인이 믿을 수 없는 인물이란 결론을 내렸다: "본 부서는 아인슈타인 박사의 급진적 배경과 이 일의 비밀스런 성격을 고려할 때 매우 신중한 조사 없이는 그를 끌어들이지 않기를 바랍니다. 그와 같은 배경을 가진 인물이 이 짧은 기간 동안에 충성스런 미국 시민이 되었다고 보기는 어렵습니다." 이때 FBI는 아인슈타인이 이 계획을 이미 잘 알고 있을 뿐 아니라 애초 이를 시작하게 된 결정적 계기가 그로부터 나왔음을 몰랐던 것으로 보인다.

최근에 비밀에서 풀려난 아인슈타인의 FBI 파일은 1,427쪽에 달하는데, 당시 책임자 에드거 후버J. Edgar Hoover는 아인슈타인을 공산당의 간첩이든지, 아니면 기껏 꼭두각시에 지나지 않는 인물일 것이라고 보았다. 담당 조사요원들은 아인슈타인과 관련하여 떠도는 모든 이야깃거리를 수집하고 파일로 만들었다. 아이러니컬하게도 FBI는 그와 직접 대면하는 데에는 사뭇 의아심이 들 정도로 아무런 관심을 보이지 않았으며, 마치 그를 두려워했던 것처럼 보이기도 한다. 대신 그들은 아인슈타인 주변 인물들을 성가시게 굴면서 인터뷰를 하고 다녔다. 그 결과 FBI는 수많은 괴짜들과 망상가들이 보내온 수백 통에 이르는 편지들의 좋은 보관소가 되었다. 아인슈타인에 관한 문서들 가운데는 그가 모종의 치명적 광선에 대한 연구를 한다는 내용을 담은 보고서도 있다. 1943년 5월 해군의 한 장교가 아인슈타인에게 전화를 걸어 미국 해군을 위해 고성능의 무기를 개발할 의향은 없는지 물어보았으며, "아인슈타인은 그동안 무시되어 온 데 대해 기분이 상했던 것으로 보였다. 전쟁과 관련하여 그에게 접근한 사람은 아무도 없었다"라는 기록을 남겼다. 언제나 재빠른 경구를 남기기로 유명한 아인슈타인은 이에 대해 자기가 머리를 깎지 않고도 해군에 복무하게 되었다고 말했다.

원자폭탄을 만들기 위한 연합군의 치열한 노력은 독일의 연구에 대한 두려움에서 자극을 받았다. 하지만 실제로 독일의 연구는 인력과 자금의 지원이 아주 부족하여 어려움을 겪었다. 독일의 가장 위대한 양자물리학자 베르너 하이젠베르크가 독일의 계획에 참여할 과학자들을 모을 책임자였다. 그런데 1942년 가을 독일 과학자들은 원자폭탄을 개발하려면 앞으로도 3년 동안의 치열한 연구와 노력이 필요할 것임을 깨달았다. 이에 나치의 국방장관이었던 알베르트 슈페르Albert Speer는 이 계획을 잠정적으로 보류하기로 결정했다. 슈페르는 전략적 판단을 잘못 내려 독일이 3년 안에 승리를 거둘 것이므로 원자폭탄이 불필요할 것이라고 예상했다. 하지만 그럼에도 그는 핵추진 잠수함의 연구에 대한 자금은 계속 지원했다.

하이젠베르크에게는 다른 문제들도 있었다. 히틀러는 전쟁 무기에 대한 법적 지원은 여섯 달 안에 결과가 나올 것들에 대해서만 해야 한다고 선언했으며, 이는 불가능한 기한이었다. 자금 부족 외에도 독일 실험실들은 연합군의 공격에 시달렸다. 1942년 연합군 특공대는 노르웨이의 베모르크Vemork에 있던 하이젠베르크의 중수(重水) 공장을 성공적으로 폭파했다. 페르미는 탄소를 이용한 반응로를 건설하기로 결정했던 반면 독일은 자연계에 아주 소량밖에 없는 우라늄-235 대신 다량으로 존재하는 우라늄-238을 이용할 수 있는 중수 반응로를 택했다(235와 238이란 수는 우라늄의 원자량을 가리킨다: 옮긴이). 1943년 연합군은 베를린을 집중 폭격하였고 이 때문에 하이젠베르크가 소장으로 있던 카이저빌헬름물리학연구소도 슈투트가르트Stuttgart의 남쪽 언덕에 자리 잡은 헤힝겐Hechingen으로 옮겼으며, 하이젠베르크는 독일의 반응로를 하이게를로흐Haigerloch에 가까운 바위산에 설치해야 했다. 이처럼 강한 압박과 폭격으로 인해 독일 연구팀은 연쇄반응을 지속시키는 데에 아무런 성공도 거두지 못했다.

   한편 맨해튼계획에 참여한 물리학자들은 원자폭탄을 만들기에 충분한 양의 우라늄과 플루토늄을 추출해 내기 위해 서둘렀다. 그들은 뉴멕시코의 앨러머고도Alamogordo에서 운명적인 폭발실험을 하기 직전까지도 계산을 하고 있었다. 1945년 7월 플루토늄-239로 만든 첫 원자폭탄의 폭파실험이 성공적으로 끝났다. 많은 물리학자들은 연합군이 나치에 결정적인 승리를 거두자 남은 적인 일본에 대해서는 이 폭탄이 필요하지 않을 것으로 여겼다. 어떤 사람들은 원자폭탄의 폭파실험을 일본의 공식 사절들이 지켜보는 가운데 버려진 섬에서 실시하여 항복이 불가피함을 경고해야 한다고 생각했다. 또한 어떤 사람들은 일본에 원자폭탄을 투하해서는 안 된다는 내용의 편지를 해리 트루먼Harry Truman 대통령에게 보내기도 했다. 하지만 불행하게도 이 편지는 전달되지 못했다. 심지어 요세프 로트블라트Joseph Rotblatt라는 물리학자는 자신의 할 일은 끝났고 이 폭탄이 일본에 대해 결코 쓰여서는 안 된다고 주장하면서 이 계획에서 사퇴했는데, 나중에 그는 노벨 평화상을 받았다.

그럼에도 불구하고 1945년 8월 일본에 하나도 아니고 두 개의 원자폭탄을 투하한다는 결정이 내려졌다. 그 주에 아인슈타인은 뉴욕의 새러낵호수 Saranac Lake에서 휴가를 보내고 있었는데 헬렌 두카스가 라디오를 통해 이 뉴스를 들었다. 그녀는 이때의 상황을 다음과 같이 돌이켰다: "방송은 새로운 종류의 폭탄이 일본에 투하되었다고 전했다. 나는 실라드 박사의 이야기를 어렴풋이 들어서 알고 있었으므로 이 폭탄이 무엇인지 알 수 있었다. … 차를 마시러 내려온 아인슈타인 교수께 말씀드렸더니 그는 '오, 신이여'라고 소리쳤다."

1946년 아인슈타인이 〈타임〉지의 표지를 장식했는데, 이번에는 불길하게도 배경에 원자폭탄의 불덩이가 그려져 있었다. 전 세계는 다음에 일어날 제3차 세계대전은 원자폭탄으로 싸우게 될 것임을 갑자기 깨닫게 되었다. 아인슈타인은 이에서 더 나아가 원자폭탄이 인류 문명을 수천 년 후퇴시킬 것이므로 제4차 세계대전은 다시 돌싸움이 될 것이라고 지적했다. 그해에 아인슈타인은 원자과학자위기위원회 Emergency Committee of Atomic Scientists의 회장이 되었다. 어쩌면 최초의 주요 반핵기구였을 것으로 보이는 이 기구를 발판으로 삼아 그는 계속되는 핵무기 개발에 저항하고 나섰으며, 이와 함께 소중히 간직해 왔던 세계정부의 꿈도 펼쳐 냈다.

이처럼 원자폭탄과 수소폭탄의 폭풍이 휘몰아치는 가운데서도 아인슈타인은 다시 마음을 다잡고 자신의 물리학으로 돌아와 맑고도 편안한 정신을 되찾았다. 1940년대에도 우주론과 통일장이론 등 그가 기초를 제공하여 성립된 분야들에서 선구적인 연구들이 진행되어 갔다. 그리고 이 시기는 그에게 있어 "신의 마음을 읽는" 마지막 기회가 되었다.

　전쟁이 끝난 뒤 아인슈타인과 슈뢰딩거는 대서양을 건너 활발한 서신 교환을 했다. 양자론의 두 아버지라 할 이들은 오히려 이제 양자론의 파도에 맞서는 거의 외딴 존재들로서 통일장이론에 초점을 맞추었다. 1946년 슈뢰딩거는 아인슈타인에게 " 박사님께서는 사자처럼 큰 사냥감을 쫓고 계시지만 저는 고작 토끼 이야기만 하고 있습니다"라고 고백했다. 아인슈타인에 의해 고무된 슈뢰딩거는 나름대로 열심히 '아핀장이론 affine field theory'이라 부르는 특별한 종류의 통일장이론을 추구하고 나섰다. 얼마 가지 않아 슈뢰딩거는 독자적인 이론을 완성했으며, 마침내 아인슈타인이 실패했던 빛과 중력의 통일을 자신이 이뤄 냈다고 믿었다. 그는 자신의 새 이론에 스스로 매료되어 "기적이며 전혀 예기치 못한 신으로부터의 선물"이라고 말했다.

　아일랜드에서 연구하고 있던 슈뢰딩거는 물리학의 주류로부터 고립되었고 대학의 행정가로서 한물간 사람으로 여겨졌다. 그러나 이제 자신의 새 이론으로 두 번째 노벨상을 받을지도 모른다는 확신까지 갖게 되었다. 이에 그는 서둘러 큰 규모의 기자회견을 개최했으며, 아일랜드의 수상 에이먼 데 벌레라 Eamon De Valera를 위시한 많은 사람들이 그의 발표를 듣기 위해 모였다. 어떤 리포터가 슈뢰딩거에게 자신의 이론에 대해 얼마나 확신을 갖고 있는지 묻자 그는 "저는 제가 옳다고 믿습니다. 제가 틀리다면 정말 바보같이 보일 겁니다"라고 대답했다. 그러나 아인슈타인은 몇 해 전 자신이 폐기했던 이론을 슈뢰딩거가 추구해 왔다는 사실을 재빨리 깨달았다. 물리학자 프리먼 다이슨 Freeman Dyson이 말했듯, 통일장이론에 이르는 길에는 실패한 시도들의 잔해가 어지러이 흩어져 있다.

　이즈음 아인슈타인도 대체로 물리학계로부터 고립된 채 지냈다. 하지만 아인슈타인은 조금도 위축됨이 없이 통일장이론의 연구에 정진했다. 이끌어 줄 물리학적 원리가 없었으므로 그는 자신의 방정식에서 아름다움과 우아함을 찾으려고 노력했다. 수학자 하디G. H. Hardy는 언젠가 "수학적 패턴은 화가나 시인의 패턴처럼 아름다워야 하며, 그 아이디어는 색조나 단어들처럼 조화롭게 맞아 들어가야 한다. 아름다움이야말로 궁극의 기준이다. 추한 수학에 영원한 안식처는 없다"라고 말했다. 하지만 통일장이론으로 가는 길에 등가원리와 같은 것을 찾지 못한 아인슈타인은 안내하는 별도 없이 헤매는 사람과 같았다. 그는 다른 물리학자들이 자신과 같은 방식으로 세상을 보지 않는다고 탄식했지만 그렇다고 이를 두고 잠 못 이루지는 않았다. 그는 이 시기의 심정에 대해 다음과 같이 썼다: "나는 고독한 늙은이가 되어 가고 있다. 원로의 한 사람이기는 하지만 주로 양말을 신지 않고 여러 상황에서 엉뚱한 짓을 한다는 이유 때문에 기억될 따름이다. 그러나 내 연구에 대해 나는 어느 때보다 더 열광하고 있으며, 언젠가 물리적 세계의 통일이라는 나의 숙원을 해결하게 될 것이라는 희망으로 벅차 있다. 그런데 말하자면 이는 비행선을 타고 구름 위를 여기저기 떠돌지만 현실 세계, 곧 지구로 어떻게 돌아갈지는 확실히 모르는 것과도 같다."

　아인슈타인은 양자론이 아니라 통일장이론을 연구했기 때문에 고등과학원의 주된 연구 흐름으로부터 고립되어 감을 깨달았다. 그래서 그는 "나는 양자론이라는 악마를 외면하기 위해 상대론이라는 모래 속에 머리를 영원히 처박고 사는 타조처럼 보일 게 틀림없다"라고 탄식했다. 세월이 흐르면서 다른 물리학자들은 그가 전성기를 지나 시대에 뒤쳐진다고 수군댔지만 이를 개의치 않은 그는 다음과 같이 썼다. "나는 세월이 눈을 흐리고 귀를 가늘게 한 탓에 대체로 돌처럼 생기를 잃은 대상으로 여겨졌다. 하지만 천성이 이에 어울렸던지, 이런 배역이 그다지 거슬리지는 않았다."

1949년 아인슈타인의 일흔 번째 생일을 맞아 고등과학원에서는 특별한 축하연을 베풀었다. 많은 물리학자들이 한 시대의 가장 위대한 과학자를 찬양하기 위해 모여들었고, 그의 업적을 기려 기념으로 펴내는 책에 논문을 투고했다. 그러나 어떤 연사들의 어조와 일부 언론들의 인터뷰 기사에는 아인슈타인이 양자론에 대해 취했던 입장을 비난하는 기미가 드러났다. 아인슈타인을 옹호하는 사람들은 이를 못마땅히 여겼지만 아인슈타인 자신은 선의로 해석하고 넘어갔다. 집안의 친구 가운데 한 사람인 토머스 버키Thomas Bucky는 다음과 같이 썼다. "어떤 잡지의 글에서 오펜하이머는 아인슈타인에 대해 '그는 이제 나이가 들어 더 이상 그에게 아무도 주의를 기울이지 않는다'고 조롱했다. 이에 우리는 모두 격분했다. 하지만 아인슈타인은 전혀 기분 나빠하지 않았다. 그는 이를 믿지 않는다고 말했을 뿐이며, 나중에 오펜하이머도 자신이 그렇게 말하지 않았다고 밝혔다."

이것이 아인슈타인의 매너로서, 그는 자신에 대한 비난도 항상 좋은 쪽으로 받아들였다. 그의 업적을 기려 펴낸 책을 본 그는 기꺼운 마음으로 "내게 이것은 축제의 책이 아니라 탄핵의 책이다"라고 말했다. 그는 이제 새로운 아이디어를 얻기 어려우며, 젊었을 때 했던 것처럼 왕성하게 많은 아이디어를 쏟아 내지도 못할 것이란 점을 잘 알 정도로 충분히 원숙한 사람이었다. 이에 대해 그는 "참으로 새로운 것은 모두 젊은 시절에만 얻어진다. 세월이 흐를수록 더욱 노련해지고 유명해지며, 더욱 어리석어진다"라고 썼다.

하지만 그를 계속 나아가도록 한 것은 통일이 우주의 장엄한 구도 가운데 하나라는 암시를 곳곳에서 발견했기 때문이었다. 그는 "자연은 우리에게 사자의 꼬리밖에 보여 주지 않는다. 사자는 비록 엄청난 덩치 때문에 그 모습을 한꺼번에 드러내지 못하지만, 그럼에도 나는 사자가 자연 속에 숨겨져 있음을 믿어 의심치 않는다"라고 썼으며, 아침마다 일어날 때면 스스로 다음과 같은 단순한 질문을 던지곤 했다 : "내가 신이라면 우주를 어떻게 창조할까?" 한편으로 우주를 창조하는 데에 필요한 수많은 제한을 돌이켜 보며 그는 다른 질문을 던지기도 했다: "과연 신에게 선택의 여지가 있었을까?" 우주에 대해 사색하노라면 생각나는 모든 것은 그에게 통일이야말로 자연의 가장 위대한 구도라고 속삭였다. 신은 이 우주의 중력과 전기력과 자기력이 모두 분리된 요소가 되도록 창조할 수는 없었을 것이다. 스스로 잘 알고 있듯, 그가 필요한 것은 통일장이론으로 나아갈 길을 비춰 줄 지도 원리로서 기능할 물리적 그림이었지만, 여태껏 하나도 나타나지 않았다.

특수상대성이론의 경우에는 열여섯 살 때 빛과 나란히 달리는 것을 상상하는 그림이었고, 일반상대성이론의 경우에는 의자에 기대앉은 사람이 막 추락하거나 휘어진 공간을 따라 구르는 구슬이라는 그림이었다. 그러나 통일장이론의 경우에는 그런 안내자를 갖지 못했다. 아인슈타인의 유명한 말 가운데는 "신은 미묘하지만 사악하지는 않다"라는 게 있다. 하지만 통일의 문제에 대해 수십 년의 세월을 분투한 뒤 그는 조수 발렌타인 바그먼 Valentine Bargman에게 "다시 생각해 보니 신은 사악한 것도 같다"라고 말하기도 했다.

통일장이론은 물리학의 모든 문제들 가운데 가장 어려운 것임과 동시에 가장 매력적이기도 해서 수많은 물리학자들을 끌어들였다. 심지어 아인슈타인의 가장 가혹한 비판자 가운데 한 사람인 볼프강 파울리마저도 결국 여기에 빠져 들었다는 것은 아이러니컬하기도 하다. 1950년대 말에 하이젠베르크와 파울리는 나름대로의 통일장이론에 점점 더 많은 관심을 갖게 되었고 아인슈타인을 30년 동안 헤매게 했던 문제를 풀 수 있을 것이라고 주장했다. 실제로 파이스에 따르면 "하이젠베르크는 1954년부터 세상을 뜬 1976년까지 근본적인 비선형파동방정식으로부터 입자물리학의 모든 것들을 이끌어 내려는 시도에 빠져 있었다." 1958년 파울리는 컬럼비아대학교를 방문하여 하이젠베르크-파울리판(版) 통일장이론에 대한 세미나를 하기도 했다. 말할 필요도 없이 청중들은 회의적이었다. 마침내 청중들 속에 있던 닐스 보어가 일어나서 말했다. "뒷자리에 앉은 우리들은 박사님의 이론이 엉터리라고 믿습니다. 다만 충분히 엉터리인지에 대해서는 의견이 엇갈립니다."

역시 청중들 가운데에 있던 물리학자 제레미 번스타인Jeremy Bernstein은 이에 대해 "이것은 현대물리학의 두 거장이 맞붙은 놀라운 광경이었다. 나는 물리학자가 아닌 방문객들이 도대체 이 모습을 어찌 받아들일 것인지 줄곧 궁금했다"라고 말했다. 결국 파울리도 그 이론에 너무 많은 오류가 있다고 믿게 되면서 환상으로부터 벗어나게 되었다. 언젠가 연구 동료인 하이젠베르크가 계속 나아가자고 주장했을 때 파울리는 여분의 백지를 넣은 편지에서 "우리의 이론이 정말로 올바른 통일장이론이라면 이 백지는 티치

아노 베첼리오Tiziano Vecellio의 작품입니다"라고 썼다.

통일장이론은 고통스러울 정도로 느리게 나아갔지만 아인슈타인을 바쁘게 만드는 흥미로운 돌파구들은 많았으며, 가장 기이한 것 가운데 하나는 타임머신이었다.

뉴턴에 따르면 시간은 화살과 같다. 한번 발사되면 주어진 경로에서 벗어나는 일 없이 곧장 직선을 그리며 날아간다. 또한 지구의 1초는 우주 어느 곳에서나 1초이다. 곧 시간은 절대적이어서 우주의 모든 곳에서 똑같이 흘러가며, 한곳에서 동시인 사건은 다른 곳에서도 동시이다. 하지만 아인슈타인에 따르면 시간은 상대적이어서 지구의 1초는 달의 1초와 다르다. 시간은 미시시피 강처럼 행성과 별 사이를 구불구불 지나가며 아주 무거운 천체의 곁을 지날 때는 천천히 흘러간다. 이런 상황에서 수학자 쿠르트 괴델Kurt Gödel은 다음과 같은 의문을 제기했다. "시간의 강물이 소용돌이를 일으켜 본래 상태로 돌아갈 수 있을까? 또한 두 줄기의 강물로 나뉘어 서로 나란히 흘러가는 평행우주parallel universe를 만들 수 있을까?" 20세기의 가장 위대한 수리논리학자로 인정받는 괴델은 고등과학원에서 아인슈타인과 가까이 지냈는데, 1949년 아인슈타인의 방정식을 이용하면 시간여행이 가능하다는 결론이 나옴을 보였다. 괴델은 가스로 채워진 회전하는 우주로부터 시작했다. 어떤 사람이 로켓을 타고 온 우주를 한 바퀴 돌면 떠났을 때보다 더 과거의 지구로 돌아온다! 다시 말하면 괴델의 우주에서 시간여행은 자연적인 현상이며, 우주여행을 하는 동안 얼마든지 시간을 거슬러 올라갈 수 있다.

아인슈타인은 이로부터 충격을 받았다. 지금껏 아인슈타인방정식의 해가 발견될 때마다 관측된 사실과 잘 들어맞은 것으로 보였다. 수성의 근일점이동, 적색편이, 별빛의 휘어짐, 별의 중력 등에서 모두 실험적 자료와 매우 잘 일치했다. 그런데 이제 바로 그 방정식이 시간에 대한 우리 모두의 믿음에 도전하고 나섰다. 시간여행이 일상적으로 가능하다면 역사란 것은 쓰일 수 없다. 사람들이 타임머신을 타고 여행할 때마다 과거는 흐르는 모래언덕처럼 계속 모습을 바꾸기 때문이다. 더욱 곤란한 것은 우주 자체를 파괴할 시간역설time paradox이 생긴다는 점이다. 누군가 자신이 태어나기 전의 과거로 돌아가 부모를 살해한다면 어찌될까? 태어나기 전의 부모를 살해한다면 그 자신은 도대체 어떻게 태어난단 말일까?

타임머신은 물리학이 소중히 기려 왔던 인과율을 깨뜨린다. 아인슈타인이 양자론을 기꺼워하지 않은 이유도 바로 양자론이 인과율을 확률론으로 대치했기 때문이었다. 그런데 괴델은 이제 인과율을 통째로 허물고 있다! 오랫동안 숙고한 아인슈타인은 결국 괴델의 해를 물리쳤는데, 그 이유는 관측 사실과 부합하지 않는다는 것이었다. 우주는 회전하는 게 아니라 팽창하고 있으며, 따라서 적어도 잠정적으로 시간여행은 기각될 수 있다. 하지만 그렇다고 가능성이 모두 닫힌 것은 아니다. 우주가 팽창하는 게 아니라 회전한다면 여전히 시간여행은 일상적일 것이기 때문이다. 당시 이 문제에 대해서는 더 이상 특별한 진전이 없었다. 그러나 이로부터 50년이 지난 뒤 시간여행의 개념은 다시 주요 연구 분야의 하나로 부활하게 되었다.

1940년대는 우주론에서도 혼란스런 시기였다. 제2차 세계대전 중 아인슈타인과 미국 해군 사이의 연락원이었던 조지 가모프George Gamow는 일반적인 폭발물의 설계가 아니라 모든 폭발 가운데 가장 큰 폭발, 곧 빅뱅에 대한 의문에 관심을 가졌다. 빅뱅이론을 논리적 결론으로 받아들였던 그는 우주론을 완전히 뒤집을 수도 있는 몇 가지 질문을 자신에게 던졌다. 우주가 정말로 극렬한 폭발에서 태어났다면 그 초기 불덩어리의 잔해로 남은 열기를 아직도 검출할 수 있을지도 모른다. 다시 말해서 빅뱅 자체가 남긴 '창조의 메아리echo of creation'가 존재할 것이다. 가모프는 볼츠만과 플랑크의 연구 결과, 곧 열을 가진 물체의 색깔은 온도와 일정한 관계가 있다는 사실을 이용했는데, 이 사실은 열과 빛이 에너지의 서로 다른 형태라는 데에서 얻어지는 자연스런 결론이다. 예를 들어 어떤 물체가 빨강 빛을 내며 이글거리면 그 온도는 약 3,000℃이며, 태양처럼 노란색으로 불타면 약 6,000℃이다(이것은 태양 내부가 아니라 표면의 온도이다). 마찬가지로 우리의 몸도 따뜻하므로 이 온도에 해당하는 '색깔'을 계산해 낼 수 있는데, 이에 해당하는 빛은 적외선(赤外線)infrared radiation이다. 영화에서 많이 보는 야간투시경은 우리 눈에 보이지 않는 이 적외선을 가시광선으로 바꿔서 보여 주는 장비이다. 빅뱅이 수십 억 년 전에 일어났다는 가정 아래 가모프 그룹에 있던 두 과학자 로버트 허먼Robert Herman과 랠프 앨퍼Ralph Alpher는 1948년에 빅뱅이 남긴 열기의 온도를 계산하여 절대영도보다 5도 정도 높을 것이라고 예측했는데, 빛으로는 적외선보다 파장이 더 긴 마이크로파microwave에 해당한다. 이 값은 수십 년 뒤 실험적으로 정확히 결정된 2.7도와 비교하면 놀랍도록 정확한 것이라고 하겠는데, 이 결과로 현대의 우주론은 혁명적인 변화를 겪게 되었다.

프린스턴에서 상대적으로 고립되어 지냈던 아인슈타인이었지만 블랙홀과 중력파와 기타 다른 현상들에 이르기까지 현대 우주론의 여러 새 길들이 그의 일반상대성이론으로부터 갈라져 나오는 것을 볼 정도로는 충분히 오래 살았다. 그러나 그의 만년은 또한 슬픈 사건들로도 채워졌다. 1948년 정신지체아인 둘째 아들 에두아르트를 돌봐 오던 밀레바가 뇌졸중으로 세상을 떴는데, 그 원인은 아들이 일으킨 말썽이었던 것으로 보인다. 나중에 그녀의 침대에서 꾸려 넣어진 현금 85,000프랑이 발견되었다. 취리히의 아파트에서 남은 마지막 재산으로 여겨지는 이 돈은 이후 에두아르트의 장기간에 걸친 병원 비용으로 쓰여졌다. 그리고 1951년에는 누이동생 마야도 세상을 떴다.

1921년 개선장군의 행진과도 같았던 아인슈타인의 미국 여행을 주선해 주었고 나중에 이스라엘의 대통령을 지냈던 차임 바이츠만 Weizmann Chaim Azriel(1874~1952)이 1952년에 숨을 거두었다. 그러자 놀랍게도 이스라엘의 수상 다비드 벤구리온 David Ben-Gurion은 아인슈타인에게 이스라엘의 대통령이 되어 달라는 제안을 했다. 이것은 물론 커다란 영예였지만 아인슈타인은 거절할 수밖에 없었다.

1955년 아인슈타인은 자신을 도와 특수상대성이론의 아이디어를 가다듬게 했던 미켈란젤로 베소의 사망 소식을 들었다. 가슴이 메어진 아인슈타인은 그의 아들에게 보낸 편지에서 다음과 같이 썼다: "내가 미셸 Michele (미켈란젤로의 애칭: 옮긴이)을 존경하는 가장 큰 이유는 한 여인과 평화로움 속에 항상 일체가 되어 그토록 오랜 세월을 보낼 수 있었다는 사실이라네. 하지만 나는 두 번이나 실패했지…. 그는 이 기묘한 세상을 떠나는 데에도 다시 나보다 조금 앞섰네. 물론 이는 아무 의미도 없어. 물리학을 믿는 우리와 같은 사람들에게 과거와 현재와 미래라는 구분은, 아무리 끈질긴 것이라도, 오직 환상에 지나지 않는 것이니까 말일세."

이해에 건강이 계속 악화되는 가운데 그는 "목숨을 인위적으로 연장하는 것은 치졸한 짓이다. 나는 내 몫을 했고, 이제 갈 때가 되었다. 나는 품위 있게 죽고자 한다"라고 말했다. 마침내 아인슈타인은 1955년 4월 15일 동맥류 파열로 숨을 거두었다. 〈워싱턴포스트〉의 만화가 허블락Herblock은 외계에서 쳐다본 지구의 모습에 "알베르트 아인슈타인이 여기에 살았다"는 큰 깃발이 꽂힌 감동적인 그림을 실었다. 그날 저녁 전 세계의 신문은 아인슈타인의 책상을 찍은 사진을 앞을 다투어 전신으로 전했는데, 거기에는 그의 위대한 미완성 이론인 통일장이론의 원고가 놓여 있었다.

아인슈타인의 예언적 유산

대부분의 전기 작가들은 아인슈타인의 생애 후반 30년이 천재에게 어울리지 않는 곤혹스럽고 무가치한 세월이며, 이게 없었다면 순수했을 그의 일생을 흐리게 한 기간으로 생각하여 한결같이 무시한다. 그러나 지난 몇십 년 사이에 이루어진 과학적 발전은 우리로 하여금 아인슈타인의 유산을 완전히 새로운 관점에서 다시 살펴보게 했다. 그의 연구는 인간 지식의 근거 자체를 새로 구성할 정도로 근본적이어서 그 영향력 또한 물리학 전체에 걸쳐 다시 울려 퍼지고 있다. 아인슈타인이 심었던 많은 씨앗들이 21세기에 들어서야 싹을 틔우고 있는데, 그 이유는 주로 우주에 올려놓은 망원경과 엑스레이관측기 및 레이저 등의 실험 장비들이 몇십 년 전 그가 제시한 예측들을 입증할 정도로 충분히 정밀하고도 강력해졌기 때문이다.

실제로 아인슈타인이 식탁에 흘린 부스러기들조차 오늘날 다른 물리학자들에게 노벨상의 영예를 안겨 주고 있다. 나아가 초끈이론이 떠오름에 따라 한때 조롱과 경멸의 대상이 되었던 모든 힘을 통합하겠다는 아인슈타인의 아이디어가 이제는 이론물리학의 세계에서 중심 무대를 차지하고 있다. 이 마지막 장에서는 지금도 물리학의 세계를 압도하면서 지속적으로 영향력을 발휘하고 있는 아인슈타인의 유산을 양자론, 일반상대성이론과 우주론, 통일론의 세 분야로 나누어 각각의 발전 양상을 살펴보기로 한다.

1924년 아인슈타인이 보스-아인슈타인응축에 대한 첫 논문을 썼을 때 그는 이 기이한 현상이 가까운 시일 안에 관측되리라고 믿지 않았다. 엄청난 수의 양자 상태들이 하나만 남고 모두 사라져 원자들이 거대한 하나의 초원자를 이루도록 하려면 물질을 절대영도에 극히 가까운 온도까지 냉각시켜야 하기 때문이었다.

1995년 미국표준기술연구소National Institute of Standards and Technology의 에릭 코넬Eric A. Cornell과 콜로라도대학교의 칼 와이먼Carl E. Weiman은 2,000개의 루비듐rubidium(원소기호 Rb) 원자를 절대영도 바로 위 10억 분의 20도까지 냉각시켜서 순수한 보스-아인슈타인응축상을 만들어 냈다. 또한 MIT의 볼프강 케테를레Wolfgang Ketterle도 충분히 많은 나트륨 원자를 사용하여 독립적으로 이 응축상을 만들어 냈다. 케테를레는 이 응축상을 통해 모든 원자들이 일정하게 정렬한 상태로 움직인다는 사실을 보여 주는 간섭 패턴이 나타나는지 보려는 중요한 실험을 할 목적으로 이를 만들었고 또 성공했는데, 다시 말하면 이 초원자가 70년 전 아인슈타인이 예측한 바로 그런 행동을 보여 주었다는 뜻이다.

보스-아인슈타인응축이 실현되었다는 첫 소식이 전해지자 빠르게 발전하는 이 분야에서 여러 발견들이 곧바로 줄을 이었다. 1997년 MIT의 케테를레와 동료들은 보스-아인슈타인응축상을 이용하여 세계 최초의 '원자레이저atom laser'를 창조해 냈다. 레이저라는 빛이 그 놀라운 성질을 띠게 되는 이유는 그 안의 광자들이 모두 발을 맞추어 일체적으로 진동한다는 데에 있다(보통의 빛에 있는 광자들은 모두 제각각 무질서하게 진동한다). 이 중성원리에 따르면 물질도 파동의 성질을 가지므로 물리학자들은 원자들의 무리도 레이저처럼 행동할 수 있을 것으로 믿었지만 보스-아인슈타인응축상을 얻을 수 없었기에 이를 검증하지 못했다. MIT의 물리학자들은 먼저 원자들이 이 상태에 이를 때까지 냉각했으며, 이어서 여기에 레이저빔beam을 쏘았더니 원자들도 이에 맞추어 일체화된 진동을 하게 되었다.

2001년 코넬과 와이먼과 케테를레는 노벨 물리학상을 공동으로 수상했다. 노벨상위원회는 수상 이유를 "희박한 기체 상태의 알칼리 원자들을 이용하여 보스-아인슈타인응축상을 만듦으로써 이 응축상의 성질에 대한 초기의 근본적 연구에 기여했기 때문"이라고 밝혔다. 보스-아인슈타인응축상의 실용적 응용은 최근에야 알려지기 시작했다. 원자레이저빔은 장차 나노기술에 가치 있게 활용될 것으로 보인다. 이 기술을 이용하면 원자를 낱낱이 제어함으로써 원자 몇 층 두께의 막을 입힌 반도체를 만들 수 있고 이런 반도체는 미래의 컴퓨터에 쓰이게 될 것이다.

어떤 물리학자들은 보스-아인슈타인응축상이 원자레이저 외에 양자컴퓨터quantum computer에도 쓰일 수 있을 것으로 본다. 양자컴퓨터에서는 각각의 원자들이 계산을 하는데 언젠가는 실리콘silicon을 기초로 한 현재의 컴퓨터를 대체할 수도 있다. 또 다른 사람들은 암흑물질이 부분적으로 보스-

아인슈타인응축상일 것으로 여긴다. 만일 그렇다면 물질의 이 모호한 상태가 실제로는 우주의 대부분을 차지할 수도 있다.

아인슈타인의 기여로 인해 양자물리학자들은 코펜하겐해석에 대한 그들의 신념을 되돌아보게 되었다. 1930년대와 1940년에 많은 물리학자들은 아인슈타인의 뒤에서 그를 비웃었다. 그도 그럴 것이 당시에는 양자물리학에서 거의 날마다 수많은 새 발견들이 이어졌으므로 물리학의 이 거인마저도 쉽게 무시할 수 있었다. 양자론을 토대로 사과나무에서 사과를 따는 것처럼 쉽게 노벨상을 움켜쥘 수 있는데 누가 양자론의 근본에 대해 생각해 볼 시간을 가진단 말인가? 오늘날 금속, 반도체, 액체, 결정 등 수많은 물질들의 성질에 대해 엄청나게 많은 계산들이 이뤄지고 있으며, 이 각 결과들로부터 하나의 산업 분야가 창조될 수도 있다. 한마디로 물리학자들이 딴 데에 눈 돌릴 틈이 없었다. 결과적으로 이들은 수십 년 동안 코펜하겐학파의 논리에 익숙해졌고, 해답을 찾지 못했던 깊은 철학적 문제들은 한데 쓸어 모아 깔개 밑으로 감춰 버린 채 살아왔으며, 이 와중에 보어-아인슈타인논쟁도 잊혀졌다. 그러나 물질들에 대한 수많은 '쉬운' 문제들은 깨끗이 해결되어 온 반면 아인슈타인이 제기했던 훨씬 '어려운' 문제들은 아직도 해답을 모른 채 남아 있다. 오늘날 물리학자들은 세계적으로 수많은 국제회의들을 열고 7장에서 이야기했던 고양이문제를 다시 검토하고 있다. 실험가들이 개별 원자들을 제어할 수 있게 됨에 따라 고양이문제도 더 이상 학문적 의문만으로 남지 않게 되었다. 사실 현대 세계를 지배하고 있는 컴퓨터 기술의 궁극적 운명은 이 해답에 달려 있을 수도 있는데, 왜냐하면 미래의 컴퓨터는 개별 원자들을 트랜지스터로 사용하게 될

지도 모르기 때문이다.

고양이문제에 대한 모든 답들 가운데 보어의 코펜하겐학파에서 제시한 답은, 그 본래 해석에서 벗어난 실험적 증거가 전혀 없음에도 불구하고, 오늘날 가장 매력 없는 답으로 여겨지고 있다. 코펜하겐학파는 나무나 산이나 주변에서 보는 사람들로 이루어져 우리의 상식이 통하는 거시적 세계와 양자와 파동이 지배하여 직관에 어긋나고 기이한 미시적 세계 사이에는 허물지 못할 벽이 존재한다는 가정을 내세운다. 미시적 세계에서 아원자입자들은 존재와 비존재 사이의 어스름 영역에서 살아간다. 그러나 우리는 이 벽의 다른 쪽, 곧 모든 파동함수가 응결된 세계에 살고 있으며, 따라서 우리의 거시적 우주는 모든 게 잘 규정되고 명확하게 보인다. 다시 말해서 이 벽은 관찰자와 관찰 대상을 분리한다.

노벨상 수상자인 유진 위그너를 비롯한 어떤 물리학자들은 이보다 더 나아간다. 위그너는 관측의 핵심 요소는 의식consciousness이라고 강조한다. 고양이를 관측하고 그 실체를 결정하려면 의식 있는 관찰자가 있어야 한다. 그런데 관찰자는 또 누가 관찰할까? 관찰자가 의식이 있는 존재라는 것, 곧 관찰자가 살아 있다는 사실을 결정하려면 '위그너의 친구Wigner's friend'라고 불리는 또 다른 관찰자가 있어야 한다. 하지만 이것은 관찰자의 무한 연쇄, 곧 그 안의 각 관찰자는 그 이전의 관찰자가 살아 있음을 관찰하고 결정해야 한다는 식의 사슬 구조가 존재한다는 사실을 뜻한다. 위그너는 이를 확장하여 우주 자체의 본질을 결정할 우주적 의식이 존재할지도 모른다고 생각했다! 이에 대해 그는 "외부 세계에 대한 연구는 궁극적 실체가 의식의 내용이라는 결론으로 마무리될 것이다"라고 말했다. 어떤 사람들은 이것이 바로 신의 존재에 대한 논증이라 주장했는데, 이에 따르면 신은 일종의 우주적 의식으로 풀이되며, 어쩌면 우주 자체가 어떤 의식적 존재란 뜻이기도 하다. 한편 플랑크는 이에 대해 "과학은 자연의 궁극적 신비를 해결하지 못한다. 왜냐하면 마지막 분석에 이르면 우리들 자신이 우리가 해결하려는 신비의 일부가 될 것이기 때문이다"라고 말했다.

이후에도 수십 년 동안 많은 해석들이 제시되었다. 1957년 물리학자 존 휠러의 대학원생이었던 휴 에버렛Hugh Everett은 고양이문제에 대해 어쩌면 가장 급진적이라 할 해답을 내놓았다. '다중우주론many worlds theory'이라 불리게 된 이 이론은 가능한 모든 우주가 동시에 존재한다고 주장한다. 따라서 고양이는 실제로 죽은 상태와 산 상태로 동시에 존재할 수 있는데, 이는 본래 하나였던 우주가 그와 같은 두 우주로 나뉘기 때문이다. 이 아이디어가 뜻하는 것은 각각의 양자적 순간마다 우주가 끊임없이 갈라지며, 결국 무한히 많은 양자 우주를 낳는다는 것이므로 사뭇 당혹스럽게 여겨진다. 휠러 자신도 처음에는 제자의 접근법에 열광했지만 나중에는 이것이 너무 많은 '형이상학적 논의'를 담고 있다는 이유로 폐기했다. 예를 들어 예전에 한 우주선cosmic ray이 윈스턴 처칠을 임신한 어머니의 자궁을 관통하여 유산을 초래했다고 상상해 보자. 그러면 이 양자적 사건에 의해 처칠이 살지 않았던 세계가 우리로부터 떨어져 나가는데, 그 우주에서는 영국인들은 물론 아돌프 히틀러에 맞설 나라들도 단결을 이뤄 내지 못할 수 있다. 그러면 이 평행우주에서는 나치가 제2차 세계대전에서 승리를 거두어 대부분의 나라를 지배하게 될 수도 있다. 또는 태양풍이 양자적 사건들을 촉발하여 6,500만 년 전의 한 혜성이나 소행성의 궤도를 바꿔 버린 우주를 상상해 보

자. 그러면 이것은 멕시코의 유카탄반도Yucatan Peninsula에 떨어지지도 않았을 것이고, 따라서 공룡도 휩쓸어 버리지 못했을 것이다. 이 평행우주의 경우 내가 지금 살고 있는 맨해튼에는 흉포한 공룡만 득실댈 뿐 인간은 아직 출현할 기미도 보이지 못할 수 있다.

이처럼 가능한 우주를 모두 고려하다 보면 머리가 핑핑 돌 지경이며, 결국 양자론에 관한 수많은 해석을 둘러싸고 별다른 소득도 없이 수십 년의 세월이 헛되이 흘러갔다. 그런데 1965년 스위스의 제네바에 있는 유럽원자핵공동연구소CERN, Conseil Européen pour la Recherche Nucléaire의 물리학자 존 벨은 양자론에 대한 아인슈타인의 비판을 분명히 입증 또는 반증할 수 있는 실험을 제시했으며, 말 그대로 이는 결정적 검증이 될 것이었다. 그는 오래전 아인슈타인이 제기한 깊은 철학적 의문에 흥미를 느껴 연구한 끝에 이 의문을 잠재울 수 있는 정리를 발표했다. 이 '벨의 정리Bell's theorem'는 초기 EPR실험의 변형에 대한 검증에 기초를 두고 있는 것으로, 반대 방향으로 움직이는 두 입자들 사이의 상관관계를 분석한다. 1983년 파리대학교의 알랭 아스페Alain Aspect는 이에 대한 최초의 믿을 만한 실험을 했는데, 그 결과에 따르면 양자역학적 관점이 옳은 것으로 드러났다. 양자론에 대한 아인슈타인의 비판이 틀렸던 것이었다.

하지만 양자론에 대한 아인슈타인의 비판이 제외된다면 양자역학의 여러 학파들 가운데 누가 옳단 말일까? 결정적 판정은 없지만 오늘날 대부분의 물리학자들은 코펜하겐학파의 견해가 매우 불완전하다고 믿고 있다. 예컨대 미시적 세계와 거시적 세계를 가르고 있다는 보어의 벽은 개별 원자들을 제어할 수 있는 오늘날의 기술에 비춰 볼 때 더 이상 타당하지 않은 개념으로 보인다. 실제로 주사터널현미경STM, Scanning Tunneling Microscope을 사용하면 각각의 원자를 이동시켜 'IBM'이란 글자를 쓸 수도 있고, 같은 방식으로 만든 원자 주판으로 계산을 할 수도 있다(주사터널현미경은 1981년 IBM 취리히연구소의 게르트 비니히Gerd K. Binnig와 하인리히 로러Heinrich Rohrer가 발명했으며, 이들은 이 공로를 인정받아 1986년 노벨 물리학상을 받았다 : 옮긴이). 이처럼 개별 원자를 다루는 기술에 근거하여 '나노기술'이라는 완전히 새로운 분야가 열렸으며, 따라서 슈뢰딩거의 고양이문제와 같은 실험은 이제 각각의 원자에 대해서도 실시할 수 있게 되었다.

그러나 이런 상황에도 불구하고 모든 물리학자들이 만족스럽게 여기는 고양이문제의 해답은 아직 나오지 않았다. 그런데 보어와 아인슈타인이 솔베이회의에서 충돌한 지 80년이 다 되어 가는 오늘날 몇몇 노벨상 수상자를 비롯한 선도적 물리학자들 사이에서는 이 문제를 해결하는 데에 해체decoherence라는 아이디어가 중요한 역할을 할 것이라는 쪽으로 의견이 모아지고 있다. 해체는 고양이의 파동함수가 원자들의 개수라는 참으로 천문학적 숫자에 이를 정도의 많은 요소들로 구성되어 매우 복잡하다는 사실에서 출발한다. 이에 따라 살아 있는 고양이의 파동함수와 죽은 고양이의 파동함수가 빚어내는 간섭은 사뭇 강하다. 이는 두 파동함수가 동시에 같은 공간에 존재할 수 있지만 서로 영향을 줄 수는 없다는 사실을 뜻한다. 곧 두 파동함수는 '해체'되어 있으며, 서로 상대방의 존재를 감지하지 못한다. 해체의 개념을 이용한 이론 가운데 하나에서 파동함수는 보어가 주장한 것 같은 '응결' 현상을 보여 주지 않는다. 파동함수들은 서로 분리되어 있으며 실질적으로 더 이상 아무런 상호작용을 하지 않는다.

노벨상 수상자인 스티븐 와인버그Steven Weinberg는 이것을 라디오 방송을 듣는 것에 비유했다. 다이얼을 돌리면 많은 방송들이 차례로 잡힌다. 다시 말해서 각각의 방송이 다른 것들로부터 해체되어 나오며, 방송들 사이의 간섭은 일어나지 않는다. 우리의 방은 여러 방송들로부터 오는 전파 신호들로 가득 차 있고, 각 전파는 나름대로 완전한 정보 세계를 나타내고 있지만, 이들 사이에 아무런 상호작용도 없다. 이 상황에서 우리의 라디오는 한 번에 하나씩의 방송만을 골라낼 뿐이다.

해체의 개념은 매력적으로 보인다. 이를 사용하면 파동함수의 응결에 의지할 필요 없이 보통의 파동이론으로도 고양이문제를 해결할 수 있기 때문이다. 이 그림에서 파동은 결코 응결하지 않는다. 하지만 해체의 논리적 결론은 그다지 만족스럽지 못하다. 최종 분석에 따르면 해체는 결국 다중우주의 해석을 인정하는데, 여기서는 서로 간섭하지 않는 방송 정도가 아니라 서로 간섭하지 않는 온 우주들을 상대한다. 따라서 이 책을 읽고 있는 바로 이 장소에 제2차 세계대전에서 나치가 승리한 평행우주의 파동함수가 존재하고, 기이한 언어로 말하는 사람들이 사는 세계도 존재한다. 또한 바로 이 장소에서 공룡들이 치열한 싸움을 벌이고 있는가 하면, 외계인들이 걸어 다니고 있고, 애초부터 지구가 없었던 세계도 함께 흘러가고 있다. 우리의 '라디오'는 이 가운데 우리가 현재 살고 있어서 친밀하게 여겨지는 세계 하나만을 골라내고 있지만, 그렇게 골라낸 세계 안의 이곳에는 터무니없을 정도로 기괴하게 여겨지는 수많은 '라디오 방송'들이 함께 존재하고 있다는 뜻이다. 우리는 바로 이 장소를 거닐고 있는 그 공룡들, 괴물들, 외계인들과 아무런 상호작용도 할 수 없는데, 그 이유는 오직 우리가 그들과 해체되어 다른 진동수의 라디오 방송을 듣고 있기 때문이다. 노벨 물리학상을 받은 리처드 파인만Richard Feynman이 말했듯, "양자역학을 이해한 사람은 아무도 없다고 보면 틀림없을 것이다."

양자론에 대한 아인슈타인의 비판이 양자론의 정확한 발전에 도움을 주었을지언정 그 역설에 대한 완전히 만족스런 대답을 얻지는 못했지만, 다른 곳, 특히 일반상대성이론과 관련된 그의 아이디어들은 결국 놀라운 성공을 거두게 되었다. 원자시계, 레이저, 슈퍼컴퓨터의 시대가 열림에 따라 과학자들은 아인슈타인이 꿈도 꾸지 못할 정밀도의 실험을 토대로 일반상대성이론의 확실한 검증에 나섰다. 예를 들어 1959년 하버드대학교의 로버트 파운드Robert V. Pound와 레브커G. A. Rebka는 마침내 중력이 적색편이를 일으킨다는 아인슈타인의 예측, 곧 중력이 강한 곳에서는 시간이 느리게 흐른다는 예측을 확인했다. 이들은 방사성 코발트로부터 나오는 방사선을 하버드대학교에 있는 라이먼실험실Lyman Laboratory의 지하에서 22미터 위의 지붕으로 방출시켰다. 그런 다음 뫼스바우어효과Mössbauer effect라는 현상을 이용한 극도로 정확한 측정 장치를 사용하여 이들은 지하에서 지붕까지 여행하는 동안 광자의 에너지가 줄어들었음을 보였다(따라서 진동수도 줄어들었다). 1977년 천문학자 제시 그린스타인Jesse Greenstein과 그의 동료들은 십여 개의 백색왜성white dwarf에서 시간의 흐름을 분석했는데, 예상대로 강한 중력장에서는 시간이 느리게 흐른다는 사실을 확인할 수 있었다.

태양에 대한 일식 실험도 다른 방식으로 여러 번에 걸쳐 극도로 정밀하게 다시 점검되었다. 1970년 천문학자들은 극히 먼 거리에 있는 3C 273과 3C 279라는 두 퀘이사quasar의 위치를 정확히 측정했는데, 이것들로부터 오는 빛은 아인슈타인의 이론이 예측한 대로 휘어졌다.

원자시계가 등장함에 따라 실험의 정밀화에 대한 또 하나의 혁명이 일어났다. 1971년 원자시계를 실은 제트기가 한 번은 동쪽에서 서쪽으로, 다른 한 번은 반대로 비행했다. 그런 다음 이 원자시계는 워싱턴의 해군천문대에 있는 정지 상태의 원자시계와 비교되었다. 일정한 고도에서 다른 속도로 비행했던 경우의 원자시계 자료는 특수상대성이론의 결론을 점검할 수 있으며, 일정한 속도로 다른 고도를 비행했던 경우의 원자시계 자료는 일반상대성이론의 결론을 점검할 수 있다. 두 경우 모두 실험오차의 범위 안에서 아인슈타인의 예측과 일치했다.

인공위성의 등장도 일반상대성이론의 측정에 대한 혁명을 불러일으켰다. 1989년 유럽우주기구ESA, European Space Agency가 발사한 히파르코스Hipparcos 위성은 4년 동안 태양에 의한 별빛의 휘어짐을 측정했으며, 그 가운데는 북두칠성의 별들보다 1,500배나 희미한 것들도 포함되었다. 인공위성을 쓰면 이런 실험은 일식을 기다릴 필요 없이 언제라도 실시할 수 있는데, 자료들은 모두 별빛이 아인슈타인의 예측대로 휘어짐을 보여 주었다. 실제로는 태양으로부터 하늘의 절반만큼 떨어져 있는 별에서 오는 빛도 태양에 의해 휘어짐이 확인되었다.

21세기에 들어 일반상대성이론의 결론들을 확인하기 위하여 또 다른 여러 가지의 정밀한 실험들이 계획되었다. 그 가운데는 이중성에 대한 실험도 있고 심지어 레이저를 달에 보내 반사되어 오는 것을 측정하는 실험도 있다. 하지만 가장 흥미로운 정밀 실험은 중력파의 검출에 대한 것이다. 아인슈타인은 1916년에 중력파의 존재를 예언했지만 그의 생애 동안 이 미세한 현상을 확인할 수 없을 것으로 여겨 깊이 실망했다. 20세기 초의 관측장비들은 한마디로 너무 원시적이었기 때문이다. 그러나 1993년의 노벨상은 러셀 헐스Russell Hulse와 조지프 테일러Joseph Taylor라는 두 과학자에게 돌아갔는데, 수상 이유는 서로 공전하는 이중성을 관측함으로써 중력파의 존재를 간접적으로 입증했다는 것이었다.

그들은 지구로부터 16,000광년 떨어진 중성자 이중성 PSR 1913+16을 관측했다. 이것들은 두 별이 죽은 잔해로 7시간 45분 주기로 서로 공전하면서 엄청난 양의 중력파를 방출하고 있다. 예를 들어 단지에 든 당밀(唐蜜)을 두 개의 숟가락이 서로 공전하는 모습으로 젓는다고 상상해 보자. 숟가락이 당밀을 헤치고 돌면 그 자취를 따라 파동의 모습이 나타난다. 이제 당밀을 시공간의 조직, 두 숟가락을 두 개의 죽은 별로 대체하면, 두 별이 서로를 쫓아 공전하는 동안 중력파가 방출될 것임을 상상할 수 있다. 이 파동은 에너지를 갖고 퍼져 나가므로 두 별은 이 에너지만큼 잃게 되고, 그 결과 천천히 나선을 그리면서 서로 가까워진다. 따라서 이와 같은 이중성의 자료를 분석하면 궤도가 얼마나 빨리 줄어들고 있는지를 정확하게 계산할 수 있는데, 그 결과는 아인슈타인의 일반상대성이론이 예측하는 대로 한 번 공전할 때마다 1밀리미터 정도씩 가까워지는 것으로 드러났다. 약 696,000킬로미터 떨어져서 공전하는 두 별은 1년 동안 1미터 정도 가까워졌으며, 이 수치는 아인슈타인의 방정식을 계산해서 얻어지는 결과와 아주 정확하게 일치한다. 실제로 이 두 별은 중력파에 의해 에너지를 잃음으로써 앞으로 2억 4천만 년이 지나면 하나로 합쳐지게 된다. 이처럼 이 정밀관측은 일반상대성이론의 정확성에 대한 실험으로 해석될 수 있는데, 자료들의 수치를 분석한 결과 일반상대성이론은 99.7% 정확한 것으로 드러나 실험오차의 범위 안에 확실히 들어간다.

좀 더 최근에는 중력파를 실험적으로 직접 관측하려는 목적 아래 일련의 엄청난 실험들이 추진되고 있다. 중력파는 LIGO계획Laser Interferometer Gravitational Wave Observatory project이라고 부르는 실험에서 처음으로 직접 관측될 것으로 예상되는데, 아마도 먼 외계의 블랙홀에서 오는 것일 가능성이 크다. LIGO는 물리학자들의 꿈이 실현되는 것으로 중력파를 처음으로 직접 관측할 수 있을 정도로 충분히 강력한 장치이다. 미국에 있는 세 곳의 레이저 설비로 구성되어 있는 LIGO는(두 개는 워싱턴 주의 핸포드Hanford, 다른 하나는 루이지애나 주의 리빙스턴Livingston에 있다) 실제로는 국제적인 공동연구계획의 일부분으로, 여기에는 이탈리아 피사Pisa의 프랑스-이탈리아 설비 VIRGO, 도쿄 외곽의 일본 설비 TAMA, 하노버Hanover의 영국-독일 설비 GEO600 등이 포함되어 있다. 개선 비용 등의 기타 비용 8천만 달러를 포함하여 최종 건설 경비가 2억 9천 2백만 달러에 이를 것으로 보이는 LIGO는 미국의 국립과학재단National Science Foundation이 지금껏 지원한 것 가운데 가장 비싼 계획이다.

LIGO에 쓰이는 레이저검출기는 한 세기 전 에테르 바람을 검출하기 위해 마이켈슨과 몰리가 사용했던 장비와 비슷하며, 보통의 빛 대신 레이저를 쓴다는 점만 다르다. 여기에서 한 줄기의 레이저빔은 서로 직각인 두 갈래로 나뉘고, 각각의 빔은 끝에 있는 거울에서 반사되어 다시 합쳐진다. 중력파가 이 거대한 검출기와 마주치면 레이저빔이 지나가는 경로의 길이에 변화가 일어나며, 따라서 합쳐지는 두 빔 사이에 간섭이 일어난다. 이 검출기와 부딪히는 신호가 쓸데없는 잡음이 아니라는 것을 확증하기 위해 지구 곳곳에 여러 대를 건설하게 될 것이다. 다시 말해서 지구의 것보다 훨씬 거대한 중력파만이 이 모든 검출기들을 동시에 작동시킬 수 있을 것이다.

최종적으로 이 레이저검출기들은 나사NASA와 유럽우주기구ESA에 의해 우주 궤도에도 설치될 것이다. 2010년쯤 나사는 LISA Laser Interferometry Space Antenna라고 부르는 세 대의 인공위성을 발사하여 대략 태양과 지구 사이의 거리에서 태양을 공전하도록 할 예정이다. 그러면 결국 세 대의 레이저검출기는 한 변이 약 480만 킬로미터인 우주적 정삼각형 구조를 이루게 된다. 이 거대한 검출기의 정밀도는 참으로 엄청나 1조의 10억 배 분의 1이라는 미세한 진동도 검출할 수 있는데, 이에 해당하는 길이의 변화는 원자 하나 크기의 1/100에 지나지 않는다. 과학자들은 이 정도의 정밀도라면 빅뱅 자체에서 유래하는 충격파도 검출할 수 있을 것으로 예상한다. 따라서 모든 게 잘 진행되면 LISA는 창조의 순간을 탐사하는 가장 강력한 우주적 장비가 될 것이며, 빅뱅이 일어나고 1조 분의 1초가 지난 때의 모습을 들여다볼 수 있게 해 줄 것이다. 이런 정보는 통일장이론의 검증에 필수적인데, LISA에 의하여 만물의 이론the theory of everything인 통일장이론의 정확한 본질에 대한 최초의 실험적 자료가 얻어질 것으로 기대되고 있다.

아인슈타인이 소개한 또 하나의 중요한 도구는 중력렌즈gravity lens이다. 1936년 아인슈타인은 머나먼 천체에서 오는 빛이 지나는 길에 가까이 있는 은하는 거대한 렌즈로 작용할 수 있음을 보였다. 그러나 이런 현상이 직접 관측되려면 오랜 세월이 흘러야 할 것으로 예상되었다. 1979년 첫 돌파구가 열렸는데 Q0957+561이라는 퀘이사를 관측한 천문학자들은 휘어진 공간이 렌즈로 작용하여 빛이 집중됨을 발견했다.

1988년 MG1131+0456이라는 전파원에서 처음으로 아인슈타인링이 관찰되었고, 이후 약 20개가 더 관찰되었는데, 모두 링의 일부에 지나지 않은 모습들이었다. 1997년 최초로 완전한 아인슈타인링이 허블우주망원경과 MERLIN(Multi-Element Radio Linked Interferometer Network)이라 부르는 영국의 전파망원경배열에 의해 관측되었다. 멀리 떨어진 1938+666이라는 은하의 자료를 분석한 천문학자들은 이 은하를 둘러싼 독특한 모습의 링을 발견했다. 맨체스터대학교의 이언 브라운(Ian Brown) 박사는 "첫눈에 이는 자연스럽지 않게 보였고 따라서 영상에 뭔가 결함이 있다고 여겼다. 하지만 곧이어 우리는 완전한 아인슈타인링이란 사실을 깨달았다!"라고 말했다. 이 발견에 흥분한 영국 천문학자들은 "이것은 과녁의 정곡이다!"라고 외쳤다. 관측대상이 아주 멀리 떨어져 있었으므로 링의 크기는 아주 작아 각도는 몇 초에 지나지 않았으며, 약 3킬로미터 거리에서 보는 동전 정도에 해당했다. 하지만 수십 년 전 아인슈타인이 예언했던 현상의 증거로 아무 부족함이 없었다.

일반상대성이론에서의 가장 위대한 발견 가운데 하나는 우주론 분야에서 이루어졌다. 1965년 로버트 윌슨(Robert Wilson)과 아노 펜지어스(Arno Penzias)라는 두 물리학자는 뉴저지의 벨연구소(Bell Laboratory)에 있는 뿔 모양의 전파망원경을 통해 외계에서 전해 오는 희미한 마이크로파를 탐지했다. 이 두 사람은 가모프와 제자들이 이룩한 선구적 연구를 알지 못했으므로 이것이 빅뱅에서 유래하는 우주적 전파인지도 모른 채 우연히 탐지했던 것이다. 전하는 이야기에 따르면 처음에 두 사람은 이 신호가 전파망원경에 떨어져 있는 새의 배설물이 간섭효과를 일으켜 발생하는 것으로 여겼다고 한다. 나중에 프린스턴대학교의 물리학자 디케R. H. Dicke가 이것이 가모프가 말한 마이크로파의 배경복사라고 옳게 지적했다. 윌슨과 펜지어스는 이 우연적이지만 선구적인 업적으로 노벨상을 받았다. 1989년에 발사된 COBECosmic Background Explorer위성은 마이크로파 우주배경복사의 상세한 영상을 얻어 냈는데, 전체적으로 놀랍도록 균일했다. 하지만 캘리포니아대학교 버클리Berkeley 캠퍼스의 조지 스무트George Smoot가 이끄는 물리학자들은 이 균일한 자료의 미세한 물결들을 정밀하게 분석하여 경이로운 사진으로 재창조해 냈으며, 이 영상은 우주의 나이가 겨우 40만 년 밖에 되지 않았던 때의 모습이었다. 언론들은 이 그림에 '신의 얼굴face of God'이란 제목을 붙여 보도했지만 이는 잘못된 이름이다. 신의 얼굴이 아니라 빅뱅으로부터 얼마 지나지 않은 '아기 우주'의 모습이기 때문이다.

이 그림에서 흥미로운 점은 그 물결들이 빅뱅에 내포되어 있던 미세한 양자요동quantum fluctuation에 해당할지도 모른다는 사실이다. 불확정성원리에 따르면 양자효과는 반드시 일정한 크기의 물결을 일으켜야 하므로 빅뱅은 완전히 균일한 폭발일 수 없다. 사실 버클리 그룹이 발견한 것은 바로 이것이었으며, 반대로 그들이 이것을 찾지 못했다면 불확정성원리는 심각한 타격을 입게 되었을 것이다. 이 물결들은 우주의 탄생에 적용된 불확정성원리를 보여 줄 뿐 아니라 과학자들에게 우리가 현재 보는 '우둘투둘한 우주'가 생성된 메커니즘mechanism도 암시해 준다. 망원경으로 우주를 둘러보면 은하들이 균일하지 않고 무리를 지어 분포한 모습으로 나타나는데, 이로부터 우리는 우주가 거친 조직 구조로 되어 있음을 알 수 있다. 이 우둘투둘한 구조는 최초의 빅뱅에 나타났던 물결들이 우주가 팽창함에 따라 엄청나게 잡아 늘여진 것이라고 설명할 수 있다. 따라서 우리가 하늘에 퍼져 있는 은하들의 무리를 보는 것은 불확정성원리가 빅뱅에 남겼던 태초의 잔물결을 들여다보는 것에 해당한다.

그러나 아인슈타인이 남긴 업적의 가장 장엄한 재발견은 '암흑에너지'라고 할 것이다. 이미 보았듯 1917년에 그는 팽창하는 우주의 개념을 부정하기 위하여 '진공에너지'라고도 부를 수 있는 '우주상수'의 개념을 도입했다(우리는 앞서 일반적으로 공변인 대상은 리치곡률과 시공간의 부피라는 두 항밖에 없음을 보았다. 따라서 우주상수항은 쉽사리 무시할 수 없었다). 하지만 그는 에드윈 허블이 우주가 빠르게 팽창하고 있다는 사실을 보여 주자 우주상수의 도입이 일생일대의 실수라고 말했다. 그런데 2000년에 밝혀진 결과에 따르면 아인슈타인이 옳았는지도 모른다. 우주상수는 존재할 뿐 아니라 어쩌면 전 우주에 존재하는 물질과 에너지의 가장 큰 부분을 차지하고 있을 수도 있기 때문이다. 엄청나게 먼 거리에 있는 초신성의 자료들을 분석함으로써 천문학자들은 수십 억 년에 걸친 우주의 팽창률을 계산해 낼 수 있게 되었다. 그런데 놀랍게도 우주의 팽창은, 대부분의 학자들이 예상했듯 느려지는 게 아니라, 점점 더 빨라지고 있었다. 우리 우주의 은하들은 서로 더욱 빨리 멀어지고 있으며, 우주는 영원토록 팽창할 것이다. 따라서 우리는 우주가 어떻게 종말을 고할지 예측할 수 있게 되었다.

예전에 어떤 우주론자들은 우주에 충분한 물질이 있어서 팽창이 늦춰지고 결국 다시 수축되어 우주의 변방에서는 적색편이가 아니라 청색편이가 관찰될 수도 있을 것이라고 믿었다. 심지어 물리학자 스티븐 호킹Stephen

Hawking은 우주가 수축되면 시간 자체도 역전되어 모든 역사가 거꾸로 흐를 것이라고 믿기도 했다. 이런 상황이 되면 사람은 젊어지고 어려져서 어머니의 자궁 속으로 들어가게 된다. 또한 수영장에서는 거꾸로 다이빙하여 땅 위로 올라서면서 몸의 물기가 마르며, 반숙으로 익혀진 달걀은 내용물과 깨진 껍질들이 모여 다시 깨지지 않은 달걀로 돌아간다. 하지만 호킹은 나중에 자신이 실수를 저질렀다고 말했다. 이처럼 시간까지 역전되지 않더라도 우주가 수축되면 결국 엄청나게 뜨거운 '빅크런치big crunch'가 일어나게 된다. 나아가 어떤 사람들은 이후 우주가 다시 빅뱅을 일으켜 위의 과정을 반복한다는 '진동우주oscillating universe'의 개념을 내세우기도 했다.

그러나 관측자료들에 의해 우주가 가속적으로 팽창된다는 결론 이외의 이야기들은 모두 배제되었다. 이에 대한 가장 단순한 설명은 우주에 반중력을 발휘하는 막대한 암흑에너지가 존재하여 우주를 밀어내고 있다는 것이다. 이 힘에 의해 우주가 커지면 진공에너지도 더욱 커지며, 따라서 갈수록 빠르게 팽창하는 사태가 끝없이 계속된다.

이 결과는 MIT의 물리학자 앨런 구스Alan Guth가 처음 제시했던 '초팽창우주inflationary universe'의 한 변형을 입증해 주는 듯한데, 초팽창우주도 프리드만과 르메트르가 내세웠던 원조 빅뱅이론의 변형이다. 대략 말하자면 초팽창우주는 두 단계의 팽창을 거친다. 첫 단계는 지수함수적으로 급속히 팽창하는 초팽창 단계로 이 시기의 우주는 큰 우주상수의 지배를 받는다. 하지만 결국 이 지수함수적 팽창은 끝나고 팽창 속도가 느려져 프리드만과 르메트르가 발견한 전통적인 모습의 팽창 단계로 접어든다. 만일 이 이야기가 옳다면 우리가 관측하는 우주는 훨씬 광대한 진짜 우주에 비하면 바늘 끝처럼 좁은 영역에 지나지 않는다는 뜻이 된다. 대기층 높이 띄워 올린 풍선을 이용한 최근의 믿을 만한 관측 자료도 우주가 전체적으로 평평하여 참으로 거대하다는 점을 드러내 줌으로써 초팽창이론을 뒷받침한다. 그러면 우리는 엄청나게 큰 풍선 위에 앉아 있는 개미와도 같은데, 이때 우리는 오직 우리가 너무 작기 때문에 우주가 평평하다고 여기게 된다.

　암흑에너지는 우주 안에서 우리의 지위와 역할에 대해서도 다시 생각해 보게 한다. 코페르니쿠스는 태양계에서 인간의 지위에 어떤 특별한 점도 없음을 보여 주었다. 암흑물질의 존재는 우리의 우주에서 원자가 특별한 게 아님을 보여 주는데, 우주를 구성하는 물질의 90%는 신비로운 암흑물질로 되어 있기 때문이다. 하지만 우주상수의 결론에 따르면 암흑에너지가 다시 (별과 은하라는 에너지를 압도하는) 암흑물질을 압도한다. 아인슈타인이 평온한 우주의 개념을 유지하기 위하여 마지못해 도입했던 우주상수라는 존재가 실제로는 우주 전체 에너지의 가장 큰 원천일지도 모른다는 뜻이다(2003년에 얻어진 WMAP_{Wilkinson Microwave Anisotropy Probe} 위성의 자료에 따르면 우주에 있는 물질과 에너지의 4%는 보통의 원자, 23%는 암흑물질, 나머지 73%는 암흑에너지로 되어 있다).

　일반상대성이론의 또 다른 기이한 예측은 1916년 슈바르츠실트가 어두운 별의 개념을 부활시켰을 때만 해도 공상과학적 존재로만 여겼던 블랙홀이다. 하지만 허블우주망원경과 광대열전파망원경은 지금까지 50개가 넘는 블랙홀의 존재를 입증했는데, 대부분 큰 은하의 중심부에 숨어 있다. 실제로 많은 천문학자들은 우주에 있는 수많은 은하의 절반 이상이 그 중심에 블랙홀을 갖고 있을 것으로 본다.

아인슈타인은 이 기이한 존재를 찾는 게 쉽지 않으리라 보았다. 정의에 따르면 블랙홀에서는 빛도 빠져나가지 못하므로 실제로 관측하기가 극히 어려울 것이기 때문이다. 하지만 먼 곳의 은하와 퀘이사를 들여다보던 허블우주망원경은 M-87이나 NGC-4258과 같은 먼 곳의 은하 중심에 자리 잡고 있는 블랙홀을 둘러싸고 회전하는 거대한 원반의 놀라운 영상이 담긴 사진을 얻어 냈다. 분석에 따르면 이 블랙홀을 공전하는 물질의 속도는 시간당 수백만 킬로미터에 이른다. 허블우주망원경이 찍은 가장 정밀한 사진을 보면 한가운데에 블랙홀을 나타내는 점이 하나 보인다. 지름이 약 1광년인 이 존재의 힘은 참으로 강하여 지름이 10만 광년에 이르는 은하 전체를 공전시키기에 충분하다. 이후 여러 해에 걸쳐 조사가 계속되었으며 2002년에는 마침내 우리가 속한 은하계의 중심에서도 태양 무게의 2백만 배 정도 되는 블랙홀이 발견되었다. 따라서 달은 지구를 돌고, 지구는 태양을 돌며, 태양은 이 블랙홀을 돈다.

18세기에 이루어진 미첼과 라플라스의 연구에 따르면 어두운 별, 곧 블랙홀의 질량은 반지름에 비례한다. 그러므로 은하수의 중심에 있는 블랙홀의 크기는 수성 공전 궤도의 1/10 정도이다. 생각해 보면 이토록 작은 존재가 우리 은하수 전체의 운동에 영향을 미친다는 사실은 그저 놀라울 따름이다. 2001년 천문학자들은 아인슈타인렌즈의 효과를 이용하여 우리 은하수 안을 떠도는 블랙홀을 발견했다고 발표했다. 블랙홀이 떠돌아다니면 주변의 별빛들이 왜곡되는데, 천문학자들은 이 왜곡된 별빛의 자취를 추적하여 보이지 않는 블랙홀의 궤도를 계산해 냈다(떠돌이 블랙홀이 지구로 다가서면 비극적 파국이 초래된다. 아마 태양계 전체를 집어삼킬 텐데, 그 뒤에 트림도

하지 않는다).

1963년 뉴질랜드의 수학자 로이 커Roy Kerr가 슈바르츠실트의 블랙홀을 일반화하여 자전하는 블랙홀도 포함시킴으로써 이 분야의 연구는 더욱 활기를 띠게 되었다. 지금껏 관찰된 우주의 모든 것들은 자전하는 듯하고, 자전하는 물체는 수축할수록 더욱 빨리 돌므로, 실제로 존재하는 블랙홀도 엄청난 속도로 자전한다고 보는 게 타당하다. 거의 모든 사람들의 예상 밖으로 커는 자전하는 고리로 붕괴하는 별에 대한 아인슈타인방정식을 아무런 어림도 하지 않고 정확히 풀어냈다. 이 과정에서 중력은 고리를 붕괴시키는 쪽으로 작용하지만 엄청난 자전에 의해 발생하는 원심력은 이 중력에 맞설 정도로 강할 수 있고, 따라서 최종적인 자전 고리도 안정할 수 있다. 그런데 상대론자들을 어리둥절하게 한 결론은 우리가 이렇게 만들어진 고리 속으로 떨어질 때 반드시 으깨져 죽을 필요는 없다는 것이다. 물론 이 중심부의 중력도 강하기는 하다. 하지만 무한대는 아니다. 따라서 원칙적으로 말하자면 이 고리를 통해 다른 우주로 빠져나갈 수도 있다. 아인슈타인-로젠다리를 통과하는 여행은 반드시 치명적이지만은 않다. 이 고리가 충분히 크기만 하다면 이웃한 평행우주로 안전하게 진입할 수 있다.

물리학자들은 커블랙홀Kerr black hole에 떨어지면 어떤 일이 벌어질 것인지에 대한 문제로 즉각 뛰어들었다. 그런 블랙홀을 만난다는 것은 분명 잊지 못할 경험이 될 것이다. 원칙적으로 이 블랙홀은 우주의 다른 곳으로 즉각 인도하여 어떤 별로 가도록 하는 지름길이 될 수 있고, 어쩌면 전혀 다른 우주로 안내할 수도 있을 것이다. 커블랙홀에 다가가 사건지평선을 지나면 출발했던 곳으로 돌아올 수 없다(물론 또 다른 커블랙홀이 있다면 왕복운동도 가능할 것이다). 또한 안정성도 생각해야 한다. 우리가 아인슈타인-로젠다리로 떨어지는 바로 그 작용에 의해 시공간의 왜곡이 일어나고 커블랙홀이 닫혀 버릴 수도 있으며, 그럴 경우 이 다리를 통해 여행을 끝마치는 일은 불가능해진다.

우주의 두 곳 또는 두 우주를 연결해 주는 대문이나 통로로서의 역할을 하는 커블랙홀의 개념은 신비롭다. 하지만 실제로 블랙홀들은 매우 빠르게 자전하고 있으므로 물리적 관점에서도 이 개념을 쉽게 무시할 수 없다. 그런데 곧이어 이 블랙홀은 공간의 서로 다른 두 곳뿐 아니라 시간의 서로 다른 두 곳도 연결하는 타임머신이 될 수도 있을 것으로 보였다.

1949년 괴델이 아인슈타인방정식으로부터 시간여행이 가능하다는 해를 얻어 냈을 때만 해도 이것은 신기하지만 예외적인 현상으로 받아들여졌다. 하지만 이후 아인슈타인방정식으로부터 시간여행이 가능한 다른 해들도 많이 발견되었다. 예를 들어 1936년에 반 슈토쿰W. J. van Stockum이 얻어 낸 오래된 해도 실제로는 시간여행을 허용한다는 점이 밝혀졌다. 반 슈토쿰의 해는, 예전에 이발소를 상징하는 회전원통처럼, 무한히 길고 빠르게 회전하는 원통과 관련된다. 만일 이 원통 주위로 여행을 하면 출발했던 때보다 이른 시간에 같은 장소로 돌아올 수 있어서 괴델이 1949년에 발견했던 해의 경우와 비슷한 상황이 나온다. 물론 이 해는 그 자체로 흥미롭기는 하지만 원통의 길이가 무한대라는 게 문제이며, 유한한 길이의 경우에는 시간여행이 불가능한 것으로 보인다. 따라서 괴델과 반 슈토쿰의 해를 이용한 타임머신은 물리적인 이유 때문에 사실상 배제된다.

1988년 칼텍의 킵 손Kip Thorne과 동료들도 아인슈타인방정식의 한 해를 얻어 냈는데, 이것은 웜홀을 통한 시간여행을 허용한다. 그들은 새로운 형태의 웜홀이 완전히 통과 가능함을 보임으로써 사건지평선을 지나는 편도 여행의 문제를 해결할 수 있었다. 나아가 그들의 계산에 따르면 이런 종류의 시간여행은 비행기여행처럼 안전하다.

　이 모든 타임머신들과 관련된 핵심 문제는 시공간을 휘게 하는 물질과 에너지이다. 시간을 프레첼pretzel(밀가루 반죽을 길게 늘인 뒤 고리 모양으로 만들어 바삭 튀긴 과자: 옮긴이)처럼 휘게 하려면 현대 과학에 알려진 그 어떤 것도 훨씬 초월하는 엄청난 양의 에너지가 필요하다. 또한 손의 타임머신을 만들려면 음물질negative matter이나 음에너지negative energy가 필요하지만 지금껏 아무도 이런 것을 본 적이 없다. 사실 우리의 손에 음물질을 올려놓으면 이것은 아래가 아니라 위로 떨어진다. 그래서인지 음물질을 찾는 탐사는 아직 아무런 성과가 없다. 만일 수십 억 년 전에 지구에 있었다 하더라도 이미 하늘 높이 올라가 외계로 떨어져 나갔을 것이며 이후 영원히 돌아오지 않을 것이다. 하지만 이와 반대로 음에너지는 카시미르효과Casimir effect의 형태로 존재한다. 전기적으로 중성인 두 장의 금속판을 나란히 놓으면 인력도 반발력도 없으므로 끌리지도 밀리지도 않을 것이다. 하지만 1948년 헨리크 카시미르Henrik Casimir는 기이한 양자효과 때문에 두 금속판이 아주 미미한 힘으로 서로 끌린다는 점을 보였으며, 그 크기는 실험실에서 실제로 측정되었다.

　따라서 손의 타임머신은 다음과 같이 만들 수 있다. 두 장의 금속판 두 세트를 나란히 놓으면 카시미르효과 때문에 각 세트의 두 금속판 사이에 음에너지가 형성된다. 아인슈타인의 이론에 따르면 음에너지의 존재는 시공간에 (아원자입자의 크기보다 더 작은) 극히 작은 구멍 또는 거품을 만든다. 이제 논의의 편의를 위해 아주 먼 미래에 현재보다 엄청나게 발달한 문명이 어떻게든 이 구멍들을 조작할 수 있다고 하자. 그러면 두 세트 안에 만들어진 구멍들 사이를 서로 연결하여 길다란 튜브나 웜홀이 만들어지도록 할 수 있을 것이다(두 세트의 금속판 사이를 웜홀로 연결하는 일은 현재의 기술 중 그 어느 것도 훨씬 초월하는 일이다). 이제 한 세트의 금속판을 로켓에 싣고 광속에 가까운 속도로 날려 보내면 그 안의 시간은 지구에서보다 느리게 흘러간다. 그런 다음 지구에 있는 두 금속판 사이의 구멍으로 뛰어들면 웜홀로 빨려 들어가 지구의 시간보다 과거의 시간을 가리키는 로켓으로 나오므로 과거로의 여행을 하는 셈이 된다.

이후 (좀 더 적절하게는 '시간성폐곡선closed time like curve' 이라 불러야 할) 타임머신이란 분야는 물리학에서 활기찬 영역의 하나로 떠올랐고 여러 가지의 다른 설계에 대한 논문들이 쏟아져 나왔는데 모두 아인슈타인의 이론에 기반을 둔 것들이었다. 하지만 모든 물리학자들이 좋아한 것은 아니었으며, 예를 들어 스티븐 호킹도 그중 한 사람이었다. 그는 조롱하는 투로 시간여행이 가능하다면 우리 주위에는 미래에서 온 관광객들이 넘칠 텐데 실제로는 그렇지 않다고 말했다. 만일 타임머신이 흔한 기계가 된다면 사람들이 아무 시점이나 찾아가 사건들을 새로 만들어 버릴 것이므로 역사란 것은 쓸 수 없게 될 것이다. 호킹은 역사가들을 위해 이 세상을 안전한 곳으로 만들고 싶다고 말했다. 그러나 화이트T. H. White가 쓴 『과거와 미래의 왕 The Once and Future King』에는 "금지되지 않은 것은 강제적이다"라는 명제를 준수하는 개미 사회가 나오며, 사실 물리학자들도 이런 법칙을 마음속 깊이 믿는다. 따라서 호킹은 이른바 '연대보호추측chronology protection conjecture'이란 것을 가정해야 했는데, 이는 타임머신을 절대적 명령으로 금지한다. 하지만 호킹은 나중에 이 추측에 대한 증명을 포기했다. 현재 그는 타임머신이 이론적으로는 가능할지라도 현실적이지 않다는 입장에 서 있다.

지금까지 알려진 내용에 따르면 타임머신은 물리학의 법칙에 위배되지 않는 것으로 보인다. 하지만 문제는 물론 어떻게든 엄청난 에너지를 모으는 일이다(현재로는 '충분히 진보한 문명'만이 이를 모을 수 있다고 말할 수밖에 없다). 또한 타임머신으로 작용할 웜홀들이 양자적 효과에 대해 충분히 안정하여 우리가 이를 통과하는 동안 폭발하거나 닫혀 버리지 않는다는 점도 입증해야 한다.

한편 어떤 사람이 태어나기 전의 부모가 사는 세상으로 가서 부모를 살해한다는 등의 시간역설time paradox들도 타임머신과 관련하여 해결되어야 한다. 아인슈타인의 이론은 부드럽게 휘어지는 리만곡면에 근거하므로 우리가 과거로 돌아가 시간역설을 만들어 낸다고 해서 그냥 사라져 버릴 수는 없다. 이런 점을 고려할 때 시간역설에 대해서는 두 가지의 답이 있는 것으로 보인다. 첫째, 시간의 강이 소용돌이를 가진다면 우리가 타임머신을 타고 과거로 가는 것은 단순히 과거를 메우는 일에 지나지 않을 것이라는 해석이 가능하다. 이 해석에 따르면 시간여행은 가능하지만 이는 단순히 과거를 완성하는 현상에 지나지 않으므로 과거를 변화시킬 수는 없다. 이 경우 우리는 타임머신으로 들어가도록 운명 지워졌다고 말할 수도 있다. 이 견해를 지지하는 러시아의 우주론자 이고르 노비코프Igor Novikov는 "우리는 시간여행자를 에덴동산에 보내 이브에게 사과를 따지 말라고 할 수는 없다"라고 말했다. 둘째, 시간의 강 자체가 두 갈래로 나뉜다, 곧 평행우주가 열린다고 봄으로써 해결할 수도 있다. 이 답은 어떤 사람이 태어나기 전의 과거로 돌아가 부모를 살해한다는 것은 단지 부모와 유전적으로 동일한 인물들을 살해한 것일 뿐 실제로 부모를 살해한 것은 아니라고 풀이한다. 그 사람의 부모는 여전히 살아남아 그 사람을 낳고 이후의 역사는 그대로 전개된다. 이렇게 되는 이유는 과거로 돌아가 살해하는 순간 부모가 살아 있는 우주와 죽은 우주의 둘로 나뉘어 각각 나름대로 흘러가기 때문이다.

그러나 아인슈타인의 마음에 가장 깊이 담긴 것은 통일장이론이었다. 아인슈타인은 헬렌 두카스에게 백 년 정도가 지나면 물리학자들은 자신이 하고 있던 것을 이해할 것이라고 말했다. 그의 이 말은 잘못으로, 50년도 지나지 않아 통일장이론에 대한 관심이 불타오르게 되었다. 물리학자들이 한때 도달할 수 없는 불가능의 영역으로 여겨 조롱의 대상으로 삼았던 통일이 어쩌면 이제 거의 손에 잡힐 듯한 곳에 있는지도 모른다. 그리하여 오늘날 이론물리학자들이 모이는 거의 모든 곳에서 지배적인 논제로 떠오르게 되었다.

데모크리토스Demokritos를 비롯한 고대 그리스 철학자들이 우주가 무엇으로 되어 있는지에 대한 의문을 제기한 뒤 2,000년이 넘는 세월이 흐른 오늘날 물리학은 완전히 상반되는 두 가지의 경쟁적 이론을 갖게 되었다. 첫째는 양자론으로 원자나 아원자입자들의 세계를 묘사하는 데에서는 아무것도 이에 필적할 수 없다. 둘째는 아인슈타인의 일반상대성이론으로 블랙홀이나 팽창하는 우주와 같은 숨막히는 현상들에 대한 이론을 도출해 준다. 그런데 이 두 이론이 완전히 대조적이란 점은 최대의 역설이 아닐 수 없다.

이것들은 다른 가정과 다른 수학과 다른 물리적 그림에 근거해 있다. 양자론은 '양자'라고 부르는 불연속적인 에너지 덩어리와 아원자입자들의 황홀한 춤을 토대로 한 반면, 일반상대성이론은 부드러운 곡면에 기반을 두고 있다.

오늘날 물리학자들은 양자물리학의 가장 발전된 판(版)을 만들어 '표준모델Standard Model'이란 이름 아래 하나의 체계를 구성했다. 이것은 아원자입자의 자료들을 설명할 수 있는데, 자연계의 네 가지 힘들 가운데 중력만 뺀 전자기력과 약력과 강력을 통합적으로 묘사할 수 있으므로 어떤 의미로는 현존하는 가장 성공적인 이론이기도 하다. 표준모델은 이처럼 성공적이면서도 두 가지의 명백한 결함을 안고 있다. 첫째로 이 이론은 아주 흉측한데, 어쩌면 과학에서 제시된 모든 이론들 가운데 가장 흉측한 것일지도 모른다. 이것은 약력과 강력과 전자기력을 손으로 그저 한데 짜 맞춘 것에 지나지 않으며, 비유하자면 스카치테이프로 고래와 땅돼지와 기린을 한데 붙여 놓고 수백만 년의 진화 끝에 나타난 자연의 경이로운 걸작품이라고 말하는 것과 같다. 가까이 들여다보면 표준모델은 쉽게 간파할 수 없는 기이한 이름들을 가진 아원자입자들을 잡다하게 긁어모은 혼란스런 집합이다. 쿼크quark, 힉스보손Higgs boson, 양-밀스입자Yang-Mills particle, W-보손W-boson, 글루온gluon, 중성미자neutrino 등의 이름만 보더라도 이런 상황을 짐작할 수 있다. 둘째로 더 나쁜 것은 이 모델이 중력을 전혀 언급하지 않는다는 점이다. 사실 중력을 다른 힘들처럼 표준모델에 억지로 밀어 넣으려 하면 무한대로의 발산이 일어나서 난센스가 된다. 거의 50년의 지난 세월 동안 상대론과 양자론을 접목하려는 모든 시도는 실패로 돌아갔다. 따라서 온갖 미학적 결함에도 불구하고 이 이론에 있어 다행스러운 것은 실험적 측면에서 반론의 여지없이 정확하다는 점뿐이라고 결론지을 수 있다. 이런 점들을 종합해 볼 때 통일에 대한 아인슈타인의 접근법을 재점검하기 위해서는 표준모델을 뛰어넘는 이론이 필요하다는 사실은 불을 보듯 뻔하다.

50년이 지난 뒤 '초끈이론'이 양자론과 일반상대성이론을 통합하는 만물의 이론에 대한 선도적 후보로 떠올랐다. 사실 다른 경쟁 이론들이 모두 배제되었으므로 이제는 유일한 후보가 되었으며, 물리학자 스티븐 와인버그는 "끈이론은 타당한 최후의 이론으로는 처음 나온 것이다"라고 말했다. 와인버그는 로버트 피어리Robert Peary가 북극에 실제로 발을 디딘 것은 1909년이었지만 그 이전의 몇 세기 동안 선원들을 안내하던 지도들은 모두 가상적으로 존재한다고 여기는 북극을 가리켰다고 믿는다. 이와 비슷하게 입자물리학에서 이루어진 모든 발견들은 우주의 북극, 곧 통일장이론의 존재를 가리킨다. 초끈이론은 양자론과 상대론의 모든 장점들을 놀랍도록 단순하게 포괄할 수 있다. 이 이론은 아원자입자들을 진동하는 끈이 내는 음과 같다고 보는 아이디어에 근거한다. 아인슈타인은 물질들이 겉보기로 혼란스럽고 얽힌 성질들을 나타냈기 때문에 나무에 비교했다. 하지만 초끈이론은 물질을 음악으로 보고 있으며, 따라서 뛰어난 바이올린 연주자였던 아인슈타인도 아마 이를 좋아할 것으로 여겨진다.

1950년대의 어느 시점에 물리학자들은 새로운 아원자입자들이 자꾸만 발견되는 것을 보고 절망에 빠져 들었다. 이를 달갑지 않게 여긴 로버트 오펜하이머는 "노벨 물리학상은 그해에 새 입자를 발견하지 않은 물리학자에게 주어져야 한다"라고 말했다. 이 아원자입자들에게 수많은 이상한 그리스 문자로 된 이름들이 붙여지자 엔리코 페르미는 "그리스 문자로 된 이름을 가진 입자들이 이렇게 많을 줄 미리 알았더라면 물리학자가 아니라 차라리 생물학자가 되었을 것이다"라고 말했다. 하지만 초끈이론은 가상의 초고성능 현미경으로 전자를 들여다보면 점입자가 아니라 진동하는 끈을 보게 된다고 말한다. 이 초끈이 다른 방식이나 다른 음높이로 진동하면 겉보기로 보이는 입자들이 달라져서 광자나 중성미자 등이 나타난다. 이 그림에서 자연계의 아원자입자들은 초끈이 가장 낮은 음계에서 진동하는 음들로 여길 수 있다. 다시 말해서 지난 수십 년 동안 쏟아져 나왔던 아원자입자들은 단순히 이 초끈이 내는 다양한 음들에 지나지 않는다. 화학의 법칙들은 아주 혼란스럽고 임의적으로 보이지만 모두 초끈이 연주하는 음률로 풀이할 수 있다. 또한 우주 자체도 끈들의 교향악이며, 물리학의 법칙들은 초끈들의 화음에 지나지 않는다.

초끈이론은 상대론에 관한 아인슈타인의 모든 업적들을 포괄한다. 끈이 시공간을 움직이면 주위의 공간을 아인슈타인이 1915년에 예측했던 것과 정확히 들어맞도록 휘게 만든다. 사실 초끈이론은 일반상대성이론에 부합하도록 시공간을 움직이지 않으면 모순을 드러낸다. 물리학자 에드워드 위튼Edward Witten은 아인슈타인이 일반상대성이론을 발견하지 못했다 하더라도 결국 초끈이론을 통해 발견되었을 것이라고 말했으며, 다음과 같이 덧붙였다: "초끈이론은 중력이 당연히 나타나게 한다는 점에서 극히 매력적이다. 모든 일관된 초끈이론들은 중력을 포함한다. 지금까지는 양자론에 중력을 포함시키는 게 불가능하다고 알려져 왔지만 끈이론에서는 오히려 필수적이다."

하지만 끈이론은 몇 가지의 놀라운 예측을 내놓는다. 끈은 오직 1차원의 시간과 9차원의 공간으로 구성된 10차원시공간에서만 모순 없이 움직일 수 있다. 사실 끈이론은 자신이 사는 시공간의 차원을 스스로 규정하는 유일한 이론이다. 1921년에 제시된 칼루자-클라인이론과 같이 끈이론은 고차원의 공간이 진동하면서 빛처럼 3차원으로 퍼져 나가는 힘을 발생시킨다는 가정 아래 중력과 전자기력을 통합한다. 그런데 여기에 열한 번째의 차원을 덧붙이면 초공간hyperspace에서 진동하는 막(膜)membrane이 만들어질 수 있다. 'M-이론M-theory'이라 불리는 이 이론은 끈이론을 포괄할 수 있으며, 열한 번째 차원이라는 유리한 시각에서 얻어지는 새로운 통찰들을 제시한다.

아인슈타인이 아직 살아 있다면 초끈이론에 대해 뭐라고 말할까? 물리학자 데이비드 그로스David Gross는 "아인슈타인은 이게 아직 목표를 성취하지 못했지만 그 목표 자체에 대해서라도 기쁘게 여길 것이다. … 그는 이 이론의 배경에, 애석하게도 아직 완전히 이해되고 있지는 않지만, 기하학적 원리가 자리 잡고 있다는 점도 좋아할 것이다"라고 말했다. 이미 보았듯 아인슈타인이 제시한 통일장이론의 핵심은 물질이라는 나무를 구슬이라는 형상에서 만들어 내는 것이다. 그로스는 이에 대해 다음과 같이 말했다: "어떤 의미로는 끈이론도 형상에서 물질을 만들어 낸다. … 형상에서 중력이 떠오르는 것과 마찬가지로 자연계의 힘들과 물질의 입자들이 떠오르게 하는 이론은 중력이론이다." 끈이론의 우월한 시각에서 통일장이론에 대한 아인슈타인의 초기 연구를 살펴보는 것도 이해에 도움이 된다. 아인슈타인이 가진 천재성의 핵심은 자연의 법칙들을 통합하는 우주의 핵심적 대칭성을 분리해 내는 데에 있었다. 시간과 공간을 통합하는 대칭성은 4차원 공간의 회전, 곧 로렌츠변환이었으며, 중력의 배경에 숨은 대칭성은 일반공변성, 곧 시공간좌표의 임의적 변환이었다.

그러나 위대한 통일론을 만들려는 아인슈타인의 세 번째 시도는 실패로 돌아갔는데, 그 주된 이유는 중력과 빛, 곧 구슬(형상)과 나무(물질)를 통합하는 데에 필요한 대칭성을 확보하지 못했기 때문이었다. 그 자신도 텐서미적분학의 무성한 숲을 헤쳐 나가도록 그를 인도할 근본원리가 결여되었다는 사실을 잘 알고 있었다. 이에 따라 그는 언젠가 "진정한 전진을 이룩하려면 자연으로부터 어떤 일반원리를 추출해야 한다고 믿는다"라고 말했다.

그런데 초끈이론은 정확히 이것을 제공한다. 초끈이론의 배경에 자리 잡은 대칭성은 '초대칭supersymmetry'이라고 부르는데, 물질과 힘을 통합하는 기이하고도 아름다운 대칭성이다. 앞서 말했듯 아원자입자들은, 마치 자전하는 팽이처럼 행동하는, '스핀'이라는 특성을 가진다. 우주의 물질을 만드는 데에 쓰이는 전자, 양성자, 중성자, 쿼크 등의 입자들은 모두 1/2의 스핀을 가지며, 이처럼 반정수(半整數)스핀half-integral spin을 가진 입자들의 성질을 탐구한 엔리코 페르미의 이름에서 따와 '페르미온fermion'이라고 부른다. 하지만 힘의 양자들은 스핀이 1인 전자기력과 스핀이 2인 중력으로 되어 있다. 이처럼 정수의 스핀을 가진 입자들은 보스와 아인슈타인의 업적을 기리는 뜻에서 '보손boson'이라고 부른다. 여기서의 핵심은 물질(나무)은 반정수스핀을 가진 페르미온으로 구성된 반면, 힘(구슬)은 정수 스핀을 가진 보손으로 구성되어 있다는 사실이다. 그런데 **초대칭은 페르미**

온과 보손을 통합한다. 이처럼 초대칭이 나무와 구슬을 통합할 수 있다는 것은 아인슈타인의 소망을 실현해 줄 수 있다는 점에서 필수적인 사항이라고 하지 않을 수 없다. 나아가 초대칭은 수학자들도 놀라게 할 '초공간superspace'이라 부르는 새로운 형태의 기하학도 제시해 주는데, 이를 이용하면 '초구슬supermarble'이란 것도 만들어 낼 수 있다(227쪽의 'hyperspace'도 보통 '초공간'이라 부르며, 이 의미로서의 hyperspace도 superspace로 쓰기도 한다. 따라서 이 용어들이 나오면 그 정확한 의미는 문맥에 따라 판단해야 한다: 옮긴이). 이 새로운 접근법에서 우리는 페르미온의 차원을 포함시키기 위해 예전에 썼던 공간과 시간의 차원을 일반화해야 하며, 이렇게 하면 창조의 순간 모든 힘들을 만들어 냈던 '초힘superforce'까지도 이끌어 낼 수 있다.

그러므로 어떤 물리학자들은 아인슈타인이 내세웠던 본래의 일반공변원리도 일반화해야 한다고 보며, 이에 따르면 "**물리법칙은 초공변이어야 한다**(초공변변환에 대해 불변이어야 한다)"라고 고쳐 말해야 한다.

초끈이론은 완전히 새로운 시각에서 아인슈타인의 고전적인 통일장이론을 재분석할 수 있게 해 준다. 초끈이론에 나오는 방정식의 해를 분석하다 보면 아인슈타인이 1920년대와 1930년대에 선구적으로 연구했던 여러 가지의 괴이한 공간들과 마주치게 된다. 이미 보았듯 그는 일반화된 리만공간을 사용했는데 이것들은 오늘날 끈이론에서 발견되는 공간들에 해당한다. 아인슈타인은 (비틀리고, 꼬이고, 반대칭인 것 등을 포함하는) 이 괴이한 공간들을 고통스러울 정도의 힘겨운 방식으로 일일이 살펴보았지만, 이 복잡하게 얽힌 수학을 헤쳐 나아가게 할 안내자의 역할을 하는 물리적 원리나 그림이 없었기에 결국 길을 잃고 헤매게 되고 말았다. 그런데 바로 이쯤에서 필요한 게 초대칭이다. 초대칭은 하나의 분류 원리처럼 작용하여 이 수많은 공간들을 새로운 관점에서 분석할 수 있도록 해 준다.

하지만 이 초대칭이 아인슈타인의 후반 30년 세월을 미혹했던 바로 그 대칭일까? 아인슈타인이 생각한 통일장이론의 핵심은 이것이 순수한 구슬, 곧 순수하게 기하학적 바탕 위에서 이룩되어야 한다는 데에 있다. 본래의 상대성이론을 오염시켰던 추한 나무는 아름다운 기하학에 흡수되어야 한다. 초대칭은 순수한 구슬의 이론에 대한 열쇠를 가졌을지도 모른다. 이 이론에서는 공간 자체가 초대칭화된 '초공간'이란 것을 도입할 수 있다. 다시 말해서 최종적인 통일장이론은 새로운 '초기하학supergeometry'에서 도출되는 '초구슬supermarble'로 이룩될 가능성이 있다.

아인슈타인이 믿었듯, 오늘날의 물리학자들은 빅뱅의 순간 우주의 모든 대칭성들이 통일되어 있었을 것이라고 믿는다. 자연계에서 보는 네 가지 힘(중력, 전자기력, 약력, 강력)은 창조의 순간 하나의 '초힘'으로 통일되어 있었으며, 나중에 우주가 식어 갈 때 비로소 서로 떨어져 나왔다. 통일장이론에 대한 아인슈타인의 꿈이 불가능해 보였던 이유는 오늘날의 세계에서 이 초힘이 네 조각으로 너무나 처참하게 부서져 있기 때문일 따름이다. 하지만 시간을 거꾸로 돌려 137억 년 전의 빅뱅으로 가 보면 아인슈타인이 상상했던 것처럼 우주의 심원한 대칭성들이 하나로 뭉쳐 찬란히 불타고 있음을 목격하게 될 것이다.

위튼은 양자역학이 지난 반세기 동안 물리학을 지배했던 것처럼 언젠가 끈이론이 물리학을 지배할 것이라고 주장한다. 그러나 그러기에는 아직 엄청난 장애들이 널려 있으며, 비판가들은 이 이론의 약점들을 지적하고 나선다. 우선 이 이론은 직접적인 검증이 불가능하다. 초끈이론은 우주의 이론이므로 직접 검증할 유일한 방법은 빅뱅의 재창조, 곧 입자가속기 속에 우주가 창조된 순간에 모였던 것과 비슷한 정도의 에너지를 밀집시키는 것뿐이다. 그런데 이런 가속기를 만들 경우 그 크기는 대략 한 은하의 크기와 맞먹는다. 따라서 이는 먼 장래의 고도로 발달된 문명에게도 터무니없는 주문이다. 하지만 물리학의 많은 연구는 간접적으로 이뤄지므로, 스위스 제네바의 외곽에 건설될 대형강입자충돌기LHC, Large Hadron Collider가 그 검증을 할 정도로 충분한 에너지를 갖게 될 것이라는 기대도 크다. 이 가속기가 가까운 장래에 가동되면 양성자들을 수조(數兆) 전자볼트로 가속하여 원자들을 분쇄하게 될 것이다. 과학자들은 이 충돌의 잔해 속에서 '초입자 sparticle ← superparticle'가 발견되기를 바라는데, 이것은 초끈이론에서의 고에너지 공명체, 곧 배음들을 나타내는 입자들이다.

어떤 사람들은 암흑물질이 초입자로 이뤄졌을 것으로 보기도 한다. 예를 들어 광자의 초대칭 짝인 '광미자(光微子)photino'는 중성의 안정된 입자로 질량을 가진다. 우주가 광미자의 기체로 가득 차 있더라도 우리가 볼 수는 없으므로 말 그대로 암흑물질이 되며, 따라서 언젠가 암흑물질의 본질을 정확히 파악하게 되면 초끈이론에 대한 간접적 증거를 발견할 수도 있다.

초끈이론의 또 다른 간접적 증거는 빅뱅에서 나오는 중력파로부터 얻어질 수도 있다. 앞으로 10년 안에 LISA중력파탐지기가 우주에 설치되면 창조의 순간으로부터 1조 분의 1초 뒤에 방출된 중력파를 검출하게 될지도 모른다. 만일 이 자료가 끈이론의 예측과 부합하면 이 이론을 단 한 번에 확증해 주는 결정적 증거가 될 것이다.

M-이론도 고전적인 칼루자-클라인우주에 대한 일부 수수께끼들을 해명해 줄지 모른다. 칼루자-클라인우주에 대한 심각한 반론 가운데 하나는 그것이 품고 있는 고차원의 공간을 실험실에서 볼 수 없다는 것임을 상기하자. 이 공간은 원자보다도 훨씬 작은데, 만일 그렇지 않다면 원자들이 이 고차원공간에서 떠돌아다닐 것이기 때문이다. 그런데 M-이론은 우리 우주 자체가 무한한 열한 번째 차원의 초공간에서 떠도는 막일지도 모른다고 보는 설명을 내놓는다. 따라서 원자와 아원자입자들은 우리의 막(우리의 우주)을 벗어나지 못하지만, 초공간의 만곡에 해당하는 중력은 여러 우주들 사이로 자유롭게 스며들 수 있다.

이 가설은 기이하지만 측정이 가능하다. 아이작 뉴턴 이래 물리학자들은 중력이 거리의 제곱에 반비례한다고 알아 왔다. 그런데 공간이 4차원이라면 중력은 거리의 세제곱에 반비례한다. 따라서 실제의 중력이 역제곱의 법칙과 조금이라도 어긋난다는 점이 밝혀지면 다른 우주의 존재가 드러난다고 말할 수 있다. 최근에 다른 평행우주가 우리 우주와 1밀리미터쯤 떨어져 있다면 뉴턴의 중력이론에 부합하지만 대형강입자충돌기로 검출할 수도 있다는 추측이 제기되었다. 이 소식을 들은 물리학자들은 사뭇 흥분에 휩싸였다. 이제 초끈이론은 초입자를 검출하는 것뿐 아니라 우리 우주와 1밀리미터쯤 떨어진 평행우주를 탐지함으로써 검증할 수도 있게 되었기 때문이다.

이 평행우주는 암흑물질에 대한 또 다른 설명이 될 수도 있다. 어떤 평행우주가 바로 우리 곁에 있더라도 물질은 각 우주의 막을 벗어나지 못하므로 보거나 만질 수 없지만 중력은 서로 다른 우주에도 침투할 수 있으므로 느낄 수 있다. 그러면 우리에게 이 우주는 보이지는 않지만 중력을 가진 존재, 곧 암흑물질로 여겨지게 된다. 실제로 어떤 초끈이론가들은 암흑물질이 우리 가까이 자리 잡은 평행우주가 발휘하는 중력으로 설명될 수 있다고 생각한다.

그러나 초끈이론의 정확성에 대한 검증과 관련된 진짜 문제는 실험적인 게 아니라 이론적인 것이다. 이처럼 진짜 문제는 순수하게 이론적이므로 사실 말하자면 이를 검증하기 위해 거대한 입자가속기를 건설하거나 인공위성을 발사할 필요는 없다. 우리가 정말로 똑똑하다면, 이 이론을 풀고, 가능한 모든 해를 얻게 될 것이며, 그 안에는 행성과 별과 은하와 우리들까지 포함하는 우리의 우주도 들어 있을 것이다. 하지만 지금까지 지구상의 누구도 이 방정식들을 완전히 풀어내지 못했다. 어쩌면 내일, 어쩌면 수십 년 뒤, 누군가 이것을 완전히 풀었노라고 선언할지 모르며, 그때가 되면 이게 과연 '만물의 이론theory of everything'인지 아니면 '무의 이론theory of nothing'인지 알게 될 것이다. 끈이론은 너무나 정확한 체계여서 조정할 아무런 매개변수도 없으며, 따라서 옳거나 그르거나 둘 중 하나일 뿐 중간의 결론은 없다.

과연 초끈이론이나 M-이론이 아인슈타인이 말했던 것처럼 자연의 법칙들을 하나의 단순하고도 일관된 체계로 통일해 낼 수 있을까? 현재의 시점에서 이를 판단하기는 너무 이르다. 여기서 우리는 아인슈타인의 다음 말을 상기해 보자: "창조의 원리는 수학에 들어 있다. 따라서 어떤 의미로 나는, 고대인들이 꿈꾸었듯, 순수사고만으로 실체를 파악할 수 있다고 본다." 어쩌면 이 책을 읽는 어떤 젊은 독자가 자연계의 모든 힘들을 통합해야 한다는 요청에 고무되어 언젠가 이 계획을 완수하게 될지도 모른다.

끝으로 아인슈타인의 유산을 어떻게 재평가해야 할까? 1925년 이후에는 차라리 낚시나 하는 게 좋았을 것이라고 말하는 대신 다음과 같은 헌사를 드리는 게 더 타당할 것이다: "물리학의 모든 지식은 일반상대성이론과 양자론의 양대 기둥에 근거한다. 아인슈타인은 전자의 창설자였고 후자의 대부였으며, 이 둘의 통합에 이를 수도 있는 길을 닦았다."

근거 자료

머리말

12쪽 "엘비스 프레슬리와 마릴린 먼로에 맞먹는 …": 브라이언Brian, 436쪽

15쪽 "그는 생애의 남은 30년 …": 파이스Pais, 『아인슈타인이 여기에 살았다Einstein Lived Here』, 43쪽

제1장 아인슈타인 이전의 물리학

21쪽 "A를 성공이라 한다면 …": 파이스, 『아인슈타인이 여기에 살았다』, 152쪽

22쪽 "아인슈타인을 만나 본 사람들은 누구나 …": 프렌치French, 171쪽

23쪽 "피폐한 사람으로 언제나 갈팡질팡하는 …": 크로퍼Cropper, 19쪽

27쪽 "뉴턴 이래 물리학이 알게 된 …": 같은 자료, 173쪽

28쪽 "자기적 작용에 시간이 걸린다는 …": 같은 자료, 163쪽

29쪽 "우리는 빛이 전기와 자기 현상을 일으키는 …": 같은 자료, 164쪽

제2장 어린 시절

34쪽 "사색가의 누이가 되려면 …": 브라이언, 3쪽

34쪽 "아무래도 좋습니다. 어차피 어디서든 …": 클라크Clark, 27쪽

35쪽 "급우들은 아인슈타인이 운동에 …": 브라이언, 3쪽

35쪽 "그래, 그 말은 맞다. …": 파이스, 『신은 미묘하다』, 38쪽

35쪽 "사실 신성한 호기심이 그 현대적 교육법에 …": 크로퍼, 205쪽

36쪽 "아버지가 나침반을 보여 주었을 때 …": 쉴리프Schilpp, 9쪽

36쪽 "널리 알려진 책들을 읽어 간 끝에 …": 같은 자료, 5쪽

37쪽 "이 몇 년 동안 나는 아인슈타인이 …": 파이스, 『신은 미묘하다』, 38쪽

37쪽 "12살 때 나는 전혀 다른 성격의 …": 쉴리프, 9쪽

38쪽 "얼마 가지 않아 그의 수학적 천재성이 …": 스기모토Sugimoto, 14쪽

38쪽 "철학적 난센스"라고 …: 브라이언, 7쪽

41쪽 "나는 스위스 사람들을 …": 클라크, 65쪽

42쪽 "그와 접촉하는 사람은 누구나 …": 폴싱Folsing, 39쪽

43쪽 "젊거나 나이 든 많은 여자들이 …": 같은 자료, 44쪽

43쪽 "나의 고귀한 사랑 …": 브라이언, 12쪽; 폴싱, 42쪽

44쪽 "숨이 멎을 듯 집중해서 읽은 책": 쉴리프, 15쪽

46쪽 "특수상대성이론은 내가 일찍이 16살 때 …": 같은 자료, 53쪽

46쪽 "모든 물리 이론들은 수학적 표현과 상관없이 …": 캘러프라이스Calaprice, 261쪽

46쪽 "학창 시절 동안 배운 가장 매혹적인 주제였다": 클라크, 55쪽

47쪽 "자네는 영리하네. …": 파이스, 『신은 미묘하다』, 44쪽 브라이언, 31쪽

48쪽 "열심히 하지만 너는 물리 쪽에 희망이 없다. …": 폴싱, 57쪽

48쪽 "뭔가 매우 큰 일": 스기모토, 19쪽

49쪽 "나는 원하는 어디든 갈 수 있지만 …": 폴싱, 71쪽

50쪽 "내 사랑은 말투가 아주 거칠고 …": 브라이언, 31쪽

50쪽 "이 마리치라는 여자 때문에 …": 같은 자료, 47쪽

50쪽 "네가 30살이 되면 그녀는 늙은 마녀가 되어 있을 게다": 같은 자료.

51쪽 "그녀는 뭐가 될 거지?": 같은 자료, 25쪽

51쪽 "화목한 가정에 들어올 수 없는": 같은 자료.

51쪽 "베버가 내게 부정직하게 대하지만 않았더라도 …": 손, 69쪽

52쪽 "위(胃)가 있다는 사실만으로 …": 쉴리프, 3쪽

52쪽 "나는 친척들의 짐밖에 되지 못한다. …": 파이스, 『신은 미묘하다』, 41쪽

54쪽 "잉크를 뿜어내면서": 브라이언, 69쪽

55쪽 "세속적 수도원": 같은 자료, 52쪽

55쪽 "오랜 세월이 지난 뒤에도 …": 같은 자료, 53쪽

55쪽 "슬프게도 운명은 아버님이 불과 2년 뒤 …": 같은 자료.

55쪽 "공동주택에 있는 아인슈타인 집의 현관문은 …": 스기모토, 33쪽

56쪽 "수학과 물리학의 개인지도": 같은 자료, 31쪽

56쪽 "에피쿠로스의 말은 우리에게 적용된다. …": 브라이언, 55쪽

제3장 특수상대성이론과 '기적의 해'

63쪽 "특수상대성이론의 싹은 이 모순 속에 들어 있었다": 폴싱, 166쪽

64쪽 "일진광풍(一陣狂風)이 마음속을 휩쓸고 지나갔다": 브라이언, 61쪽

64쪽 "해답은 공간과 시간의 법칙과 …": 같은 자료.

65쪽 "다른 누구보다 맥스웰의 신세를 가장 많이 졌다": 같은 자료, 152쪽

많은 전기 작가들은 아인슈타인이 품었던 아이디어의 뿌리를 마이켈슨몰리의 실험으로부터 찾는다. 하지만 아인슈타인 자신이 여러 번에 걸쳐 분명히 했듯,

이 실험은 그의 사고과정에 부수적인 영향을 주었을 뿐이며, 그는 맥스웰방정식으로부터 특수상대성이론을 이끌어 냈다. 특수상대성이론의 논문에 대한 모든 추진력은 맥스웰방정식에 그가 주장하는 대칭성이 숨어 있으며, 나아가 이것은 물리학의 보편적 원리로 높여져야 한다는 생각에서 나왔다.

65쪽 "고마워, 이제 문제를 완전히 해결했어": 폴싱, 155쪽 ; 파이스, 『신은 미묘하다』, 139쪽

66쪽 "모든 과학 문헌 가운데 가장 경이로운 것의 하나로 …": 크로퍼, 206쪽

69쪽 "이런 아이디어는 흥미롭고도 매혹적이다 …": 폴싱, 196쪽

69쪽 "아마도 당분간 인간의 실험 영역 밖에 머물 것이다": 같은 자료, 197쪽

70쪽 "이런 발걸음의 과감성을 상상해 보라. …": 브라이언, 71쪽

77쪽 "이제부터 분리된 공간과 시간은 단순한 그림자로 탈바꿈되고, …": 같은 자료, 72쪽

77쪽 "중요한 것은 내용이지 수학이 아니다. …": 같은 자료, 76쪽

77쪽 이런 수학을 가리켜 '현학적 과잉'이라고 꼬집었다: 크로퍼, 220쪽

78쪽 "수학자들이 특수상대성이론을 다룬 이후 …": 클라크, 159쪽

78쪽 "기저귀를 찬 상태에 머물렀을 것이다": 크로퍼, 220쪽

81쪽 "학생 시절 그는 교수들로부터 모욕적인 대우를 받았습니다. …": 브라이언, 73쪽

81쪽 "축하연은 호텔 나치오날에서 열렸는데, …": 같은 자료, 75쪽.

82쪽 "그는 너무 짧은 바지를 입은 사뭇 꾀죄죄한 모습으로 …": 크로퍼, 215쪽

85쪽 또 다른 역설은 서로 상대방보다 더 짧은 두 물체에 관한 것이다. … : 수십 년 동안 특수상대성이론의 기이한 특성을 설명하기 위해 많은 역설들이 소개되었다. 이것들은 대개 서로 다른 속도로 움직이는 두 기준계에서 같은 대상을 관찰하는 내용을 다루는데, 역설은 각 기준계의 관찰자가 같은 대상을 전혀 다른 방식으로 보기

때문에 일어나며, 그 대부분은 두 가지의 사실을 이용하면 해결된다. 첫째, 한 기준계에서의 공간수축은 다른 기준계에서의 시간지연과 상쇄된다. 이와 같은 공간과 시간의 왜곡을 서로 상쇄시키지 않으면 역설이 초래된다. 둘째, 최종적으로 두 기준계를 함께 놓고 비교하지 않으면 역설이 나온다. 서로 다른 두 기준계에 있었던 대상들 가운데 어느 것이 더 짧고 어느 계의 시간이 더 느리게 갔는지의 여부는 함께 놓고 비교해야 밝혀진다. 이렇게 하지 않으면 서로 상대방이 짧게 보이고 상대방의 시간이 느리게 가는 것으로 보이는 모순적 상황이 가능하다(물론 뉴턴의 물리학에서는 이런 모순이 일어나지 않는다).

86쪽 "브라이트Bright란 이름의 젊은 여자는 …": 시간의 장벽을 뚫기 위해 빛보다 더 빨리 달림으로써 과거로 가는 일은 불가능하다. 빛의 속도에 가까워지면 몸무게가 무한히 증가하고, 몸은 무한히 얇아지며, 시간은 거의 정지한다. 따라서 빛의 속도는 우주에서 궁극적으로 가능한 최고 속도이다. 그러나 나중에 웜홀과 아인슈타인-로젠다리에 대해 이야기할 때 보면 알게 되듯, 여기에는 다른 방법이 있을 수 있다.

86쪽 "수리물리학자들은 만장일치로 …": 스기모토, 44쪽

88쪽 "베를린의 신사분들은 내가 알을 잘 낳는 닭인지 …": 크로퍼, 216쪽

88쪽 "대부분의 회원들은 글 속에서 …": 폴싱, 336쪽

90쪽 "나는 매우 위축된 삶을 살았지만 …": 같은 자료, 332쪽

91쪽 "그녀는 위대한 남편을 한껏 사랑했으며, …": 브라이언, 151쪽

제4장 일반상대성이론과 '평생 가장 행복한 생각'

96쪽 "나이를 좀 더 먹은 친구로서 반대편에 서서 충고해야겠는데, …": 파이스, 『신은 미묘하다』, 239쪽

96쪽 "베른의 특허국에서 의자에 앉아 있을 때 …": 같은 자료, 179쪽; 폴싱, 303쪽

98쪽 "물체가 먼 곳의 빛에 영향을 미쳐 …": 폴싱, 435쪽

102쪽 "눈먼 딱정벌레가 구부러진 나뭇가지를 기어갈 때 …": 캘러프라이스, 9쪽

103쪽 "어이, 나 좀 도와줘야겠네. 아니면 미치고 말 걸세!": 파이스, 『신은 미묘하다』, 212쪽

103쪽 "내 생애에 이토록 자책한 적은 없네. …": 폴싱, 315쪽

104쪽 "수학이 어렵다고 너무 염려하지 마세요. …": 캘러프라이스, 252쪽

107쪽 마흐원리 Mach's principle: 좀 더 정확히 말하면 마흐원리는 물체의 관성, 따라서 물질의 질량이 아득히 먼 곳의 별들까지 포함하여 우주에 있는 모든 다른 질량들의 존재 때문에 발생한다고 말한다. 마흐는 뉴턴까지 거슬러 올라가 그가 물이 담긴 통을 자전시켰을 때 원심력 때문에 중심부보다 바깥쪽의 수면이 더 높아졌다고 관찰한 현상도 나름대로 다시 서술했다(물론 자전이 빨라질수록 수면이 움푹 꺼진 정도도 커진다). 회전운동을 포함한 모든 운동이 상대적이라면 이 상황은 물통을 가만 둔 채 전 우주를 그 주위로 회전시키는 것과 같다. 마흐는 이에 따라 물통을 회전시킬 때 본래 수평이었던 수면이 움푹 꺼진 모습을 하는 이유는 다른 모든 별들이 회전하기 때문이라고 추론했다. 다시 말해서 이는 물통에 담긴 물의 질량을 포함한 관성을 결정하는 것은 우주의 모든 별들이라고 말하는 것과 같다. 아인슈타인은 이 원리를 토대로 중력장이 우주에 있는 질량들의 분포에 의해 유일하게 결정된다는 논리를 개발했다.

108쪽 "모든 게 실패로 돌아가면 보잘것없는 …": 폴싱, 320쪽

110쪽 아인슈타인이 리치곡률을 저버렸던 이유는 …: 일반공변성은 오늘날 '게이지변환gauge transformation'이라 부르는 변환, 곧 좌표계를 바꾸는 변환에 대해서도 방정식이 같은 형태를 유지한다는 사실을 가리킨다. 1912년 당시 아인슈타인은 이것이 자신의 이론과 관련된 물리적 예측도 좌표계의 변환 아래서 같은 모습으로 남아 있어야 한다는 뜻이란 점을 깨닫지 못했다. 이 때문에 1912년 그는 태양을 둘러싼 중력장에 자신의 이론을 적용했더니 무수히 많은 해가 나오는 것을 보고 큰 충격을 받았다. 하지만 3년 뒤 갑자기 그는 이 모든 해가 같은 물리적 계, 곧 태양을 묘사하고 있다는 사실을 깨달았다. 그리하여 리치곡률은 어떤 별 주위의 중력장을 마흐원리에 따라 유일하게 묘사하는 수학적으로 잘 규정된 완벽한 도구임이 밝혀졌다.

111쪽 "나의 가장 대담한 꿈을 이루었다는 생각에 …": 폴싱, 374쪽

111쪽 "일반공변원리의 실용성, 그리고 나의 방정식들이 …": 같은 자료, 373쪽

111쪽 "이 이론을 정말로 이해한다면 …": 같은 자료, 372쪽

113쪽 "독일인들은 백인에 대항하도록 해방된 흑인 및 몽고인들과 연합한 …": 브라이언, 89쪽

114쪽 "독일군과 독일인은 하나이다. …": 스기모토, 51쪽

114쪽 "유럽이 이런 어리석음에 빠졌다는 게 믿어지지 않는다": 폴싱, 343쪽

115쪽 전쟁에다 일반상대성이론을 창조하느라 엄청난 정신적 노력을 기울였기에 …: 제1차 세계대전이 불러일으킨 혼란의 와중에서 베를린대학교도 학생들이 교정을 점령하고 총장과 교수진을 억류하여 문을 닫을 지경에 이른 때가 있었다. 그러자 교수들은 곧장 아인슈타인에게 자신들을 석방하기 위한 협상에 나서 달라

고 부탁했다. 이에 아인슈타인은 다시 물리학자 막스 보른을 불러 학생들과의 협상이라는 위험한 여행에 동행해 달라고 부탁했다. 나중에 보른은 그때의 상황에 대해 다음과 같이 썼다: "우리는 빨간 배지를 달고 고함을 지르는 거칠게 보이는 청년들로 가득 찬 야만적인 거리를 지나갔다. … 아인슈타인은 정치적으로 좌익이라고 널리 알려져 있었는데, 공산주의자라는 의혹만 없었다면 학생들과의 협상에 나설 이상적인 사람이었을 것이다"(브라이언, 97쪽). 학생들은 아인슈타인을 알아보고 요구 사항을 내놓았다. 그들은 새로 당선된 사회민주당의 대통령 프리드리히 에베르트Friedrich Ebert가 동의한다면 억류한 사람들을 풀어 주겠노라고 말했다. 아인슈타인과 보른은 대통령 관저로 함께 가서 탄원했으며 대통령은 교수진들의 석방에 동의했다. 보른은 나중에 이에 대해 다음과 같이 돌이켰다: "우리는 역사적 사건의 한가운데에 있었다는 사뭇 고양된 기분에 휩싸여 대통령 관저를 나왔다. 나아가 우리는 프러시아인들의 오만, 융커Junker와 귀족 정치의 헤게모니, 관료들의 파벌의식 등이 모두 끝장나고 독일식의 민주주의가 승리하게 되기를 진심으로 바랐다." 원자와 우주의 비밀에 주로 관심을 기울였던 두 이론물리학자 아인슈타인과 보른은 뜻밖에도 좀 더 실용적인 분야에서 그들의 재능을 발휘하여 베를린대학교를 구하게 되었다.

제5장 새 코페르니쿠스

118쪽 "사랑하는 어머니, 오늘 좋은 소식이 있었습니다. …": 스기모토, p. 57쪽

119쪽 "그분이 일반상대성이론을 정말로 이해했다면 …": 캘러프라이스, 97쪽

119쪽 "정확히 그리스의 연극과도 같은 긴장되고 흥미로운 분위기가 감돌았다": 파커

Parker, 124쪽

119쪽 "사진을 세심히 검토한 결과 …": 같은 자료.

119쪽 "이것은 인간 사고의 역사에서 가장 위대한 성과 가운데 하나로, …": 클라크, 290쪽; 파커, 124쪽

119쪽 "소문에는 아인슈타인 교수의 이론을 이해하는 사람이 …": 파커, 126쪽

119쪽 "너무 겸손할 필요는 없습니다": 같은 자료.

120쪽 "과학의 혁명, 우주의 새 이론, 뉴턴의 아이디어를 뒤엎다, 중대 선언, 공간은 휘어 있다": 폴싱, 445쪽

120쪽 "당신의 이론으로 온 영국이 떠들썩합니다. …": 같은 자료.

121쪽 "오늘 독일에서는 저를 독일과학자라고 부르지만 …": 같은 자료, 451쪽

121쪽 "지금 모든 마부와 웨이터들까지 상대성이론이 옳은지 …": 같은 자료, 343쪽

121쪽 "신문 기사들의 홍수에 이어 …": 크로퍼, 217쪽

122쪽 "상대성 서커스라고 부르는 곳의 …": 같은 자료, 217쪽

122쪽 "이제 나는 마치 창녀처럼 여겨지네. …": 브라이언, 106쪽

122쪽 "영국인들이 아인슈타인의 이론을 입증하는 …": 같은 자료, 102쪽

123쪽 "아인슈타인이 주장하고 서술한 …": 같은 자료, 101쪽

123쪽 "나는 4차원과 아인슈타인의 상대성이론에 대한 …": 같은 자료, 102쪽

123쪽 "상대성이론은 모들뜨기의 물리학이고 …": 같은 자료, 103쪽

124쪽 "일반적으로 볼 때 새로운 과학적 진리는 반대자들이 설득되고 깨닫게 되어서가 아니라 …": 폴싱, 199쪽

124쪽 "위인들은 언제나 범인들의 거센 저항에 마주쳤다.": 파이스, 『아인슈타인이 여기에 살았다』, 219쪽

124쪽 "아인슈타인은 유태인이므로 상대성이론은 인종이론이 널리 퍼졌다면 …": 스기모토, 66쪽

125쪽 "우리는 그와 같이 … 문화적 홍보에 효과적으로 …": 브라이언, 113쪽

125쪽 그동안 그는 유태인으로서의 자신의 뿌리를 재발견했다. …: 그런데 시오니즘을 주장했던 사람들은 가끔씩 아인슈타인이 오히려 자신들과 반대되는 의견을 내놓지 않을까 우려했다. 예를 들어 아인슈타인은 한때 유태인 나라를 페루에 건설하면 아무도 내쫓지 않을 것이라고 역설했다. 또한 중동에 유태인 나라를 건설하고자 한다면 유태인과 아랍인들 사이의 우정과 상호 존중이 절대적으로 중요한 요소라고 말하기도 했다. 그는 언젠가 "나는 유태인 나라를 건설하는 것보다 아랍인들과 평화롭게 함께 살 적절한 조약을 맺는 게 훨씬 나을 것으로 여겨진다"(캘러프라이스, 135쪽)고 쓴 적도 있다.

125쪽 "블루멘펠트 덕분에 나의 유태 영혼을 되찾았다": 브라이언, 120쪽

126쪽 "마치 바르눔 서커스Barnum circus 같아요!": 같은 자료, 121쪽

126쪽 "뉴욕의 여인들은 해마다 새 스타일로 …": 스기모토, 74쪽

126쪽 … 8천 명이 입장했지만 3천 명은 되돌아가야 했다. …: 브라이언, 123쪽

126쪽 … 한 무리의 유태계의 참전용사들이 …: 같은 자료, 130쪽.

127쪽 "이렇게 많은 유태인들을 본 것은 처음이다": 파이스, 『아인슈타인이 여기에 살았다』, 154쪽.

127쪽 "미국에 오기 전까지만 해도 나는 유태인 집단을 발견하지 못했다. …": 폴싱, 505쪽.

127쪽 " 당신의 이론이 옳다면 내가 이해하기로는 …": 브라이언, 131쪽

128쪽 "아인슈타인은 대단한 유행이 되었다. …": 파이스, 『아인슈타인이 여기에 살았다』,

152쪽

128쪽 "독일이 암이나 결핵의 특효약을 개발했다고 하자. …": 스기모토, 63쪽

129쪽 전에 그는 라테나우의 살해를 옹호하기까지 했다. …: 같은 자료, 64쪽

129쪽 "감상적 평화주의의 지도자들을 총살하는 것은 애국적 의무이다": 클라크, 360쪽

129쪽 한번은 정신적으로 불안정한 러시아인 이주자 …: 브라이언, 150쪽

130쪽 "인생은 자전거 타기와 같다. …": 같은 자료, 146쪽

131쪽 "그는 모든 시간을 바쳐 아인슈타인의 상대성이론을 공부했다. …": 브라이언, 144쪽

131쪽 1920년대와 1930년대 사이에 아인슈타인은 세계무대의 거인으로 떠올랐다. …: 독일 사교계의 유명인이 된 아인슈타인은 그의 기지와 지혜를 듣고 싶어하는 부유한 여자들에게 끊임없이 둘러싸였으며, 그들 중 많은 사람들은 아인슈타인의 자선과 신조에 후원을 아끼지 않았다. 어떤 여자들은 아인슈타인이 여름 동안 머무는 카푸트Caputh의 별장에 개인적으로 사용하는 리무진을 보내 연주회나 모금 집회까지 호송해 주기도 했다. 이에 따라 불가피하게도 불륜에 관한 소문이 퍼졌다. 그런데 이런 소문들의 근원을 추적해 보면 거의 대부분 아인슈타인의 여름 별장에 자주 들러 자기가 겪은 일에 대한 이야기를 언론에 대가를 받고 넘겼던 헤르타 발도우Herta Waldow라는 여자의 회고에 이른다. 하지만 아인슈타인과 이 여자 사이에 어떤 관계가 있었다는 증거는 전혀 없으며, 이 사교계의 여인들은 아인슈타인을 호송할 때 거의 언제나 엘자에게 초콜릿을 선사함으로써 그녀의 남편과 관련된 어떤 추문이든 미리 차단하려고 노력했다. 나아가 이 여름 별장을 설계하는 데에 도움을 주었던 건축가 콘라트 바흐스만Konrad Wachsmann은 아인슈타인의 가족 관계에 비춰 볼 때 이 여인들과의 접촉에는 아무런 의혹의 여지가

없다고 결론지었다. 그는 아인슈타인과 다른 여인들의 관계가 전적으로 정신적인 것이며, 아인슈타인이 이 여인들로 인해 엘자에게 충실하지 않은 적은 없다고 믿었다.

132쪽 "부드럽고 따사롭고 어머니 같았으며, …": 크로퍼, 217쪽

132쪽 "그는 모든 사람들과 함께 먹고, 함께 이야기하고, …": 파이스, 『아인슈타인이 여기에 살았다』, 184쪽

133쪽 "사람들은 나를 모두 이해하기에 환호하지만 …": 스기모토, 122쪽

133쪽 "그들은 나를 통해 유태 성인의 모습을 …": 브라이언, 205쪽

133쪽 "두 사람을 함께 보는 것만으로도 흥미로운 사건이었다. …": 캘러프라이스, 336쪽

134쪽 "모든 철학은 꿀로 쓰인 것 같지 않은가? …": 파이스, 『신은 미묘하다』, 318쪽

134쪽 "물리학적 관점에서 보면 이 세상은 인간의 의식과 독립적으로 존재합니다": 파이스, 『아인슈타인이 여기에 살았다』, 186쪽

134쪽 "도덕은 신이 아니라 우리에게 가장 중요합니다": 캘러프라이스, 293쪽

134쪽 "종교 없는 과학은 절름발이이고 과학 없는 종교는 장님이다": 파이스, 『아인슈타인이 여기에 살았다』, 122쪽

134쪽 "인간이 얻을 수 있는 가장 아름답고 심오한 경험은 신비감이다. …": 같은 자료, 119쪽

134쪽 "내 안에 무엇인가 종교적이라고 부를 만한 게 있다면 …": 스기모토, 113쪽

135쪽 "나는 무신론자가 아니지만 …": 브라이언, 186쪽

제6장 빅뱅과 블랙홀

138쪽 "물질이 무한한 공간에 균일하게 퍼져 있다면 …": 마이스너Misner 외, 756쪽

143쪽 "제 남편은 그 일을 낡은 봉투 뒷면에서 합니다": 크로스웰Croswell, 35쪽

148쪽 "뭔가 알 수 없는 자연법칙이 존재하여 …": 손, 210쪽

151쪽 "이런 현상을 직접 관찰할 가능성은 거의 없을 것이다": 페터스Petters 외, 7쪽

151쪽 "따라서 별 가치는 없겠지만 어쨌든 가엾은 만들은 행복하게 여길 것이다": 같은 자료.

제7장 통일과 양자 문제

156쪽 "아직까지는 중력과 전자기력의 상호작용에 대한 …": 파이스, 『신은 미묘하다』, 23쪽

158쪽 "이것은 거장의 교향악이다": 파커, 209쪽

159쪽 "물리학에서 아무런 중요성도 없다": 파이스, 『신은 미묘하다』, 343쪽

160쪽 "나는 통일장이론을 5차원의 원통으로 …": 같은 자료, 330쪽

160쪽 "귀하의 이론에 담긴 형식적 통일성은 경이롭습니다": 같은 자료, 330쪽

164쪽 "런던에 있는 가장 큰 백화점 가운데 하나인 …": 파이스, 『아인슈타인이 여기에 살았다』, 179쪽

164쪽 "이것은 틀리기조차도 못했다": 크로퍼, 257쪽

164쪽 "나는 천천히 생각하는 것은 개의치 않습니다. …": 같은 자료.

164쪽 "지금 말한 내용은 너무 혼란스러워서 …": 같은 자료.

164쪽 "어떤 사람들은 아주 아픈 티눈을 갖고 있는데, …": 같은 자료.

165쪽 "성공을 거둘수록 양자론은 더 엉터리처럼 보인다": 캘러프라이스, 231쪽

168쪽 "셰익스피어가 소네트sonnet를 쓰도록 영감을 주었던 미지의 여인처럼 …": 무어 Moore, 195쪽

170쪽 디랙에 따르면 그동안 버려졌던 '−' 부호에 거울 속의 우주라고 할 새로운 세계가 숨어 있으며, …: 물질은 가장 낮은 에너지상태로 굴러 떨어지려는 성질을 갖고 있다. 따라서 이는 모든 전자들이 음의 에너지상태로 떨어짐으로써 우주 전체가 붕괴될 수도 있음을 뜻한다. 이런 비극을 막기 위해 디랙은 음의 에너지상태가 이미 가득 차 있다는 가정을 내세웠다. 그러면 감마선 같은 경우 이 음의 에너지상태에서 어떤 전자를 퉁겨 내고 그 자리에 '구멍'이나 '거품'을 남길 수 있다. 디랙의 예측에 따르면 이 구멍이나 거품은 양전하를 가진 전자, 곧 반물질로 행동하게 된다.

170쪽 "현대물리학의 가장 슬픈 장(章)은 디랙의 이론이며 …": 파이스, 『내부의 한계 Inward Bound』, 348쪽

171쪽 "반물질의 발견은 우리 세기에 이루어진 모든 도약들 가운데 …": 같은 자료, 360쪽

172쪽 "입자의 운동은 확률법칙을 따르지만 …": 폴싱, 585쪽

174쪽 "양자역학은 커다란 존경을 요구합니다. …": 같은 자료.

175쪽 "하이젠베르크는 커다란 양자 알을 낳았고 …": 브라이언, 156쪽

175쪽 "신기료장수나 도박장의 일꾼": 페리스Ferris, 290쪽

175쪽 물리학자들은 이제 두 진영으로 나뉘었다. …: 아인슈타인은 결정론과 불확실성에 대한 자신의 입장을 다음과 같은 말을 통해 가장 명확히 밝혔다: "나는 자유의지가 있는 것처럼 행동해야 하는 결정론자이다. 왜냐하면 문명사회에 살고자

한다면 책임감 있게 행동해야 하기 때문이다. 나는 철학적으로 살인자가 그의 범죄에 책임이 없다는 점을 알고 있지만 그와 함께 차를 나누지는 않을 것이다. … 나는 특히 신비로운 분비샘에 대해서는 아무런 제어도 할 수 없는데, 자연은 이를 통해 인생의 본질 자체를 마련한다. 소크라테스Socrates는 이것을 자신의 다이몬daimon이라 했고, 헨리 포드Henry Ford는 내면의 목소리라 불렀듯, 사람들은 인간이 자유롭지 못하다는 사실을 각자 나름대로 설명한다. … 우리가 전혀 제어할 수 없는 힘에 의해 모든 것은 시작부터 끝까지 결정되어 있으며, 곤충으로부터 하늘의 별에 이르기까지 모두 마찬가지이다. 인간이나 채소나 우주의 먼지들은 모두 아주 먼 곳의 보이지 않는 연주자가 읊조리는 소리에 이끌려 그 신비로운 박자에 맞추어 춤을 추고 있다"(브라이언, 185쪽).

176쪽 "마지막 교정까지 제출했다면 가도록 하겠습니다": 크로퍼, 244쪽

177쪽 "보어에게 이것은 심각한 타격이었다. …": 폴싱, 561쪽

178쪽 "나는 양자론에 명확한 진리가 담겨 있다고 믿는다": 같은 자료, 591쪽

178쪽 "내가 아는 한 이것은 인류 지성사에서 가장 위대한 논쟁이었다. …": 브라이언, 306쪽

179쪽 "나는 이것을 좋아하지 않으며 …": 카쿠, 『초공간Hyperspace』, 280쪽

181쪽 "쥐 한 마리가 쳐다본다고 달이 존재하겠습니까?": 같은 자료, 260쪽

181쪽 "나는 일반상대성이론에 대해 생각해 본 것에 못지않게 …": 캘러프라이스, 260쪽

182쪽 "유령원격작용spooky action-at-a-distance": 브라이언, 281쪽

183쪽 "그 논문으로 … 독단적인 양자역학의 옷자락을 …": 같은 자료.

183쪽 "우리는 모든 것을 멈췄다. …": 폴싱, 698쪽

184쪽 "우리 시대의 가장 성공적인 물리 이론": 파이스, 『아인슈타인이 여기에 살았다』,

128쪽

제8장 전쟁과 평화와 $E=mc^2$

188쪽 "나는 어떤 상황에서든 무력의 사용을 반대해 왔지만 …": 크로퍼, 226쪽

189쪽 "아인슈타인주의자들의 테러에 대해 반대하는 사람들이 …": 스기모토, 127쪽

189쪽 "천천히 돌아보게. 이제 다시는 못 볼 테니": 파이스, 『아인슈타인이 여기에 살았다』, 190쪽

189쪽 "오늘날의 상황에서 내가 벨기에 사람이라면 …": 폴싱, 675쪽

190쪽 "내 눈에는 반무장주의자들이 사악한 배신자들로 보인다. …": 같은 자료.

190쪽 "나는 그가 유태인 동료들을 추방함으로써 …": 크로퍼, 271쪽

191쪽 "사람들은 내가 겁쟁이라고 공격합니다. …": 브라이언, 247쪽

191쪽 "나는 그를 설득하는 데에 실패했다. …": 크로퍼, 271쪽

192쪽 그러자 무리는 오히려 그에게 달려들어 구타하기 시작했는데, …: 무어, 265쪽

193쪽 "프린스턴은 경이로운 작은 마을입니다. …": 크로퍼, 226쪽

193쪽 "내 모든 실수를 내던져 버릴 큰 쓰레기통": 브라이언, 251쪽

193쪽 어떤 두 유럽인들은 시험삼아 주소를 …: 파커, 17쪽

194쪽 "저주스런 유전": 폴싱, 672쪽

194쪽 "나는 테델이 어렸을 때부터 …": 같은 자료.

194쪽 "완전히 잿빛에 휩싸여 흔들렸다": 브라이언, 297쪽

194쪽 "인간들과 가졌던 가장 강한 끈에 대한 가혹한 시련이었다. …": 같은 자료.

194쪽 "이곳의 생활에 나는 아주 잘 적응하여, …": 폴싱, 699쪽

195쪽 "효율성이 극히 높은 새 에너지가 활용될 가능성이 있고 …": 같은 자료, 707쪽

195쪽 "이제껏 만들어진 모든 화기를 다 합치더라도 …": 같은 자료, 708쪽

196쪽 "그 가공할 에너지를 해방시킬 수 있다고 가정할 경우 …": 같은 자료.

196쪽 "어둠 속에서 새도 거의 없는 이웃집의 새를 향해 총을 쏘는 것"처럼 어렵다고 썼다: 같은 자료, 709쪽

196쪽 "어떤 입자들이 방출되고, … 이것들이 같은 효과를 일으킨다면": 같은 자료, 708쪽

196쪽 "이 힘을 처음으로 이용할 수 있는 나라는 …": 같은 자료, 712쪽

197쪽 "원자들의 변환을 통해 이 에너지를 …": 파이스, 『내부의 한계』, 436쪽

198쪽 "아, 우리는 얼마나 바보였던가!": 크로퍼, 340쪽

198쪽 "지금까지의 결과는 이 과정에서 방출된 …": 폴싱, 710쪽

199쪽 "원고 상태로 전해 받은 엔리코 페르미와 레오 실라드의 최근 연구 결과에 따라 …": 같은 자료, 712쪽

199쪽 대통령은 왓슨E. M. Watson 장군을 불러 즉각 행동에 나서도록 지시했다: 같은 자료.

200쪽 "폭탄과는 어떤 인연도 맺지 않겠다!": 크로퍼, 342쪽

200쪽 "그따위의 공상적이면서도 몰상식한 노력에 참여하느니 …": 같은 자료.

201쪽 "나는 아인슈타인에게 이 일의 전모를 펼쳐 보이고 싶었다. …": 폴싱, 714쪽

201 "본 부서는 아인슈타인 박사의 급진적 배경과 …": 같은 자료.

202쪽 "아인슈타인은 그동안 무시되어 온 데 대해 기분이 상했던 것으로 보였다. …": 같은 자료, 715쪽

204쪽 "방송은 새로운 종류의 폭탄이 일본에 투하되었다고 전했다. …": 브라이언, 344쪽

204쪽 1946년 아인슈타인의 〈타임〉지의 표지를 장식했는데, …: 1948년 아인슈타인이

작성한 '지성인들께 보내는 메시지Message to the Intellectuals'의 일부 내용은 다음과 같다. "인류는 세계 각국의 평화적 공존을 보장할 정치적 및 경제적 기구를 개발하는 데에 성공하지 못했습니다. 파괴를 더욱 효과적이고 끔찍하게 하도록 돕는 비극적 운명을 타고난 우리 과학자들은 이 무기들이 그 개발된 잔인한 목적에 쓰이는 것을 막기 위해 우리가 할 수 있는 모든 노력을 기울여 나아가는 것을 우리에게 주어진 엄숙하고도 초월적인 의무로 여겨야 합니다. 이 임무보다 더 중요한 게 또 어디 있겠습니까? 이것보다 우리의 마음에 더 와 닿는 사회적 목표는 또 무엇이겠습니까?(스기모토, 153쪽)

세계정부에 대한 자신의 견해는 다음과 같이 밝혔다. "우리 문명에 대한 유일한 구원은 ⋯ 각국의 안전을 법적으로 보장하는 ⋯ 세계정부를 세우는 것입니다. 주권을 가진 나라들이 각자 비밀리에 무장을 계속하는 한 새로운 세계대전은 피할 수 없습니다."(폴싱, 721쪽)

205쪽 "박사님께서는 사자처럼 큰 사냥감을 쫓고 계시지만 ⋯": 브라이언, 350쪽

205쪽 "저는 제가 옳다고 믿습니다. ⋯": 같은 자료, 359쪽

206쪽 "수학적 패턴은 화가나 시인의 패턴처럼 아름다워야 하며, ⋯": 와인버그, 153쪽

206쪽 "나는 고독한 늙은이가 되어 가고 있다. ⋯": 브라이언, 331쪽

206쪽 "나는 양자론이라는 악마를 외면하기 위해 ⋯": 파이스, 『신은 미묘하다』, 465쪽

207쪽 "나는 세월이 눈을 흐리고 귀를 가늘게 한 탓에 ⋯": 같은 자료, 162쪽

207쪽 "어떤 잡지의 글에서 오펜하이머는 ⋯": 브라이언, 377쪽

207쪽 "내게 이것은 축제의 책이 아니라 탄핵의 책이다": 크로퍼, 223쪽

207쪽 "참으로 새로운 것은 모두 젊은 시절에만 얻어진다. ⋯": 같은 자료.

208쪽 "자연은 우리에게 사자의 꼬리밖에 보여 주지 않는다. ⋯": 캘러프라이스, 232쪽

208쪽 "신은 미묘하지만 사악하지는 않다": 같은 자료, 241쪽

208쪽 "다시 생각해 보니 신은 사악한 것도 같다": 같은 자료.

209쪽 "하이젠베르크는 1954년부터 세상을 뜬 1976년까지 …": 파이스, 『내부의 한계』, 585쪽

209쪽 "뒷자리에 앉은 우리들은 박사님의 이론이 엉터리라고 믿습니다. …": 카쿠, 『아인슈타인을 넘어Beyond Einstein』, 11쪽

209쪽 "이것은 현대물리학의 두 거장이 맞붙은 놀라운 광경이었다. …": 크로퍼, 252쪽

213쪽 "내가 미셸을 존경하는 가장 큰 이유는 …": 오버바이Overbye, 377쪽

214쪽 "목숨을 인위적으로 연장하는 것은 치졸한 짓이다. …": 캘러프라이스, 63쪽

제9장 아인슈타인의 예언적 유산

219쪽 "외부 세계에 대한 연구는 궁극적 실체가 …": 크리스와 만Crease and Mann, 67쪽

220쪽 "과학은 자연의 궁극적 신비를 해결하지 못한다. …": 배로우, 378쪽.

221쪽 … 말 그대로 이는 결정적 검증이 될 것이었다: 좀 더 정확히 말하면 벨은 초기 EPR실험의 재검증을 주장했다. 원칙적으로 우리는 한 쌍의 전자가 갖는 편극들 사이의 각을 잴 수 있다. 두 전자가 이루는 편극 사이의 각을 여러 가지로 변화시키면서 그 상관관계를 자세하게 분석함으로써 벨은 '벨부등식Bell's inequality' 이라고 불리는 부등식을 이끌어 낼 수 있었다. 만일 양자역학이 옳다면 이 관계식들 중 하나가 충족되며, 그렇지 않다면 다른 관계식이 충족된다. 이후 많은 실험이 행해졌는데 모두 양자역학이 옳다는 결과가 나왔다.

224쪽 "양자역학을 이해한 사람은 아무도 없다고 보면 틀림없을 것이다": 배로우, 144쪽

229쪽 "첫눈에 이는 자연스럽지 않게 보였고 …": 페터스 외, 155쪽 ;〈뉴욕타임스〉 1998년 3월 31일.

229쪽 "이것은 과녁의 정곡이다!":〈뉴욕타임스〉, 같은 자료.

239쪽 "우리는 시간여행자를 에덴동산에 보내 …": 호킹 외, 85쪽

242쪽 "끈이론은 타당한 최후의 이론으로는 처음 나온 것이다": 와인버그, 212쪽

242쪽 "노벨 물리학상은 그해에 새 입자를 발견하지 …": 카쿠,『아인슈타인을 넘어』, 67쪽

243쪽 "그리스 문자로 된 이름을 가진 입자들이 이렇게 많을 줄 미리 알았더라면 …": 같은 자료.

243쪽 "초끈이론은 중력이 당연히 나타나게 한다는 점에서 …": 데비스와 브라운Davies and Brown, 95쪽. 끈이론의 최신판은 'M-이론M-theory'라 불리는 것이란 점을 지적해 둔다. 끈이론은 9차원의 공간과 1차원의 시간으로 구성된 10차원공간에서 구축된다. 그런데 이 10차원공간에서는 자체적으로 일관된 다섯 가지의 끈이론들이 도출되며, 이 때문에 통일장이론의 후보로 다섯 가지가 아니라 하나를 선호하는 이론가들은 수수께끼 속으로 빠져 들었다. 최근에 위튼과 동료 연구자들은 10차원의 공간과 1차원의 시간으로 구성된 11차원공간에서 이론을 새롭게 구축하면 위 다섯 가지의 끈이론들은 모두 서로 동등한 것으로 밝혀진다는 점을 보였다. 이 11차원공간에서는 끈보다 한 차원 높은 막(膜)membrane이 존재하며 어떤 사람들은 우리 우주가 이런 막의 일종일 것으로 여긴다. 이처럼 M-이론은 끈이론에 대한 큰 진전인데, 다만 현재까지 M-이론의 정확한 방정식은 알려지지 않았다.

244쪽 "아인슈타인은 이게 아직 목표를 성취하지 못했지만 …": 같은 자료, 150쪽

245쪽 "진정한 전진을 이룩하려면 …": 파이스, 『신은 미묘하다』, 328쪽

250쪽 "창조의 원리는 수학에 들어 있다. …": 카쿠, 『양자장이론Quantum Field Theory』, 699쪽

참고 자료

아인슈타인의 유언에 따라 그의 모든 편지와 원고들은 예루살렘에 있는 히브리대학교 Hebrew University에 기증되었는데, 그 복사본들은 프린스턴대학교와 보스턴대학교에서 찾아볼 수 있다. 존 스태츨John Stachel이 편집한 『알베르트 아인슈타인 전집The Collected Papers of Albert Einstein』(전 5권)에는 이 방대한 자료들의 영역이 실려 있다.

Barrow, John D. *The Universe That Discovered Itself.* Oxford University Press, Oxford, 2000.

Bartusiak, Marcia. *Einstein's Unfinished Symphony.* Joseph Henry Press, Washington, D.C., 2000.

Bodanis, David. *E=mc².* Walker, New York, 2000.

Brian, Denis. *Einstein: A Life.* John Wiley and Sons, New York, 1996.

Calaprice, Alice, ed. *The Expanded Quotable Einstein.* Princeton University Press, Princeton, 2000.

Clark, Ronald. *Einstein: The Life and Times.* World Publishing, New York, 1971.

Crease, R., and Mann, C. C. *Second Creation.* Macmillan, New York, 1986.

Cropper, William H. *Great Physicists.* Oxford University Press, New York, 2001.

Croswell, Ken. *The Universe at Midnight.* Free Press, New York, 2001.

Davies, P. C. W., and Brown, Julian, eds. *Superstrings: A Theory of Everything?* Cambridge University Press, New York, 1988.

Einstein, Albert. *Ideas and Opinions.* Random House, New York, 1954.

Einstein, Albert. *The Meaning of Relativity*. Princeton University Press, Princeton, 1953.

Einstein, Albert. *Relativity: The Special and the General Theory*. Routledge, New York, 2001.

Einstein, Albert. *The World as I See It*. Kensington, New York, 2000.

Einstein, Albert, Lorentz, H. A., Weyl, H., and Minkowski, H. *The Principle of Relativity*. Dover, New York, 1952.

Ferris, Timothy. *Coming of Age in the Milky Way*. Anchor Books, New York, 1988.

Flückiger, Max. *Albert Einstein in Bern*. Paul Haupt, Bern, 1972.

Folsing, Albrecht. *Albert Einstein*. Penguin Books, New York, 1997.

Frank, Philip. *Einstein: His Life and His Thoughts*. Alfred A. Knopf, New York, 1949.

French, A. P., ed. *Einstein: A Centenary Volume*. Harvard University Press, Cambridge, 1979.

Gell-Mann, Murray. *The Quark and the Jaguar*. W. H. Freeman, San Francisco, 1994.

Goldsmith, Donald. *The Runaway Universe*. Perseus Books, Cambridge, Mass., 2000.

Hawking, Stephen, Thorne, Kip, Novikov, Igor, Ferris, Timothy, and Lightman, Alan. *The Future of Spacetime*. W. W. Norton, New York, 2002.

Highfield, Roger, and Carter, Paul. *The Private Lives of Albert Einstein*. St. Martin's, New York, 1993.

Hoffman, Banesh, and Dukas, Helen. *Albert Einstein, Creator and Rebel*. Penguin, New York, 1973.

Kaku, Michio. *Beyond Einstein*. Anchor Books, New York, 1995.

Kaku, Michio. *Hyperspace*. Anchor Books, New York, 1994.

Kaku, Michio. *Quantum Field Theory*. Oxford University Press, New York, 1993.

Kragh, Helge. *Quantum Generations*. Princeton University Press, Princeton, 1999.

Miller, Arthur I. *Einstein, Picasso*. Perseus Books, New York, 2001.

Misner, C. W., Thorne, K. S., and Wheller, J. A. *Gravitation*. W. H. Freeman, San Francisco, 1973.

Moore, Walter. *Schrödinger, Life and Thought*. Cambridge University Press, Cambridge, 1989.

Overbye, Dennis. *Einstein in Love: A Scientific Romance*. Viking, New York, 2000.

Pais, Abraham. *Einstein Lived Here: Essays for the Layman*. Oxford University Press, New York, 1994.

Pais, Abraham. *Inward Bound: Of Matter and Forces in the Physical World*. Oxford University Press, New York, 1986.

Pais, Abraham. *Subtle Is the Lord —: The Science and the Life of Albert Einstein*. Oxford University Press, New York, 1982.

Parker, Barry. *Einstein's Brainchild: Relativity Made Relatively Easy*. Prometheus Books, Amherst, N.Y., 2000.

Petters, A. O., Levine, H., and Wambganss, J. *Singularity Theory and Gravitational Lensing*. Birkhauser, Boston, 2001.

Sayen, Jamie. *Einstein in America*. Crown Books, New York, 1985.

Schilpp, Paul. *Albert Einstein: Philosopher-Scientist*. Tudor, New York, 1951.

Seelig, Carl. *Albert Einstein*. Staples Press, London, 1956.

Silk, Joseph. *The Big Bang*. W. H. Freeman, San Francisco, 2001.

Stachel, John, ed. *The Collected Papers of Albert Einstein*, vols. 1 and 2. Princeton University Press, Princeton, 1989.

Stachel, John, ed. *Einstein's Miraculous Year*. Princeton University Press, Princeton, 1998.

Sugimoto, Kenji. *Albert Einstein: A Photographic Biography*. Schocken Books, New York, 1989.

Thorne, Kip S. *Black Holes and Time Warps: Einstein's Outrageous Legacy*. W. W. Norton, New York, 1994.

Trefil, James S. *The Moment of Creation*. Collier Books, New York, 1983.

Weinberg, Steven. *Dreams of a Final Theory*. Pantheon Books, New York, 1992.

Zackheim, Michele. *Einstein's Daughter*. Riverhead Books, New York, 1999.

Zee, A. *Einstein's Universe: Gravity at Work and Play*. Oxford University Press, New York, 1989.

옮긴이의 글

물리학자들은 모두 빛을 잘 안다고 생각한다. 나는 평생 빛이 무엇인지 알려고 노력해 왔지만 아직도 잘 모른다. ─아인슈타인

이 책의 주인공인 알베르트 아인슈타인Albert Einstein(1879~1955)은 의문의 여지없이 과학의 전 분야를 통틀어 가장 유명한 인물이다. 이에 따라 그의 개략적인 생애와 업적에 대해서는 누구나 비교적 잘 알고 있으며, 관련 자료들도 쉽게 찾아볼 수 있다. 나아가 이 책에서도 어린 시절부터 세상을 뜬 시점까지 중요한 대목마다의 일화를 그의 주요 업적들과 함께 적절하게 서술하고 있다. 따라서 여기에서는 이 책의 내용을 이해하는 데에 도움이 될 몇 가지의 사항들에 초점을 맞추어 간단히 살펴보기로 한다.

과학의 체계

(자연) 과학은 대략 1층부터 차례로 '수학-물리학-화학-생물학'이 들어선 4층 건물에 비유할 수 있다. 이 가운데 수학은 사실상 인류 문명의 출현과 그 역사가 같다고 할 정도로 오래되었다. 이와 같은 수학의 오랜 역사는 피타고라스Pythagoras(BC582?~BC497?) 또는 그의 학파가 '철학philosophy'이란 말과 '수학mathematics'이란 말을 함께 만들어 냈다는 사실에서도 잘 알 수

있다. 한편 'science'라는 말은 정확히 언제부터인지는 모르지만 셰익스피어William Shakespeare(1564~1616)의 작품에서도 이 말이 나오는 것으로 보아 중세 말 또는 근세 초에 만들어진 것으로 보인다. 그런데 어원으로 볼 때 이 세 단어는 모두 '앎'('지혜'·'지식')이라는 관념에서 유래했다. 따라서 '과학'은 본래 널리 '인간 지식의 총체'를 가리킨 것으로 볼 수도 있다. 그런데 언젠가부터 science는 예전에 '자연철학natural philosophy'이라 불리던 분야를 대체하는 용어가 되었으며, 이에 따라 그 본령은 자연과학으로 여겨지게 되었다.

과학 가운데 두 번째로 일찍 발전한 분야는 물리학physics이다. 물리학은 수학의 토대 위에 주로 천문현상을 설명하기 위한 노력이 체계를 갖추면서 형성되었다. 여기에는 특히 뉴턴Isaac Newton(1642~1727)의 기여가 결정적 역할을 했으며, 이를 통해 물리학은 물론, 이후 화학이나 생물학 등이 폭발적으로 발전하게 되었다. 이런 점에서 볼 때, 비록 위에서 수학도 과학의 한 분야로 보기는 했지만, 진정한 과학의 발전은 물리학의 성립을 계기로 시작되었다고 말할 수 있다.

'physics'라는 단어는 아리스토텔레스Aristoteles(BC384~BC322)의 저작 가운데 '자연에 대한 강좌'를 뜻하는 『피지카Physica』에서 유래했다. 따라서 언뜻 이 사실만 고려한다면 물리학도, 수학보다 조금 늦기는 하지만, 고대로부터 발전해 왔다고 여길 수 있다. 하지만 이 당시의 물리학은 거의 순수한 사색에 의지했다는 점에서 관찰과 실험을 토대로 구축된 근세 이후의 진정한 과학과는 그 성격이 매우 다르다. 나아가 이런 차이는 수학과 다른 과학들의 본질적인 차이와도 깊은 관련이 있다. 수학은 관찰과 실험을 바탕으로 하지 않으므로 사실상 논리학과 비슷하며, 과학과 2000년 정도의 격차를 보이면서 고대에 이미 높은 수준에 오른 이유도 여기에 있다. 하지만 수학은 과학이 발전함에 따라 과학과 훨씬 깊은 관계를 맺게 되었고, 이에 따라 오늘날 자연과학의 한 분야로 분류함이 통례이다.

물리학의 분류

물리학은 코페르니쿠스Nicolaus Copernicus(1473~1543), 갈릴레이Galileo Galilei(1564~1642), 케플러Johannes Kepler(1571~1630) 등의 선구적 업적을 바탕으로 1687년 뉴턴이 과학 역사상 최고의 저서로 평가되는 『자연철학의 수학적 원리Philosophiae Naturalis Principia Mathematica』(흔히 줄여서 '프린키피아'라고 부른다)를 펴냄으로써 제1단계의 완성을 보았다. 이때까지의 물리학은 주로 뉴턴의 운동3법칙과 만유인력의 법칙을 중심으로 한 역학(力學)mechanics이며 이를 흔히 '뉴턴역학' 또는 '뉴턴물리학'이라고 부른다. 그런데 나중에 여기에 전자기학(電磁氣學)electromagnetics에 대한 맥스웰James Clerk Maxwell(1831~1879)의 이론이 덧붙여짐으로써 그때까지 알려진 자연현상이 거의 모두 설명될 수 있어서 제2단계의 완성을 보았다. 이에 따라 뉴턴과 맥스웰의 양대 이론으로 구성된 체계를 흔히 '고전물리학classical physics'이라고 부르게 되었다.

고전물리학이 완성된 뒤 인류는 그 위대한 성취를 매우 흡족히 여겼다. 하지만 이와 같은 자축의 분위기도 잠시, 과학계에는 암울한 분위기가 감돌기 시작했다. 대부분의 과학자들이 과학에서 위대한 발견은 더 이상 없고 남은 할 일은 지금까지 완성된 이론을 자질구레한 개별 현상들에 적용하고 해결하는

'뒤치다꺼리'나 '수수께끼풀이' 정도밖에 없을 것으로 여겼기 때문이었다. 그러나 이와 같은 분위기는 언뜻 완전해 보였던 고전물리학의 모순들이 드러남에 따라 다시 반전되었다. 우선 내적으로 고전물리학은 양대 기둥인 뉴턴역학과 맥스웰전자기학이 이론적으로 융화되지 않는다는 문제점을 안고 있었다. 또한 외적으로 원자 수준의 미시적 세계에 적용했을 때 거시적으로 이와 닮았다고 여겨지는 태양계에 적용해서 거두었던 것과 같은 혁혁한 승리는커녕 갖가지 역설적 현상이 드러난다는 문제점을 안게 되었다.

이러한 두 측면의 문제점은 20세기에 들어 새롭게 성립된 양대 기둥에 의하여 각각 극복되었다. 먼저 뉴턴역학과 맥스웰전자기학 사이의 이론적 모순은 1905년 6월 30일자로 발표된 아인슈타인의 특수상대성이론에 의하여 단 한순간에 자연스럽게 융화되었다. 다음으로 미시적 세계에서의 문제점은 좀 더 오랜 세월이 걸렸다. 플랑크Max Planck(1858~1947)는 1900년 12월 14일자로 발표된 논문에서 양자론의 기초를 놓았다. 하지만 양자론의 진정한 의미가 이해되고 그에 적합한 이론이 구축되는 데에는 이후 약 30년의 세월이 지나야 했다. 그동안 아인슈타인은 1915년 11월 25일자로 발표한 일반상대성이론을 통해 상대론을 새로이 정립했다. 이렇게 하여 오늘날 일반적으로 물리학은 다음과 같이 분류한다.

위 분류에서 보듯 현대물리학의 양대 기둥은 양자론과 상대론인데, 양자론이 1900년 12월 14일에 시작되었으므로 이 '양자론의 생일'을 바로 '현대물리학의 생일'로 보아도 좋을 것이다. 하지만 이 양대 기둥 사이에는 19세기 말 고전물리학의 양대 기둥이 드러냈던 모순보다 훨씬 심각하고도 어려운 모순이 도사리고 있다. 실제로 아인슈타인은 생애 후반의 30년에 걸쳐 이 모순을 극복하려고 노력했지만 1905년에 거두었던 고전물리학의 통합에 비견되는 업적은 결국 이루지 못했다. 이후 물리학의 가장 중요한 문제로 부각되어 모든 물리학자들의 성배(聖杯)Holy Grail가 되다시피 한 이 문제는 궁극적으로 해결될 때까지 현대물리학 최대의 화두로 남아 있을 것이다.

빛의 신비와 이중성원리

아인슈타인의 업적은 사뭇 광범위하지만 그중 가장 중요한 3대 업적을 들라면 아무래도 광전효과의 해명과 특수상대성이론 및 일반상대성이론의 정립을 꼽아야 할 것이다. 그런데 이 3대 업적 모두에서 빛이 핵심적인 역할을 한다는 점이 아주 특이하다. 하지만 언뜻 우연으로 보이는 이 현상은 이 업적들의 내용을 차분히 이해하다 보면 오히려 거의 필연적으로 여겨지게 된다. 성경의 내용을 모두 과학적이라고 볼 수는 없지만 어쨌든 구약의 창세기를 보면 이 세상에서 가장 먼저 창조된 것은 바로 빛이다. 따라서 적어도 이 점에서 보자면 빛은 우주 최초의 가장 근원적인 신비인 셈인데, 이처럼 오래된 빛의 본질에 대해 주목할 만한 과학적 설명은 뉴턴과 호이겐스Christiaan Huygens(1629~1695)에 의하여 비로소 제시되었다. 하지만 각각 '입자설'과 '파동설'로 불리는 이들의 이론은 여러모로 정반대의 성격을 띤다. 예를 들어 빛의 성질들 가운데 가장 잘 알려졌다고 할 수 있는 직진, 반사, 굴절, 회절이라는 성질을 살펴보자. 그러면 잠시 머릿속에서만 생각해 봐도 곧 알 수 있듯, 직진과 반사의 경우 입자설로 설명하기가 더 쉬운 반면 굴절과 회절은 파동설로 설명하기가 더 쉽다. 이와 같은 대조적 성격 때문에 두 이론은 서로 융화되기가 어려워 이후 250년이 넘도록 이를 둘러싸고 치열한 논쟁이 펼쳐졌다.

아인슈타인은 1905년 광전효과의 해명을 통해 이 논쟁을 교묘하게 해결했다. '광전효과photoelectric effect'는 "빛[光]을 금속 표면에 쪼였을 때 전자(電子)가 튀어나오는 '효과'"를 가리키며, 19세기 중반 처음 관찰된 이래 오늘날까지도 널리 이용되고 있다. 여기서 광전효과 자체만 두고 본다면 입자설이 더 유력하다. 빛을 (물결과 같은 파동이 아니라) 구슬과 같은 입자로 생각할 때 전자라는 또 다른 입자를 퉁겨 내는 데에 더 효과적일 것이 뻔하기 때문이다. 하지만 빛의 파동설은 19세기 후반에 발표된 맥스웰방정식에 의하여 이미 부동의 입지를 구축하고 있었다. 이에 따라 아인슈타인은 "빛은 파동성과 입자성을 함께 가진다"는 '이중성원리duality principle'를 주장함으로써 오랜 세월에 걸친 논쟁을 무승부로 마무리지었다.

이렇게 제창된 이중성원리는 더욱 확장되어 물질에 대해서도 적용되었다. 그 첫 대상은 전자로서, 1924년 프랑스의 물리학자 드 브로이Louis Victor De Brogile(1892~1987)는 "거의 확실히 파동으로 알고 있었던 빛이 입자성도 띤다면, 반대로 거의 확실히 입자로 알고 있는 전자도 파동성을 띨 것이다"라고 주장했다. 그의 이 주장은 몇 년 뒤 전자의 회절실험에 의해 사실로 확인되었고, 이로써 모든 물리적 존재는 입자성과 파동성을 함께 가진다는 보편적인 이중성원리가 확립되었다. 아래의 표에는 이상의 내용을 요약하고 다른 참고 사항도 약간 덧붙였다.

	빛	전자
17세기~19세기 초	뉴턴의 입자설과 호이겐스의 파동설이 대립했다.	전자의 존재가 아직 알려지지 않았다.
~19세기 말	1801년의 이중슬릿실험double slit experiment과 1870년대에 발표된 맥스웰방정식에 힘입어 파동설로 거의 굳어졌다.	1897년 톰슨Joseph John Thomson (1856~1940)이 발견했고, 전하를 띤 입자로 판명되었다.
20세기 초	1905년 아인슈타인은 광전효과를 해명하면서 입자설을 되살렸고 이를 토대로 빛의 이중성을 주장했다.	1924년에 드 브로이가 물질의 이중성을 주장했고 1927년에 선사의 회절실험에 의하여 실험적으로 확증되었다.
결론	드 브로이의 이중성원리에 의하여 빛은 물론 모든 물질도 입자성과 파동성을 동시에 가진다는 사실이 확립되었고, 이에 따라 이중성원리는 양자역학(量子力學)quantum mechanics의 제1가정으로 편입되었다.	
비고	• 빛의 입자성은 1923년 빛과 전자의 충돌을 (광전효과보다 더욱 분명하게) 직접 보여 주는 컴프턴효과Compton effect에 의하여 완전히 확증되었다. 컴프턴 Arthur Holly Compton (1892~1962)은 '광자', 곧 'photon'이란 용어의 고안자이기도 한데, 입자설의 주창자인 뉴턴과 확증인인 컴프턴의 이름이 모두 '입자'를 나타내는 데 쓰이는 어미 '-on'으로 끝난다는 점, 그리고 입자설을 되살린 아인슈타인의 이름이 'ein+stein', 즉 '하나의 돌'로 풀이된다는 점은 기이한 우연이라 하겠다. 한편 이 용어를 미국의 화학자 루이스Gilbert Newton Lewis (1875~1946)가 1926년에 처음 고안했다고 하는 자료들도 많다. 하지만 기이한 우연은 루이스의 가운데 이름이 '뉴턴'이란 점에 여전히 내재해 있다. • 전자회절실험은 미국에서는 데이비슨Clinton Joseph Davisson(1881~1958)과 거머Lester Halbert Germer(1896~1971)가 공동으로, 영국에서는 전자를 발견한 J.톰슨J.J.Thomson의 아들 G.톰슨George Paget Thomson(1892~1975)이 수행했다. 두 곳의 실험은 모두 1927년에 행해졌으며, 이 공적으로 데이비슨과 G. 톰슨은 1937년에 노벨 물리학상을 공동으로 수상했다. 한편 J. 톰슨도 전자의 발견으로 1906년에 노벨 물리학상을 받았으므로 부자(父子)가 모두 노벨상을 수상하는 보기 드문 축복을 안았다. 그런데 아버지인 J. 톰슨은 전자가 입자란 점, 아들인 G. 톰슨은 전자가 파동이란 점을 확인함으로써 노벨상을 받았다는 사실도 사뭇 흥미롭다.	

광속의 유한성과 상수성

아인슈타인이 광전효과를 해결하면서 제창한 이중성원리는 드 브로이에 의해 확장되어 양자역학의 제1가정에 편입됨으로써 양자론의 바탕을 확립하는 데에 결정적인 기여를 했다. 하지만 기이하게도 아인슈타인은 이후 양자론의 발전에 더 이상 관여하지 않으며, 남은 생애 동안 상대론과 통일장이론의 완성에만 매달린다. 그런데 양자론과 성격이 사뭇 다른 상대론에서도 빛은 자연의 근본 현상답게 또 다시 그 중요한 면모를 드러낸다.

특수상대성이론과 관련된 빛의 중요한 성질은 그 속도가 '유한' 하고 '일정' 하다는 두 가지 점이다.

먼저 광속의 '유한성' 이 중요한 이유는 광속이 무한하다면 어찌될 것인지를 생각해 봄으로써 거꾸로 추적해 볼 수 있다. 고대 그리스 철학자 엠페도클레스Empedokles(BC490?~BC430?)는 광속이 무한대라면 어떤 물체든 그림자가 있을 수 없다는 매우 단순하면서도 놀라운 사실을 깨달았다. 광속이 무한대라면 등불과 벽이 동시에 밝아진다. '동시' 라 함은 시간적 전후 관계가 없다는 뜻이다. 따라서 출발점과 도착점의 구별이 무의미하며, 등불과 벽 사이에 어떤 물체가 있더라도 등불과 벽이 동시에 밝아져야 하므로 그림자가 생길 수 없다. 물론 자연 현상이 스스로 이런 문제점을 인식하고 회피한다고 볼 필요는 없을 것이다. 하지만 어쨌든 물체에 빛을 비추면 그림자가 생긴다는 것은 광속의 유한성이 자연의 선택임을 보여 준다는 점에서 큰 의의가 있다.

다음으로 광속의 '일정성' 또는 '상수성' 을 생각해 보자. 본문에도 나오듯 특수상대성이론은 '상대성원리' 와 '광속일정원리' 라는 두 가지의 가정으로 이루어져 있다. 이 가운데 첫째 가정인 상대성원리는 "물리법칙은 모든 관성계에서 동일하다"는 사실을 가리키고 실제로는 갈릴레이 때부터 이미 잘 알려져 있었다. 이에 대한 단적인 예는 일정한 속도로 움직이는 배 안에서의 생활은 집안에서의 생활과 사실상 같다는 것이므로 직관적으로 이해하기도 매우 쉽다. 그런데 둘째 가정인 '광속일정원리'는 "진공 중의 광속은 모든 관성계에서 일정하다"는 사실을 가리키고 아인슈타인이 과감하게 채택한 것으로 직관적으로 이해하기가 그리 쉽지 않다. 단적인 예로 어떤 물체든 그 속도가 아무리 빨라도 그것과 같은 속도로 나란히 가면서 보면 정지해 보이지만, 광속일정원리는 오직 빛의 경우에는 우리가 어떤 속도로 달리면서 보더라도 항상 일정한 속도로 움직인다고 말하기 때문이다.

광속의 이런 특성을 첫째 가정인 상대성원리와 연결해서 생각해 보면, '광속' 자체가 하나의 독립된 물리법칙임을 뜻한다. 이렇게 하여 광속은 자연의 근본상수 가운데 하나라는 독특한 지위를 부여받았는데, 이 사실은 국제단위계에 나오는 길이 및 시간의 정의와 관련하여 흥미로운 귀결을 보여 준다. 예전에는 길이와 시간을 먼저 정의하고 광속은 이를 이용하여 측정하는 '측정의 대상'이었다. 하지만 현재는 광속과 시간을 먼저 정의하고 길이의 단위인 '1미터'는 이를 이용해서 정의했다. 곧 현재 길이의 단위인 1미터는 "빛이 진공에서 1/299,792,458초 동안 나아가는 길이(1983년)"로 정의되어 그 본질에 있어서는 측정의 기준이 아니라 대상으로 되어 있다. 이런 뜻에서 광속일정원리는 오늘날 이론적으로는 물론 제도적으로도 공인되었다고 하겠다(아직도 이 사실을 모르고 광속을 측정의 대상처럼 여겨 오차의 범위까지 나타낸 자료들이 있다).

빛의 휘어짐과 시공간의 휘어짐

빛은 광전효과와 특수상대성이론은 물론 일반상대성이론에서도 중요한 역할을 한다. 본문에도 나오듯 아인슈타인은 생애를 통해 두 가지의 중요한 '그림'을 갖고 있었다. 첫째는 '빛과의 경주 그림'으로 특수상대성이론을 낳게 되었고, 둘째는 '떨어지는 의자 그림'으로 일반상대성이론을 낳게 되었다. 아인슈타인은 둘째 그림에서 떨어지는 방향, 곧 중력장의 방향과 수직으로 비춰진 빛의 경로가 휘어진다는 점은 매우 자연스럽게 이해됨을 간파했다. 예를 들어 떨어지는 엘리베이터의 왼쪽 벽에서 오른쪽 벽으로 레이저 빛을 비추면 오른쪽 벽에 닿는 레이저 빛은 정지했을 때보다 위로 올라간다. 그런데 가속계 안에 갇힌 사람은 자신이 가속계 안에 있는지 아니면 같은 크기의 중력가속도를 발휘하는 중력계 안에 있는지 구별할 수 없다. 아인슈타인은 이 간단한 사실을 '등가원리equivalence principle'라 불렀고, 이에 따르면 정지한 중력계에서 중력장과 같은 방향으로 달리지 않는 빛은 중력장 방향으로 경로가 휘어진다.

아인슈타인의 이런 상상은 1919년의 일식 실험을 통해 멋들어지게 증명되었다. 그런데 아인슈타인은 이 사실을 한 단계 높은 차원으로 탈바꿈시킨다. 예를 들어 비행기를 타고 서울에서 뉴욕으로 간다고 하자. 그러면 비행기(의 조종사 및 항공사)는 시간은 물론 연료도 최소한으로 소모하기 위하여 어떻게든 '최단경로'를 찾아 날아가도록 힘쓸 것이다. 만일 지구가 평평하다면 두말할 것도 없이 이 경로는 두 지점을 잇는 직선이 된다. 하지만 지구 표면은 구면으로 휘어져 있으므로 이 '최단경로'는 평면에서의 직선과 다르며, 따라서 흔히 보는 평면의 지도에서는 '휘어지게' 그려진다.

이상의 상황을 '비행기'의 입장에서 보자. 그러면 비행기 스스로는 시간과 연료를 절약하기 위하여 어떻게든 '곧게' 나아갔다고 여길 것이다. 그러고 보면 정작 휘어진 것은 자신의 경로가 아니라 지구의 표면이라는 '공간'이다. 마찬가지로 일식 실험 때 태양 곁을 지나는 빛의 입장에서 생각해 보자. 그러면 빛도 휘어진 것은 자신의 경로가 아니라 태양 주변의 공간이라고 여길 것이다. 다만 이때는 '지구 표면'과 같은 2차원 공간이 아니라 '태양 주변의 시공간'이라는 '4차원 시공간' 자체가 휘어진 것이다. 이런 뜻에서 빛은 이제 시공간의 형상을 그려 내는 셈이 되며, 아인슈타인이 "내 생애의 가장 행복한 생각"이라고 말했던 둘째 그림에 나오는 빛의 경로는 바로 그가 생각하는 시공간의 모습에 대한 그림이었던 셈이다.

과학과 철학의 괴리와 융화

아인슈타인은 과학사상 아마 가장 수많은 일화와 경구를 남긴 사람으로도 유명할 것이다. 물론 여기에는 그의 업적이 과학뿐 아니라 철학과 종교 및 사회 등의 여러 분야에 영향을 끼칠 요소가 많았다는 점이 가장 큰 원인으로 작용했을 것이다. 하지만 이와 함께 당시, 곧 최소한 제2차 세계대전 전까지만 해도 이 여러 분야들 사이의 괴리가 그다지 크지 않았다는 점 또한 중요한 이유라고 말할 수 있다.

제2차 세계대전은 세계사에서 여러모로 엄청난 변화를 초래했는데 과학도 예외는 아니다. 그런데 과학에서 특히 주목할 만한 점은 이때를 기점으로 과학의 중심이 유럽에서 미국으로 옮겨 갔다는 사실이다. 여기에는 특히 히틀러가 중요한 역할을 했다. 그는 유태인 박해의 일환으로 수많은 유태인

학자들을 추방하고 학살했는데, 이 사태가 유태인과 유럽에는 큰 불행이었지만, 미국으로서는 '히틀러의 선물'이라 부를 정도의 값진 혜택이 되었다. 하지만 이 와중에 전통적으로 밀접한 관계를 유지해 오던 과학과 철학 사이에 괴리가 생기고 갈수록 심화되었다. 사실 고대로부터 거의 모든 철학자들은 자연과학을 필수적인 배경 지식으로 삼았고, 이에 따라 이 두 분야 사이의 상호작용도 활발했다. 이런 전통은 제2차 세계대전 전까지의 유럽에 면면히 이어져 왔으며, 아인슈타인도 칸트 Immanuel Kant(1724~1804), 스피노자 Baruch de Spinoza(1632~1677), 마흐 Ernst Mach(1838~1916) 등의 영향을 받았다. 이 밖에도 당시에 활약했던 과학자들과 저작들, 예를 들어 슈뢰딩거 Erwin Schrödinger(1887~1961)의 『생명이란 무엇인가?』, 하이젠베르크 Werner Karl Heisenberg(1901~1976)의 『부분과 전체』, 자크 모노 Jacques Lucien Monod(1910~1976)의 『우연과 필연』 등을 보면 이런 상황을 잘 이해할 수 있다. 그런데 과학의 중심이 실용주의 문화가 강한 미국으로 옮겨 가면서 이런 상황은 극적으로 바뀌었다. 미국은 물질적 측면에서 인류 역사상 가장 풍요로운 사회이며, 이에 따라 전통적인 정신적 가치들은 상대적으로 적절한 대우를 받지 못했다. 이에 대한 단적인 예는 흔히 '아인슈타인 이후 최고의 천재'라고 불리기도 하는 파인만 Richard Feynman(1918~1988)의 일화에서 엿볼 수 있다. 그는 여러 언론 매체가 자신의 업적에 담긴 철학적 의의가 무엇인지 자꾸만 물어 오자 한 의사에게 "철학은 이 환자에게 치명적일 수 있다"라는 내용의 진단서를 받아 보여 주곤 했다. 그는 『파인만 씨 농담도 잘 하시네 Surely you're joking, Mr. Feynman!』라는 베스트셀러를 남겼는데, 이 또한 예전의 선배들이 남긴 저서들과 비교하면 대조적이라고 하지 않을 수 없다.

하지만 본래 밀접한 관계에 있던 분야들 사이의 거리는 마치 시계추처럼 멀어지기도 하고 가까워지기도 하는 진동을 계속하게 마련이다. 과학과 철학의 역사에서도 고대 그리스, 로마, 중세, 근세, 현대에 이르기까지 차분히 살펴보면 이런 경향이 분명히 드러난다. 그래서인지 이 둘 사이의 괴리가 사뭇 심각한 지경에 이르렀다고 여겨지는 요즈음 여러모로 서서히 융화의 기운이 싹트고 있음을 느끼게 된다. 여기에는 특히 21세기 들어 급격히 발전하고 있는 생명과학의 영향이 크다. 이 분야는 과학 자체뿐 아니라 사회, 종교, 윤리 분야에도 많은 영향을 미치며, 그 파급 효과는 결국 이 세계의 본질을 관조하는 철학에까지 미치고 있기 때문이다. 아인슈타인은 "종교 없는 과학은 절름발이이고 과학 없는 종교는 장님이다"라는 말을 남겼는데, 이 말은 오히려 "철학 없는 과학은 절름발이이고 과학 없는 철학은 장님이다"라고 확장할 때 더욱 적절하다고 여겨진다. 오늘날의 실마리가 어디서부터 풀려 가든 앞으로 과학과 철학 사이의 융화가 잘 이루어져 아인슈타인 이후 끊어지다시피 한 과학적 전통이 새롭게 펼쳐지기를 기대한다.

궁극의 그림

본문에 여러 번 나오다시피 아인슈타인은 '빛과의 경주' 및 '떨어지는 의자'라는 두 가지의 중요한 그림을 통해 특수상대성이론과 일반상대성이론을 완성했다. 이 점에서 보는 것처럼 아인슈타인은 '물리적 직관'을 '수학적 체계'보다 앞세웠으며, 실로 아인슈타인이 지녔던 천재성의 본질은 바로 이런 종류의 것이었으리라 여겨진다. 실제로 그는 대학 시절의 수학 교수였던 민코프스키Hermann Minkowski(1864~1909)로부터 "게으른 개"라는 혹평을 들었고, 특수상대성이론의 수학적 체계화도 푸앵카레 Henri Poincare(1854~1912)보다 뒤졌으며, 일반상대성이론을 세울 때는 친구인 그로스만 Marcel Grossman(1878~1936)의 수학적 도움을 받아야 했고, 그 한 단계에서는 힐베르트 David Hilbert(1862~1943)와 약간의 우선권 분쟁을 겪어야 했다.

직관을 중요시한 아인슈타인의 태도는 다른 곳에서도 자주 드러난다. 그는 광전효과에서의 빛에 대해, 단순한 '추상적 에너지 덩어리' 정도를 넘어, 구슬이나 돌멩이와 똑같은 '실체적 에너지 덩어리'로 이해함으로써 이 수수께끼를 너무나 쉽게 해결해 냈다. 또한 일반상대성이론에서는 중력을 인력이라는 힘이 아니라 '시공간의 형상' 이라는 그림으로 이해함으로써 그 절정을 이루었다. 하지만 이와 같은 시각적 직관은 어떤 현상에 대한 이해의 틀이 아직 부족할 경우 심각한 장애에 부딪힌다.

아인슈타인이 당시 물리학의 주류라고 할 양자론의 연구를 멀리하면서 통일장이론의 탐구에 여생을 바친 것도 양자론의 특징인 이중성과 확률론적 해석 때문에 그 분야에서는 어떤 선명한 그림을 얻어 내기가 어려웠기 때문인지도 모른다. 그러나 통일장이론은 말 그대로 자연계의 모든 힘을 통합하는 이론이어야 하므로, 양자론에서의 장애가 극복되지 않는 한 필연적으로 그것까지 떠안을 수밖에 없다. 그런데 당시 이 분야의 지식은 아인슈타인의 기대에 훨씬 미치지 못했다. 아인슈타인은 중력과 전자기력의 통합에 온 힘을 쏟고 있었지만 원자핵 안에는 강력과 약력이라는 전혀 미지의 힘이 도사리고 있었다. 말하자면 아인슈타인은 문제가 완성되기도 전에 답부터 찾아 나선 격이었으며, 이에 따라 답은커녕 그에 이르도록 할 직관적인 밑그림조차 제대로 그려 낼 수 없었다.

하지만 통일장이론에 바친 아인슈타인의 노력이 모두 물거품으로 돌아간 것은 아니었다. 아인슈타인이 세상을 뜬 뒤 원자핵 내부에 대한 연구가 크게 발전하여 통일장이론에 대한 새로운 전기가 마련되었다. 그리하여 한때 비웃음의 대상이었던 이 분야에서 최첨단의 연구가 펼쳐지게 되었고, 오늘날 '초끈이론superstring theory'과 이를 확장한 'M-이론M-theory'이 이른바 '만물의 이론theory of everything'에 대한 가장 유력한 후보로 떠오르는 상황에까지 이르렀다. 그런데 여기에서 다시 아인슈타인이 그토록 염원하던 직관적 그림이 떠오른다는 점은 참으로 흥미롭다. 이 두 이론은 각각 극미의 '끈string'과 '막membrane'의 진동이 만물의 궁극적 모습이라는 놀랍도록 단순하고도 우아한 그림을 내놓고 있기 때문이다. 나아가 어쩌면 이것은 고대 그리스의 수학자 피타고라스의 염원이 환생한 것인지도 모른다. 음악의 화음 속에 수학적 비례가 숨어 있다는 점에 매료된 그는 "만물은 수"라고 주장했는데, 음악을 깊이 사랑했던 그의 내심에 비춰 본다면 "만물은 음(악)"이라고 말할 수도 있기 때문이다.

이상의 내용은 오늘날 우리 사회의 주요 화두가 되어야 할 "과학의 대중화와 대중의 과학화"라는 말과 관련시켜 생각해 볼 수도 있다. 지난 몇십 년 동안 우리나라는 과학을 토대로 발전해 왔고, 앞으로도 이 점은 더욱 강화되어야 한다. 좁은 땅, 빈곤한 천연자원, 우수한 인적 자원 등의 조건을 고려하면 역시 우리의 선택은 세계 최고 수준의 지식사회이며, 그 근간은 바로 과학이어야 하기 때문이다. 하지만 세태는 이와 반대로 흐르고 있어서 '이공계 위기'라는 안타까운 말만 되뇌게 되었다. 이에 대한 원인은 여러 가지로 검토가 되어야겠지만 과학자와 사회 쌍방의 노력이 모두 요청된다는 점에 대해서는 누구나 수긍할 것으로 보인다.

그런데 이런 노력을 이끄는 원동력이자 목표는 바로 그 어떤 '궁극의 그림' 또는 '궁극의 요체'라고 여겨진다. 일찍이 맹자는 "널리 배우며 상세히 살펴보는 것은 장차 근본으로 돌아가 간략히 말하기 위함이다(博學而詳說之將以反說約也, 여기의 '說'는 모두 '설'이 아니라 '세'로 읽는다)"라고 말했으며, 파인만은 "내 이론을 일반인에게 설명할 수 없다면 나는 노벨상을 받을 자격이 없다"라고 말했다. 이와 같은 말들은 우리가 과학을 배워 갈 때, 비록 도중에는 많은 우여곡절이 있겠지만, 정작 마지막 깨침은 필연 선명하리라는 믿음을 우리 모두가 은연중에 공유하고 있음을 가리키는 것도 같다. 『스트레인지 뷰티Strange Beauty』의 저자 조지 존슨George Johnson은 "어떤 이론이 깨끗이 완성된 뒤 돌아보면 … 모든 혼란은 잊혀지고 지난 행적은 명백한 진리를 향해 펼쳐진 질서정연한 행진이었던 것처럼 여겨진다. 도대체 그 누가 이와 다른 생각을 할 수 있단 말인가?"라고 썼다. 과학자의 영원한 표상이라고 할 아인슈타인에 관한 이 책을 읽으면서 우리 모두 그의 정신적 유산도 이어받아 궁극의 요체는 반드시 쉽게 이해할 수 있을 것이라는 믿음을 잃지 않고 과학에 스스럼없이 다가서게 되기를 바라 마지 않는다.

찾아보기

♣ 'n'이 붙은 쪽수는 '근거 자료'에 나온 것이다.

$E=mc^2$ 69, 81
  $E=\pm mc^2$ 170~171, 265n
  핵분열과 - nuclear fission and 198
EPR실험 EPR experiment 181~184, 221, 270n
LIGO계획 LIGO project 227~228
LISA인공위성 LISA space satellites 228, 248
MERLIN 전파망원경배열 radio telescope array 229

ㄱ

가모프, 조지 Gamow, George 211~212, 229~230
가속 acceleration 80, 84, 99~100, 105
  자유낙하와 - free fall and 97~98
  중력장에서 -의 정도 rate of, under gravity 98~99, 155~156
가우스, 카를 프리드리히 Gauss, Carl Friedrich 104
갈릴레오 Galileo 97~98
게를라흐, 발터 Gerlach, Walter 169
게이지변환 gauge transformation 258n
결정론 determinism 174~175, 265n~266n
고대 그리스(인) Greeks, ancient 23, 142, 240
  -의 기하(학) geometry of 100, 104
골드먼, 마틴 Goldman, Martin 28
공간 space 56, 97
  절대- absolute 26~27, 57, 67~68, 101, 210
  -의 수축 contraction of 67~68, 76

293 찾아보기

-의 팽창 expansion of 145
-의 진공 vacuum of 31
공변성 covariance 78, 105
   일반- general 105~107, 111~113, 139, 158~159, 246, 258n
『과거와 미래의 왕 The Once and Future King』(화이트 White) 238
광대열(廣大列)전파망원경 Very Large Array Radio Telescope 13, 233
광미자(光微子) photinos 248
광속 light, speed of 29, 46~47, 100~102, 146~147, 149
   에테르이론에서의 - in aether theory 31, 57~59
   상수로서의 - as constant 61~69, 75~76, 97~98, 157, 184
   -에서 무한대가 되는 질량 infinity of mass at 69, 256n
   -에 대한 시 limerick about 86
   맥스웰의 장이론에서의 - in Maxwell's field theory 14, 22, 28~30, 61~65
   마이켈슨-몰리실험에서의 - in Michelson-Morley experiment 57~58, 80
   -보다 빨리 여행하기 traveling faster than 182~183, 256n
   궁극적 속도로서의 - as ultimate velocity 64~65, 97~99, 256n

   진공에서의 - in a vacuum 46
광자 photons 70~71, 74, 83, 124, 169, 217, 224, 243, 248
광전효과 photoelectric effect 70~71, 80, 124, 130
『광학 Opticks』(뉴턴 Newton) 98
괴델, 쿠르트 Gödel, Kurt 210~211, 236
『교양 자연과학 서적 Popular Books on Natural Science』(베른슈타인 Bernstein) 44
구스, 앨런 Guth, Alan 232
국제연맹 League of Nations 128
그로스, 데이비드 Gross, David 244
그로스만, 마르켈 Grossman, Marcel 48, 54, 86, 103~104
   -의 잘못된 중력이론 incorrect gravity theory of 106~110
그로트, 빌헬름 Groth, Wilhelm 196
그린스타인, 제시 Greenstein, Jesse 224
기하(학) geometry 156~157, 185, 246
   휘어진 공간의 - of curved surfaces 100~104
   미분-(텐서미적분(학)) differential (tensor calculus) 105
   유클리드의 평면- Euclidean plane 37, 101, 104~105
   비유클리드- non-Euclidean 104

후(後)리만기하학 post-Riemannian 163~164

초공간 superspace 244~245

(초)끈이론 (M-이론) string (superstring) theory (M-theory) 16, 163, 186, 216, 242~250, 271n

ㄴ

나노기술 nanotechnology 165, 217, 222

나사 NASA 26, 228

네른스트, 발터 Nernst, Walther 114

노벨상 Nobel Prizes 13, 83, 87, 119, 124, 126, 131, 133, 150, 167, 171, 185, 190, 203~205, 216~219, 222~224, 226, 230, 242

노비코프, 이고르 Novikov, Igor 239

누에쉬, 야코프 Nuesch, Jakob 53

뉴욕대학교 New York University 131

<뉴욕타임스 New York Times> 120, 164, 198

　-가 제기한 회의론 skepticism expressed by 122~123

뉴턴, 아이작 Newton, Isaac 12, 21, 23~26, 74, 121, 249

　-의 중력이론 gravity theory of 22, 24~25, 96, 98, 101, 119, 137~138, 146, 149, 157, 186, 249

-의 "나는 가설을 세우지 않는다 hypotheses non fingo phrase of" 라는 경구 102

산업혁명과 - Industrial Revolution and 24

-의 빛 이론 light theory of 71, 82

-의 성격 personality of 23

-이 시각화한 물리적 그림 physical pictures visualized by 23~25, 45

-의 무덤 tomb of 128, 171

뉴턴물리학 Newtonian physics 14~15, 22~26, 29~32, 45~46, 75

-에서의 절대공간과 절대시간 absolute space and time in 26~27, 57, 65~67, 103, 210

-에서의 속도 더하기 adding of velocities in 61~62, 66~68

-의 결함 deficiencies of 30~32, 57~62

-에서의 결정론 determinism in 173~174

-에서의 보편적인 원격작용 instantaneous universal effects in 25~29, 64, 96, 102, 149, 157, 210

-의 운동법칙 laws of motion in 23~24, 109~110, 174~175

맥스웰의 장이론 대 - Maxwell's field theory vs. 30~31, 157

과학의 기둥 역할을 하는 - as pillar

of science 30, 32, 66~67
-의 타당성 validity of 185
→ '에테르이론' 도 참조.
니콜라이, 게오르크 Nicolai, Georg 114

ㄷ
다윈, 찰스 Darwin, Charles 120
다이슨 경(卿), 프랭크 Dyson, Sir Frank 119
다이슨, 프리먼 Dyson, Freeman 205
다중우주론 many worlds theory 220~221, 223
달 moon 25, 97, 99, 223, 225, 234
달렌, 닐스 구스타프 Dalén, Nils Gustaf 87
대칭(성)을 통한 통일 unification through symmetry 78~80, 95, 157~159, 169, 245~248
　-에서의 5차원 일반공변성 five-dimensional general covariance in 161
　-에서의 초대칭 supersymmetry in 245~247
　바일 이론에서의 - in Weyl's theory 158~159
대형강입자충돌기 LHC(Large Hadron Collider) 248~249
데 시테르, 빌렘 de Sitter, Willem 140, 142
데겐하르트, 요제프 Degenhart, Joseph 35
독일 Germany 33~39, 87~88, 108, 120, 131, 145, 227
　-을 떠난 피난자로서의 아인슈타인 AE as refugee from 189~190, 192
　-의 카푸트에 있는 아인슈타인의 별장 AE's Caputh vacation house in 189, 262n~263n
　-에서의 반유태주의 anti-Semitism in 124~125, 129~130, 188~193
　-의 아리안 물리학 Aryan physics in 124
　-의 원자폭탄계획 atomic bomb project of 195~197, 199~202
　-에서 쫓겨난 유태인 과학자들 Jewish scientists driven from 190~192
　-의 나치당 Nazi Party in 188~192, 220
　-에서의 정치적 암살 political assassinations in 129~130
　-의 학교 체계 school system of 34~35, 40~41
　제1차 세계대전 때의 - in World War I 113~115
독일과학자회 Society of German Scientists 125
두카스, 헬렌 Dukas, Helen 55, 90,

194, 204, 240
드브로이, 루이 de Broglie, Louis 167, 175
등가원리 equivalence principle 98~100, 158~159, 169, 206
등대 lighthouses 87
디랙, 폴 에이드리언 모리스 Dirac, Paul Adrian Maurice 168, 170~172, 265n
디케 Dicke, R. H. 230
딕슨, 유제니아 Dickson, Eugenia 129

ㄹ

라듐 radium 30, 69, 195
라비, 이지도어 아이작 Rabi, Isidor Isaac 126
라우에, 막스 폰 Laue, Max von 76
라이부스, 루돌프 Leibus, Rudolph 129
라이힌슈타인, 다비드 Reichinstein, David 55
라테나우, 발테 Rathenau, Walther 128~129
라플라스, 피에르-시몽 Laplace, Pierre-Simon 146, 234
랑주뱅, 폴 Langevin, Paul 83
러더퍼드, 어니스트 Rutherford, Ernest 158, 197
러셀, 버트런드 Russell, Bertrand 130

레나르트, 필리프 Lenard, Philipp 71, 124, 129~130
레닌 Lenin, V. I. 130
레브커 Rebka, G. A. 224
레이저 lasers 215, 217, 224~225, 227~228
레일리 경(卿), 존 윌리엄, 스트럿 Rayleigh, John William Strutt, Lord 127
로렌츠, 헨드리크 Lorentz, Hendrik 59, 65~66, 68, 118
로렌츠공변방정식 Lorentz covariant equations 78, 105
로렌츠변환 Lorentz transformation 65, 67, 78, 105, 157, 245
로렌츠-피츠제럴드수축 Lorentz-FitzGerald contraction 59, 65, 68
로바체프스키, 니콜라이 Lobachevsky, Nicolai 104
로벤탈, 엘자 Lowenthal, Elsa → '아인슈타인, 엘자 로벤탈' 참조
로젠, 나탄 Rosen, Nathan 150, 182, 185~186
로젠펠트, 레온 Rosenfeld, Leon 183
로저스, 윌 Rogers, Will 132~133
로트블라트, 요제프 Rotblatt, Joseph 203
뢴트겐, 빌헬름 Rontgen, Wilhelm 114
루스벨트, 프랭클린 Roosevelt, Franklin D. 199~201

루이스, 길버트 Lewis, Gilbert 72
루이트폴트 김나지움 Luitpold Gymnasium 35
룩셈부르크, 로자 Luxemburg, Rosa 128
르메트르, 조르주 Lemaître, Georges 140, 144, 232
르베리에, 위르뱅 Leverrier, Urbain 109
리만, 베른하르트 Riemann, Bernhard 104~105, 156, 239, 246
리버사이드교회 Riverside Church 133
리치곡률 Ricci curvature 106, 110, 139, 159, 231
리프크네히트, 카를 Liebknecht, Karl 128
린드버그, 찰스 Lindbergh, Charles 131

□

마리치, 밀레바 Maric, Mileva → '아인슈타인, 밀레바 마리치' 참조
마리치, 조르카 Maric, Zorka 50
마이켈슨, 앨버트 Michelson, Albert 57~58, 65, 80, 227, 254n
마이크로파 microwave radiation 212, 229~231
마이트너, 리제 Meitner, Lise 197~198, 200

마흐, 에른스트 Mach, Ernst 56, 61, 72, 140
마흐원리 Mach's principle 107, 110, 257n
만들, 루디 Mandl, Rudi 150~151
맥스웰방정식 Maxwell's equations 29, 46, 100~101, 160~161
   4차원 수학에서의 맥스웰방정식 in four-dimensional mathematics 79
   특수상대성이론과 맥스웰방정식 special relativity theory and 63, 65, 68, 157, 255n
맥스웰, 제임스 클럭 Maxwell, James Clerk 22, 27~29, 34, 65, 166
   → '맥스웰의 장이론' 도 참조
맥스웰의 장이론 field theory, Maxwell's 14, 27~30, 82, 100~101, 149, 155
   뉴턴물리학 대 - Newtonian physics vs. 30~31, 61~63, 157
   과학의 기둥 역할을 하는 - as pillar of science 30, 32, 63
   -에 나오는 특이점 singularities in 157
   -에서의 광속 speed of light in 14, 22, 28~30, 61~63
   -에서의 시간 time in 28
   양-밀스장과 - Yang-Mills fields and 162
   → '통일장이론' 도 참조

'모세관현상의 결론들 Deductions from the Phenomena of Capillarity' (아인슈타인 Einstein) 53
몰리, 에드워드 Morely, Edward 57~58, 65, 80, 227, 254n
무어, 월터 Moore, Walter 168
'문명세계에 대한 선언 Manifesto to the Civilized World' (베를린대학교 교수진 University of Berlin faculty) 113, 120
'물리학 연보 Annalen der Physik' 66
물리학에서의 아름다움 beauty, in physics 79, 111~112, 206
물리학에서의 우아함 elegance, in physics 79, 111, 206
물질 matter 103, 107, 140, 147, 156, 167, 177, 185
   암흑 dark 217, 233, 248~250
   4차원과 - fourth dimension and 78
   음 - negative 237~238
   → $E=mc^2$ 도 참조
물질파 matter waves 167~172, 179~181, 218~219
미국 United States 227
   - 주민으로서의 아인슈타인 AE as resident of 192~193
   아인슈타인의 - 여행 AE's tours of 125~126, 130~132
   - 언론들의 취재 media coverage in 121, 124~125

과학의 변방이었던 - as scientific backwater 193
   → '원자폭탄계획' 도 참조
미분기하학(텐서미적분(학)) differential geometry (tensor calculus) 105, 245
미첼, 존 Michell, John 146, 234
민코프스키, 헤르만 Minkowski, Hermann 48, 76~79
밀리컨, 로버트 Millikan, Robert 131

ㅂ

바그먼, 발렌타인 Bargman, Valentine 208
바이스코프, 빅토르 Weisskopf, Victor 112
바이츠만, 차임 Weizmann, Chaim 125, 213
바일, 헤르만 Weyl, Hermann 158~159
바흐스만, 콘라트 Wachsmann, Konrad 262n
반 슈토쿰 van Stockum, W. J. 236
반물질 antimatter 110~174, 265n
반상대성이론연맹 Anti-relativity League 124
반유태주의 anti-Semitism 129~130, 188~192
반중력 antigravity 139, 232

방사능 radioactivity 30, 224
버키, 토머스 Bucky, Thomas 207
번스타인, 제레미 Bernstein, Jeremy 22, 209~210
베른대학교 Bern, University of 80~81
베른슈타인, 아론 Bernstein, Aaron 44
베를린대학교 Berlin, University of 71, 87~88, 90, 113, 119, 258n
베버, 하인리히 Weber, Heinrich 41, 47, 51, 87
베소, 미켈란젤로 Besso, Michelangelo(애칭은 미셸, Michele) 41, 63, 65~66, 213
베소, 안나 빈텔러 Besso, Anna Winteler 41
베테, 한스 Bethe, Hans 200
벤구리온, 다비드 Ben-Gurion, David 213
벤틀리, 리처드 Bentley, Richard 137~138
벨, 존 Bell, John 184, 221, 207n
벨기에 여왕 엘리자베스 Elizabeth, Queen of Belgium 193
별 stars 13, 31, 57, 107, 138, 141, 257n
　-빛의 휘어짐 bent light of 98~99, 111, 118~119, 150~151
　어두운 - dark 146, 234; → '블랙홀'도 참조
　-의 형성 formation of 148~149
　중성자- neutron 13, 149, 226

올베르스역설과 - Olbers' paradox and 138
보른, 막스 Born, Max 66, 172~174, 259n
보손 bosons 245
보스, 사트옌드라 나트 Bose, Satyendra Nath 165~167, 245
보스-아인슈타인응축(상) Bose-Einstein condensates 13, 166~167, 216~218
보어, 닐스 Bohr, Niels 82, 168, 170, 172~173, 175, 183, 185, 209
　아인슈타인과 -의 논쟁 AE's debate with 175~178, 218, 221
　나치와 - Nazis and 192
보여이, 야노스 Bolyai, Janos 104
볼츠만, 루트비히 Boltzmann, Ludwig 74, 166, 212
부시, 배니버 Bush, Vannevar 201
불확정성원리 uncertainty principle 173~185, 217~222, 230~231
　빅뱅이론과 - big bang theory and 229~230
　-에 대한 보어-아인슈타인논쟁 Bohr-Einstein debate on 176~178, 218, 222
　-에서의 해체 decoherence in 222~223
　EPR실험과 - EPR experiment and 183~185, 221, 270n

-에서의 관측 과정 observation process in 172~173, 178~184, 218~219
-에서의 확률 probabilities in 172~175, 211
-와 슈뢰딩거의 고양이문제 Schrödinger's cat problem in 185, 218~222
-와 분리 벽 separating "wall" in 219, 221
브라운, 로버트 Brown, Robert 72
브라운, 이언 Brown, Ian 229
브라운운동 Brownian motion 72~73
브라이언, 데니스 Brian, Denis 12
블랙홀 black holes 13, 15, 98, 145~149, 184, 186~187, 200, 227, 233
   -의 사건지평선 event horizon of 147, 235~237
   -의 형성 formation of 147~148
   은하의 중심에 있는 - as galactic centers 234~235
   -의 질량 mass of 234
   평행우주에 대한 입구로서의 - as parallel universe portals 240~241
   -의 성질 properties of 147~148
   양자입자로서의 - quantum particles as 186~187
   -의 슈바르츠실트반지름 Schwarzschild radius of 147~149
   자전하는 - spinning 235~237

타임머신으로서의 - as time machines 236
블루멘펠트 쿠르트 Blumenfeld, Kurt 125~126
비앙키항등식 Bianchi identities 112
빅뱅이론 big bang theory 15, 145, 184, 211, 228, 232, 247~248
빅크런치 big crunch 232
빅프리즈 big freeze 141
빈테르투르기술고등학교 Winterthur Technical High School 52
빈텔러, 마리 Winteler, Marie 43~44, 49
빈텔러, 마야 아인슈타인 Winteler, Maja Einstein 34, 38, 41~42, 94, 213
빈텔러, 요스트 Winteler, Jost 41, 43
빈텔러, 파울 Winteler, Paul 41
빌란트, 한스 Byland, Hans 42
빛 light 31, 44~47, 56, 167
   -의 휘어짐 bending of 98~99, 111, 118~119, 150~151, 224~225
   블랙홀 안에서의 - in black holes 147~148, 233
   -의 이중성 dual properties of 82, 167
   -의 진동수 frequencies of 72, 108
   시간에 대해 얼어붙은 - as frozen in time 45, 46
   -에 대한 뉴턴의 이론 Newton's theory of 71, 82

-의 광자 photons of 71~72, 74, 82, 124, 169, 173~174, 217, 224
-의 적색편이 red shift of → '적색편이' 참조
'빛의 생성과 변화에 관한 조견적(助見的) 관점에 대하여 On a Heuristic Point of View Concerning the Production and Transformation of Light'(아인슈타인 Einstein) 72
빛의 입자 light particles 71, 82, 167
빛의 파동 light waves 31, 45, 71, 82, 167, 171
빛줄기 light beams 14, 71, 98~99, 173
　-에 대한 아인슈타인의 물리적 그림 AE's physical picture of 44~47, 63~65, 157
　고에너지 대 저에너지 - high-energy vs. low-energy 82
　-의 세기 intensity of 71
　-를 이용한 마이켈슨-몰리실험 Michelson-Morley experiment with 57~58, 65, 80, 227

ㅅ

4차원 fourth dimension 76~79, 144, 160, 170, 245, 249~250
삭스, 알렉산더 Sachs, Alexander 199
상대(성이)론 relativity theory 32, 45~46, 117~136

-의 반유태주의적 비난자들 anti-Semitic detractors of 124~125
-의 비판자들 critics of 114~115, 122~125, 188~189
-의 이해불가성 incomprehensibility of 118~119, 124, 131
언론이 다룬 - media coverage of 120~125, 131
-에 대한 대중의 관심 public interest in 121~122, 124~128, 130~136
→ '일반상대성이론', '특수상대성이론' 도 참조
손, 킵 Thorne, Kip 236~237
솔로빈, 모리스 Solovine, Maurice 56
솔리톤 solitons 186
솔베이, 에르네스트 Solvay, Ernest 83
솔베이회의 Solvay Conferences 83~86, 176~179, 222
수성 Mercury 234
　-의 근일점 perihelion of 107~109, 211
슈미트, 안나 Schmid, Anna 89
슈뢰딩거, 에르빈 Schrödinger, Erwin 175, 184
　-의 아핀장이론 affine field theory of 205
　-가 제기한 고양이문제 cat problem proposed by 178~181, 185, 218~222

302

나치에게 구타당한 - Nazis' beating of 191~192
프린스턴의 제의를 거절한 - Princeton job offer refused by 193
-의 파동방정식 wave equation of 167~172
슈바르츠실트, 카를 Schwarzschild, Karl 145~147, 186, 233, 235
슈바르츠실트반지름 Schwarzschild radius 147~149
슈바르츠실트해 Schwarzschild solution 145~147
슈테른, 오토 Stern, Otto 169
슈튀르크, 칼 폰 백작 Sturgkh, Count Karl von 114~115
슈페르, 알베르트 Speer, Albert 202~203
스나이더, 하틀랜드 Snyder, Hartland 148~149
스무트, 조지 Smoot, George 230
스위스 Switzerland 56
'스타트렉 Star Trek' 72
슈트라스만, 프리츠 Strassmann, Fritz 197
스피노자, 바루흐 Spinoza, Baruch 135
슬라이퍼, 베스토 멜빈 Slipher, Vesto Melvin 142
시간 time 47, 56, 148, 172, 178
　절대- absolute 26~27, 57, 63, 103, 210
-에 대한 아인슈타인의 물리적 그림 AE's physical picture of 63~64
맥스웰 장이론에서의 - in Maxwell's field theory 28
-의 역전 reversal of 231~232
바일 이론에서의 - in Weyl's theory 158~159
→ '시공간' 도 참조
시간여행 time travel 210~211, 236~239
-의 역설 paradoxes of 211, 239~240
-에서의 웜홀 wormholes in 237~239
시간지연 time, dilation of 63~68, 76~77, 224, 238~240
-의 역설 paradoxes of 83~85
시공간 space-time 139, 186, 236, 243
휘어진 - curved 15, 98~102, 243
사건지평선에서 -의 왜곡 distortions of, at event horizon 147
-의 4차원 four dimensions of 76~79, 160, 170, 245, 249~250
-의 부피 volume of 106, 139, 231
휘어진 warped 98~99, 102~103, 156~157, 228~229, 239~240
시베리아 Siberia 108
시오니즘 Zionism 125, 261n

- 기금 마련을 위한 아인슈타인의 여행 AE's fund-raising tour for 126~127
신 God 38, 134~135, 155, 173~175, 178, 205, 208, 220, 230
실라드, 레오 Szilard, Leo 191, 199, 204
쌍둥이역설 twin paradox 83~85

ㅇ

아들러, 프리드리히 Adler, Friedrich 53, 80~81, 114
아리스토텔레스 Aristoteles 23
아스페, 알랭 Aspect, Alain 221
아원자입자 subatomic particles 15, 157, 162~163, 186~187, 219, 240~245
   -의 사진 photographs of 171~172
   초입자 sparticles 248~251
   -의 스핀 spin of 169, 182, 245
   → '양자물리학'도 참조
아인슈타인, 마야 Einstein, Maja → '빈텔러, 마야 아인슈타인' 참조
아인슈타인, 밀레바 마리치 Einstein, Mileva Maric 48~49, 65, 74, 124, 194
   아인슈타인과 주고받은 편지 AE's correspondence with 49, 53
   아인슈타인과의 결혼 AE's marriage to 55
   -의 죽음 death of 212~213

최종 시험에 떨어진 - final exams flunked by 53
혼전임신을 한 - illegitimate pregnancy of 53
-에 대한 아인슈타인 집안의 반대 in-laws' dislike of 50, 90
결혼생활의 파탄 marital breakup of 88~92
노벨상 상금과 - Nobel Prize money sent to 131
-의 성격 personality of 49, 88~89
아인슈타인, 알베르트 Einstein, Albert:
   대학 강사로서의 - as academic lecturer 80~81, 86~87, 104, 193
   대학에서 -의 지위 academic positions of 80~81, 87~88
   -의 외모 appearance of 12, 82, 121, 195
   권위에 맞서는 - authority resisted by 36, 47~48, 51
   -의 탄생 birth of 33
   -이 지지한 주의 causes promoted by 125~127, 204
   유명인으로서의 - celebrity of 12, 125~133, 163, 262n~263n
   -의 어린 시절 childhood of 33~39
   -의 죽음 death of 214
   어린 시절 -의 수학적 관심 early mathematical interests of 38
   윤리에 대한 -의 견해 ethics as

viewed by 134
-에 대한 FBI 파일 FBI file on 201~202
손을 다친 - hand injury of 48
-의 건강 문제 health problems of 115
-이 이끈 약식 연구모임 informal study group formed by 56~57
이스라엘 대통령직을 사절한 - Israel's presidency declined by 213
유태인의 뿌리를 재발견한 - Jewish roots rediscovered by 124~125, 127, 261n
직장을 찾는 - job search of 51~53
게으르다고 여겨진 - laziness attributed to 48, 76
-에 대한 수학자들의 비판 mathematicians' criticism of 112~113
-의 스승 mentor of 36~37
-의 별명 nicknames of 35, 42
-의 노벨상 Nobel Prize of 52, 87, 130
-의 평화주의 pacifism of 114, 125, 128~129, 188~189
특허국에서의 - at patent office 54, 76, 88, 96, 181
-의 성격 personality of 21~23, 34~37, 42, 49, 88, 125

-의 철학적 관심 philosophical interests of 37~38, 131~132
-이 시각화한 물리적 그림들 physical pictures visualized by 14, 23, 39, 44~46, 54~55, 63~65, 77~78, 157, 164, 208
-에 대한 물리적 위협 physical threats against 129
-의 종교관 religious views of 36, 134~135
-의 애정 관계 romantic relationships of 43~44, 48~51, 53, 90~92
-의 학창시절 school years of 34~35
말문이 늦게 트인 - speech problems of 34
스테인드글래스로 그려진 -의 초상 stained-glass window portrayal of 133
-의 스위스 국적 Swiss citizenship of 42, 52
바이올린 연주자로서의 - as violinist 33, 37, 43, 52
-의 위트 wit of 21, 42, 121, 132, 202
-의 세계 여행 world tours of 125~133
아인슈타인, 야코프 Einstein, Jakob 34, 39
아인슈타인, 에두아르트 Einstein,

Eduard 82, 90~91, 102
-의 정신적 장애 mental illness of 193~194, 213
아인슈타인, 엘자 로벤탈 Einstein, Elsa Lowenthal 90~92, 126, 129, 262n~263n
　아인슈타인과의 결혼 AE's marriage to 116
　아인슈타인과의 관계 AE's relationship with 91~92
　-의 죽음 death of 194~195
　윌슨산천문대에서의 - at Mt. Wilson observatory 132, 143
　-의 성격 personality of 91~92
　-의 세계 여행 on world tours 132
아인슈타인, 파울리네 코흐 Einstein, Pauline Koch 33, 39, 43, 50~51, 90, 118
아인슈타인, 한스 Einstein, Hans 43, 55, 90~91
아인슈타인, 헤르만 Einstein, Hermann 33~34, 39~40, 52, 55
아인슈타인-그로스만이론 Einstein-Grossman theory 107~110
아인슈타인렌즈와 아인슈타인링 Einstein lenses and rings 13, 150~151, 229, 234
아인슈타인-로젠다리 Einstein-Rosen bridge 186~187, 235~236
『아인슈타인에 맞선 100인의 권위자들 One Hundred Authorities against Einstein』 189~190
아인슈타인집 Einstein House 74
아인슈타인탑 Einstein Tower 131
아인슈타인-힐베르트작용 Einstein-Hilbert action 112~113
아핀장이론 affine field theory 205
암흑물질 dark matter 217, 233, 248~250
암흑에너지 dark energy 139~140, 232~234
앨퍼, 랠프 Alpher, Ralph 212
양-밀스장(場) Yang-Mills fields 162~163, 241
양성자 protons 197, 248
양자물리학 quantum physics 30, 75, 113, 124, 148~149, 156, 160, 164~169, 206~207, 230, 241
　-과 반물질 antimatter in 170~172
　-과 보스-아인슈타인응축상 Bose-Einstein condensates in 13, 66~167, 216~218
　-과 카시미르효과 Casimir effect in 237~238
　-에서의 인과율 causality in 175, 211
　-의 코펜하겐학파 Copenhagen school of 176~185, 218~222
　-과 이중성 개념 duality concept and 82

306

-과 아인슈타인-로젠다리 Einstein-Rosen bridge in 186~187, 235~236
-과 진동수 frequencies in 72
-과 빛 light in 71~72
-과 물질파 matter waves in 167~172, 179~181, 218~219
-과 비국소적 우주 nonlocal universe of 183~186
-과 슈뢰딩거 파동방정식 Schrödinger wave equation in 168, 171~173
-과 솔리톤 solitons in 186
-의 표준모델 Standard Model of 241~242
→ '불확정성원리' 도 참조
양자수 quantum numbers 149, 169, 187
양자 우주 quantum universes 220~221
양자컴퓨터 quantum computers 217
양전자 positrons 170
어두운 별 dark stars → '블랙홀' 참조
에너지 energy 82, 107, 177, 241~243
   -의 보존 conservation of 30, 70
   암흑- dark 139~140, 232~234
   4차원과 - fourth dimension and 78
   광파의 - of light waves 71
   음- negative 237~238
   핵- nuclear → '핵에너지' 참조
   -의 양자 quanta of 68-69

→ $E=mc^2$ 도 참조
에디슨, 토머스 Edison, Thomas 34
에딩턴, 아서 Eddington, Arthur 117~120, 148, 159, 164
에렌페스트, 파울 Ehrenfest, Paul 100, 177, 194
에렌페스트역설 Ehrenfest's paradox 100
에버렛, 휴 Everett, Hugh 220~221
에이먼, 데 벌레라 Eamon, De Valera 205
에테르 바람 aether wind 57~59, 65, 227
에테르이론 aether theory 31~32, 44, 57~60, 65, 68, 80, 171
   -에서의 로렌츠-피츠제럴드수축 Lorentz-FitzGerald contraction in 58~59, 65~66, 68
   마이켈슨-몰리실험과 - Michelson-Morley experiment and 57~59, 65, 80, 227, 254n
   -의 신비로운 성질들 mystical properties of 31~32, 59~60
에피쿠로스 Epikouros 57
음물질과 음에너지 negative matter and energy 237~238
역설 paradoxes 47, 63~65, 83~86, 224, 255n~256n
   에렌페스트- Ehrenfest's 100
   올베르스- Olbers' 138

호랑이와 우리 - tiger and cage 85~86
시간여행의 - of time travel 211, 239~240
쌍둥이- twin 83~84
「역학 The Science of Mechanics」(마흐 Mach) 57
'열의 분자운동론이 요구하는 정지한 액체에 떠 있는 작은 입자들의 운동에 대하여 On the Movement of Small Particles Suspended in Stationary Liquids Required by the Molecular-Kinetic Theory of Heat' (아인슈타인 Einstein) 73~74
영국 England 26, 117~119, 122, 125, 146, 155~156, 171, 192, 227, 229
오스트발트, 빌헬름 Ostwald, Wilhelm 52, 114
오컴의 면도날 Occam's Razor 60
오펜하이머, 로버트 Oppenheimer, J. Robert 148~149, 200, 207, 242
'올림피아 아카데미' 연구모임 'Olympian Academy' study group 56~57
올베르스역설 Olbers' paradox 138
와이먼, 칼 Weiman, Carl E. 216~217
와인버그, 스티븐 Weinberg, Steven 223~224, 242
왓슨 Watson, E. M. 199
왕립천문학회 Royal Astronomical Society 117, 119
우라늄 uranium 174, 179, 197, 203
우주 universe 26, 37, 92, 107, 135, 208, 230, 265n
-의 나이 age of 144
- 안에 있는 우주적 의식 cosmic consciousness in 219~220
-의 창조 creation of 98, 112, 144
-의 임계밀도 critical density of 140~141
-의 팽창 expansion of 231~234
-의 우둘투둘한 구조 lumpiness of 230~231
-로서의 은하수 Milky Way galaxy as 138, 141
비국소적인 - as nonlocal 183~186
-의 궁극적 속도로서의 광속 speed of light as ultimate velocity in 67~68, 98~99, 256n
-의 궁극적 운명 ultimate fate of 13, 16, 140~141, 231~232
→ '에테르이론', '우주론'도 참조.
우주론 cosmology 137~151, 204, 211~213, 216, 229~240
빅뱅이론 big bang theory in 15, 145, 150, 184, 211~212, 232, 248
수축하는 우주 contracting universe in 138~141, 231~232
우주의 밀도 density of universe in 140~141

아인슈타인렌즈와 아인슈타인링 Einstein lenses and rings in 12, 150~151, 229, 234
텅 빈 우주 empty universe in 140
팽창하는 우주 expanding universe in 142, 211, 230~231
유한한 우주와 무한한 우주 finite vs. infinite universe in 137~138, 143~144
초팽창우주 inflationary universe in 232~233
뉴턴의 중력이론과 - Newton's gravity theory and 137~138
올베르스역설 Olbers' paradox in 138
하나의 은하로 된 우주 one-galaxy universe in 138, 141
진동우주 oscillating universe in 232
적색편이 red shift in 142, 211
회전하는 우주 rotating universe in 210~211
정적인 우주 static universe in 137~140, 143
웜홀 wormholes in 186, 237~239
→ '블랙홀', '중력파', '평행우주' 도 참조
우주비행사 astronauts 97
우주상수 cosmological constant 13, 139~140, 231~233

우주적 의식 cosmic consciousness 219~220
『우주체계해설 Exposition du systeme du monde』 (라플라스 Laplace) 146
'움직이는 물체의 전기역학에 대하여 On the Electrodynamics of Moving Bodies' (아인슈타인 Einstein) 65~69
워싱턴 Washington, D.C. 200, 225, 227
원자 atoms 15, 30, 57, 73, 85, 158~159, 197
-에 대한 에테르의 영향 aether's effect on, 59
보스-아인슈타인응축상에서의 - in Bose-Einstein condensates, 13, 166~167, 216~218
-의 실험적 증명 experimental proof of 73~75
-보다 작은 다섯 번째 차원 fifth dimension as smaller than 160~161
원자과학자위기위원회 Emergency Committee of Atomic Scientists 204
원자레이저 atomic lasers 217
원자시계 atomic clocks 85, 224~225
원자폭탄계획 atomic bomb project 195~203
-에서 보안상 위험 인물로 분류된 아인슈타인 and AE as security risk 201~202

-과 일본에 대한 폭격 bombing of Japan in 203
독일의 - German 197, 200~203
-으로서의 맨해튼계획 Manhattan Project in 200~204
루스벨트와 - Roosevelt and 199
→ '핵에너지' 도 참조
웜홀 wormholes 186~187, 239~240
웨스트폴, 리처드 Westfall, Richard S. 23
웰스 Wells. H. G. 77
위그너, 유진 Wigner, Eugene 199~200, 219~220
위성항법장치 (GPS) global positioning satellite system 87
위튼, 에드워드 Witten, Edward 243, 271n
윌슨, 로버트 Wilson, Robert 229~230
윌슨산천문대 Mt. Wilson observatory 132, 142~143
유클리드의 평면기하(학) Euclidean plane geometry 37, 101, 104
윤리(학) ethics 134
은하수 Milky Way galaxy 138, 141
　-의 중심에 있는 블랙홀 black hole at center of 234
인공위성 space satellites 225~226, 228, 230, 233, 248
일반상대성이론 general relativity theory 98~115, 155, 178, 181, 197, 208, 216, 224~225, 229, 233, 240~243
　-에서의 가속 acceleration in 79~80, 98, 105
　-의 정확성 accuracy of 226
　에렌페스트역설과 - Ehrenfest's paradox and 100
　-의 우아함 elegance of 111~112
　-에서의 일반공변원리 general covariance principle in 105~107, 111, 139, 158~159, 161, 163, 231, 245~246, 258n
　-의 가정 postulate of, 98
　-의 우선권 다툼 priority battle for, 112~113
　→ '일반상대성이론의 중력이론' 도 참조
일반상대성이론의 중력이론 gravity, general relativity theory of 80, 98~119, 155, 240~241
　-에 따른 빛의 휘어짐 bending of light in 98~99, 111, 118~120, 150~151, 224~225
　-에 따른 시공간의 휘어짐 curved space-time in 15, 100~111
　-에 대한 아인슈타인-그로스만이론 Einstein-Grossman theory of 107~110
　-에서의 아인슈타인-힐베르트작용 Einstein-Hilbert action in 112~113
　-에서의 등가원리 equivalence

principle in 96~98, 158, 163
-에 대한 실험적 증명 experimental proof of 107~111, 118~120, 124
중력적색편이와 - gravitational red shift and 107~109, 224
마흐원리와 - Mach's principle and 107, 110
-과 수성의 근일점 and perihelion of Mercury 107, 110~111
리치곡률과 - Ricci curvature and 106~107, 110, 139
→ '우주론', '통일장이론' 도 참조
일본 Japan 130, 227
-에 대한 원자폭탄 투하 atomic bombing of 203
입자가속기 atom smashers 85, 187, 248

ㅈ

자기 magnetism 27~30, 44, 68, 155~156, 241, 245
　어린 시절 -에 열광했던 아인슈타인 AE's early fascination with 36, 39
　4차원과 - fourth dimension and 78
　→ '맥스웰의 장이론' 도 참조
'자기장에 있는 에테르의 상태에 대한 탐구 Investigation of the State of the Aether in a Magnetic Field, An' (아인슈타인 Einstein) 44

'자연관의 발전과 전자파의 구성 The Development of Our Views on the Nature and Constitution of Radiation' (아인슈타인 Einstein) 81~82
『자연철학의 수학적 원리 Philosophiae Naturalis Principia Mathematica』 (뉴턴 Newton) 102, 137
자유낙하 free fall 25, 96~97
작용 action 112~113
잘츠부르크 물리학회의 Salzburg physics conference 81~82
종교 religion 117, 134~136
　과학 대 - science vs. 36, 134~136
중력 gravity 149, 178, 241, 243, 245, 249~250, 257n~258n
　- 아래에서의 가속도 acceleration rate under 96~97, 155~156
　인력으로서의 - as attractive force 137~139
　블랙홀과 - black holes and 147~148
　-의 장이론 field theory of 99~100
　자유낙하와 - free fall and 25, 96~98
　-에 대한 역제곱법칙 inverse square law of 186, 249~250
　뉴턴의 - 이론 Newton's theory of 22, 24~25, 96~99, 102~103,

110~111, 119, 137~139, 146, 155, 158, 186
　외계에서의 - in outer space 97
　반발적인 반중력 대 - repulsive antigravity vs. 139, 232
　-의 스핀 spin of 245
적색편이 red shift 142~144
　중력- gravitational 107~108, 224
적외선 infrared radiation 212
전기 electricity 27~30, 34, 39, 44, 68, 155~156, 237, 241, 245
　4차원과 - fourth dimension and 78
　태양- solar powered 70
　정- static 27
　→ '맥스웰의 장이론' 도 참조
전기기구(전자제품) electronics 70, 165
전자 electrons 80, 157, 165, 169~172, 265n
　-의 스핀 spin of 169, 182
절대영도 absolute zero 13, 141, 166~167, 212, 216~217
점입자 point particles 157
제1차 세계대전 World War I 115~117, 121, 128
　-에서의 평화주의자 pacifists in 114, 117~118, 120
제2차 세계대전 World War II 162, 211, 220, 223
졸리오-퀴리, 프레데리크 Joliet-Curie, Frédéric 198
중력파 gravity waves 149~150, 169
　-의 실험적 증명 experimental proof of 13, 149~150, 225~228, 248
중성자 neutrons 197, 226
중성자별 neutron stars 13, 149, 226
'지성인들께 보내는 메시지 Message to the Intellectuals' (아인슈타인 Einstein) 269n
진공 vacuum 31, 46, 140, 232
질량 mass 69, 80, 107, 257n
　블랙홀의 - of black holes 233
　등가원리에서의 - in equivalence principle 98~100, 157~158, 163
　광속에서 무한대로 증가하는 - infinity of, at speed of light 69, 256n
질레트, 조지 프랜시스 Gillette, George Francis 123

ㅊ

차원 dimensions:
　-의 미분기하학 differential geometry of 105
　4- four 76~79, 144, 160, 170, 245, 249~250
　5- five 161~164
　10- ten 244, 271n
　11- eleven 244, 249, 271n

채드윅, 제임스 Chadwick, James 197
채플린, 찰리 Chaplin, Charlie 132~133
처칠, 윈스턴 Churchill, Winston 190, 220
천왕성 Uranus 26, 109
철학 philosophies 38, 131~132
    고대 그리스 - ancient Greek 23
    물리적 실체와 - physical reality and 134
초공간 hyperspace 244, 249
초공간 superspace 246
초구 hypersphere 144
초대칭 supersymmetry 245~247
초입자 sparticles 248~249
취리히공과대학 Zurich Polytechnic Institute 40, 46~47, 49, 51, 61, 76, 86, 104
취리히대학교 Zurich, University of 54
    -에서 박사학위를 받은 아인슈타인 AE's Ph.D. from 74
    -에서 교수직을 얻은 아인슈타인 AE's professorship at 80~82
치클론 B 가스 Zyklon B gas 191

ㅋ

카시미르효과 Casimir effect 237~238
카이저빌헬름물리학연구소 Kaiser Wilhelm Institute for Physics 88, 197, 203
칸트, 임마누엘 Kant, Immanuel 38, 133~134
칼루자, 테오도르 Kaluza, Theodr 160~163, 244, 249
캐롤, 루이스 Carroll, Lewis 123, 187
커, 로이 Kerr, Roy 235~237
케테를레, 볼프강 Ketterle, Wolfgang 216~217
켈빈 경(卿), 윌리엄 톰슨 Kelvin, William Thomson, Lord 30
코넬, 에릭 Cornell, Eric A. 216~217
코페르니쿠스 Copernicus 58, 60, 96, 121, 233
콜레쥬 드 프랑스 Collège de France 128
퀴리, 마리 Curie, Marie 30, 69, 83, 86, 198
크기변환 scale transformations 158
크기불변성 scale invariance 159
크라우치, 헨리 Crouch, Henry 120
크로멜린, 앤드루 Crommelin, Andrew 118
클라이너, 알프레트 Kleiner, Alfred 54, 74
클라인, 오스카 Klein, Oskar 160~162, 244, 249~250
클라인, 펠릭스 Klein, Felix 113
키케로 Cicero 38

ㅌ

타고르, 라빈드라나트 Tagore, Rabindranath 133~134
<타임Time>지(誌) 12, 204
탈무트, 막스 Talmud, Max 37~38, 44
태양 sun 25~26, 97, 107, 110
   일식 eclipses of 99, 107~108, 117~118, 224~225
   -의 중력 gravity of 97, 258n
   -의 슈바르츠실트반지름 Schwarzschild radius of 147~148
   -에 의한 별빛의 휘어짐 starlight bent by 107~108, 111, 118, 211, 224~225
   -의 표면 온도 surface temperature of 212
태양계 solar system 233
   에테르이론과 - aether theory and 31
   -의 운동 motion of 25~26, 174
   프톨레마이오스의 천동설에 의한 - Ptolemaic earth-centered 60
   → '행성', '태양' 도 참조
테일러, 조지프 Taylor, Joseph 226
텐서미적분(학)(미분기하(학)) tensor calculus (differential geometry) 105~109, 245
텔러, 에드워드 Teller, Edward 200
톰슨 Thomson, J. J. 119

통일장이론 unified field theory 15~16, 150~151, 155~187, 204~206, 209, 214, 228, 240~242, 244, 247
   동료들의 - colleagues' versions of 158~164, 205, 209, 244
   5차원과 - fifth dimension and 160~163
   -에 필요한 안내 원리 guiding principle needed for 163, 206, 245
   -의 구슬과 나무 이미지 marble and wood image of 156~157, 244~246
   -에 포섭된 양자물리학 quantum physics as subsumed by 185~187
   -에서의 끈이론 string theory in 16, 163, 186, 216, 242~251, 271n~272n
트루먼, 해리 Truman, Harry 203
특수상대성이론 special relativity theory 14, 63~92, 155, 182, 225
   -에서의 속도 더하기 adding of velocities in 67~68
   원자론과 - atomic theory and 71~73
   -의 결점 deficiencies of 95~96
   -에서의 4차원 fourth dimension in 76~79, 160, 170
   -에서의 관성계 inertial frames in 66, 68
   -에서의 로렌츠공변방정식 Lorentz covariant equations in 78~79, 105
   -에서의 로렌츠변환 Lorentz

transformation in 65~68, 78, 105, 245
맥스웰방정식과 - Maxwell's equations and 63, 65, 67~68, 155, 254n~255n
-의 역설 paradoxes of 83~86, 255n~256n
-과 광전효과 photoelectric effect in 70, 80, 124, 130
-의 가정 postulates of 67
-에 대한 과학자들의 반응 scientists' response to 74~81, 88, 91
-에서의 공간수축 space contraction in 64~65, 67~68, 79
-에서 상수로서의 광속 speed of light as constant in 61~69, 75~76, 97~98, 157, 184
-에서의 시간지연 time dilation in 63~68, 76~77, 83~85
→ '$E=mc^2$', '대칭(성)을 통한 통일' 도 참조

특이(점)성 singularities 145, 157, 186

ㅍ

파운드, 로버트 Pound, Robert V. 224
파울리, 볼프강 Pauli, Wolfgang 159, 176
-의 통일장이론 unified field theory of 164~165, 209
-의 기지 wit of 164~165

파이스, 에이브러햄 Pais, Abraham 15, 209
파인만, 리처드 Feynman, Richard 224
패러데이, 마이클 Faraday, Michael 28, 34, 155~156
'펀치 Punch' 86
페르네, 장 Pernet, Jean 47~48
페르미, 엔리코 Fermi, Enrico 198, 200, 202~203, 243, 245
페르미온 fermions 245~246
페르미힘 Fermi force 149
펜지어스, 아노 Penzias, Arno 229~230
평행우주 parallel universes 210, 235, 240~241, 249
-에 대한 입구로서의 블랙홀 black hole portals of 235~236
다중우주론의 - of many worlds theory 220~221, 223
-의 웜홀 wormholes of 186~187
포돌스키, 보리스 Podolsky, Boris 182
포스터, 아이메 Foster, Aime 80
포프, 알렉산더 Pope, Alexander 24
푈싱, 알브레히트 Folsing, Albrecht 43
푸앵카레, 앙리 Poincaré, Henri 68
푸어, 찰스 레인 Poor, Charles Lane 123

프라하의 독일대학교 German University of Prague 82
프랑스 France 127, 192, 227
프러시아과학아카데미 Prussian Academy of Sciences 87, 163~164
프로인틀리히, 에르빈 핀라이 Freundlich, Erwin Finlay 108
프리드만, 알렉산더 Friedmann, Alexander 140, 143, 232
프리슈, 오토 Frisch, Otto 197~198
프린스턴대학교 Princeton University 21~22, 192~195, 200~201, 212, 230
플랑크, 막스 Planck, Max 30, 71, 81, 87, 96, 165, 212, 220
   히틀러와 만난 - Hitler's meeting with 190~191
   '문명세계에 대한 선언'에 서명한 - manifesto signed by 114
   나치와 - Nazis and 192~194
   과학적 반대에 대한 -의 언급 on scientific opposition 124
   일식실험과 - solar eclipse experiment and 118
   특수상대성이론과 - special relativity theory and 75~76
플랑크상수 Planck's constant 71, 75, 169, 173
플렉스너, 에이브러햄 Flexner, Abraham 192
피타고라스 Pythagoras 38

피츠제럴드, 조지 FitzGerald, George 59, 65, 68

ㅎ

하디 Hardy, G. H. 206
하딩, 워런 Harding, Warren G. 127
하르덴, 막시밀리안 Harden, Maximilian 129
하르테크, 파울 Harteck, Paul 196~197
하버, 프리츠 Haber, Fritz 191
하이젠베르크, 베르너 Heisenberg, Werner 170~172, 175, 185
   -이 이끈 독일의 원자폭탄계획 German atomic bomb project headed by 202~203
   -의 통일장이론 unified field theory of 209
한, 오토 Hahn, Otto 197
해왕성 Neptune 26, 109
해체 decoherence 222~223
핵력 nuclear forces 158, 163, 187, 196, 198, 241, 247
핵에너지 nuclear energy 14, 30, 196~199
   -의 연쇄반응 chain reaction of 196, 198, 203
   -의 방출 release of 198
   우라늄과 - uranium and 197, 203

핼리혜성 Halley's Comet 26
행성 planets 15, 57, 107
　-의 궤도 orbits of 97, 109~110
　프톨레마이오스의 주전원 Ptolemaic epicycles of 60
　-으로서의 벌칸 "Vulcan" as 110
행성의 주전원(周轉圓) epicycles, planetary 60
허먼, 로버트 Herman, Robert 212
허블, 에드윈 Hubble Edwin 132, 141~144, 231
허블락 Herblock 214
허블법칙 Hubble's law 143
허블상수 Hubble's constant 143
허블우주망원경 Hubble Space Telescope 13, 229, 233~234
헉슬리, 토머스 Huxley, Thomas 120
헐스, 러셀 Hulse, Russell 226
헤딘, 스벤 Hedin, Sven 130
헤르초크, 알빈 Herzog, Albin 41
헤르츠, 하인리히 Hertz, Heinrich 70
호랑이와 우리 역설 tiger and cage paradox 85~86
호일, 프레드 Hoyle, Fred 145
호킹, 스티븐 Hawking, Stephen 231~232
　연대보호추측 chronology protection conjecture of 238~239
호프만, 바네쉬 Hoffman, Banesh 70
홀데인 경(卿) Haldane, Lord 128~129

화이트 White, T. H. 238
화이트헤드, 앨프리드 Whitehead, Alfred 119
후버, 에드거 Hoover, J. Edgar 201
휠러, 존 Wheeler, John 147, 178, 220
히브리대학교 Hebrew University 125
히틀러, 아돌프 Hitler, Adolf 189~192, 202, 220
힐베르트, 다비드 Hilbert, David 112~113

도·서·출·판·승·산·에·서·만·든·책·들

19세기는 전기 기술 시대, 20세기는 전자 기술(반도체) 시대, 21세기는 양자 기술 시대입니다. 미래의 주역인 청소년들을 위하여 21세기 **양자 기술**(양자 암호, 양자 컴퓨터, 양자 통신 같은 양자정보과학 분야, 양자 철학 등) 시대를 대비한 수학 및 양자 물리학 양서를 계속 출간하고 있습니다.

수학

대칭: 자연의 패턴 속으로 떠나는 여행

마커스 드 사토이 지음 | 안기연 옮김 | 492쪽 | 20,000원

옥스포드 수학과 교수이며 영국왕립학회 회원인 저자는 단순한 대칭부터 수학자들이 다루는 고차원의 대칭까지, '대칭'을 여러 수학자의 이야기를 통해 담아냈다. 자연에 숨겨진 모든 대칭을 목록화하겠다는 야심찬 모험의 시작과 종결이, 수학의 아름다움에 사로잡힌 수학자들의 기묘한 삶과 입체적으로 교차한다.

소수의 음악: 수학 최고의 신비를 찾아

마커스 드 사토이 지음 | 고중숙 옮김 | 560쪽 | 20,000원

소수, 수가 연주하는 가장 아름다운 음악! 이 책은 세계 최고의 수학자들이 혼돈 속에서 질서를 찾고 소수의 음악을 듣기 위해 기울인 힘겨운 노력에 대한 매혹적인 서술이다.

아·태 이론물리센터 선정 '2007년 올해의 과학도서 10선'

2007 과학기술부 인증 '우수과학도서' 선정

(저자 마커스 드 사토이는 180여 년의 전통을 가진 '영국왕립연구소 크리스마스 과학강연'을 한국에 옮겨와 일산 킨텍스에서 '대한민국 과학축전'의 행사로 2007년 '8월의 크리스마스 과학강연'을 4회에 걸쳐 절찬리에 진행했으며 KBS TV에 방영되었다.)

뷰티풀 마인드
실비아 네이사 지음 | 신현용, 승영조, 이종인 옮김 | 757쪽 | 18,000원

21세 때 MIT에서 27쪽짜리 게임이론의 수학 논문으로 46년 뒤 노벨 경제학상을 수상한 존 내쉬의 영화 같았던 삶. 그의 삶 속에서 진정한 승리는 정신분열증을 극복하고 노벨상을 수상한 것이 아니라, 아내 앨리샤와의 사랑으로 끝까지 살아남아 성장할 수 있었다는 점이다.

간행물윤리위원회 선정 '우수도서', 영화 〈뷰티풀 마인드〉 오스카상 4개 부문 수상

우리 수학자 모두는 약간 미친 겁니다
폴 호프만 지음 | 신현용 옮김 | 376쪽 | 12,000원

83년간 살면서 하루 19시간씩 수학문제만 풀고, 485명의 수학자들과 함께, 1,475편의 수학논문을 써낸 20세기 최고의 전설적인 수학자 폴 에어디쉬의 전기.

한국출판인회의 선정 '이달의 책', 론-풀랑 과학도서 저술상 수상

리만 가설: 베른하르트 리만과 소수의 비밀
존 더비셔 지음 | 박병철 옮김 | 560쪽 | 20,000원

수학의 역사와 구체적인 수학적 기술을 적절하게 배합시켜 '리만 가설'을 향한 인류의 도전사를 흥미진진하게 보여 준다. 일반 독자들도 명실공히 최고 수준이라 할 수 있는 난제를 해결하는 지적 성취감을 느낄 수 있을 것이다.

2007 대한민국학술원 기초학문육성 '우수학술도서' 선정

미지수: 상상의 역사
존 더비셔 지음 | 고중숙 옮김 | 536쪽 | 20,000원

대수의 역사를 기원전 4000년 전부터 현대에 이르기까지 집대성한 책. 대수의 발전과정과 당시의 역사적 배경을 흥미롭게 다루고 있어 수학 전공자뿐만 아니라 호기심 많은 일반인에게도 매력적인 책이다.

문제해결의 이론과 실제

한인기, 꼴랴긴 Yu. M. 공저 | 208쪽 | 15,000원

입시 위주의 수학교육에 지친 수학교사들에게는 '수학 문제해결의 가치'를 다시금 일깨워 주고, 수학 논술을 준비하는 중등학생들에게는 진정한 문제해결력을 길러 줄 수 있는 수학 탐구서.

즐거운 365일 수학여행(Math a day)

시오니 파파스 지음 | 김홍규 옮김 | 12,000원

재미있는 수학 문제와 수수께끼를 일기 쓰듯이 하루에 한 문제씩 풀어가면서 문제해결능력을 키우고 수학과 친해지도록 하는 책. 더불어 수학사의 유익한 에피소드들도 읽을 수 있다.

물리

퀀트: 물리와 금융에 관한 회고

이매뉴얼 더만 지음 | 권루시안 옮김 | 472쪽 | 18,000원

'금융가의 리처드 파인만'으로 손꼽히는 금융가의 전설적인 더만. 그가 말하는 이공계생들의 금융계 진출과 성공을 향한 도전을 책으로 읽는다. 금융공학과 퀀트의 세계에 대한 다채롭고 흥미로운 회고. 수학자 제임스 시몬스는 70세 나이에도 1조 5천억 원의 연봉을 받고 있다. 이공계생들이여, 금융공학에 도전하라!

과학의 새로운 언어, 정보

한스 크리스천 폰 베이어 지음 | 전대호 옮김 | 352쪽 | 18,000원

양자역학이 보여 주는 '반직관적인' 세계관과 새로운 정보 개념의 소개. 눈에 보이는 것이 세상의 전부가 아님을 입증해 주는 '양자역학'의 세계와, 현대 생활에서 점점 더 중요시되는 '정보'에 대해 친근하게 설명해 준다. IT산업에 밑바탕이 되는 개념들도 다룬다.

한국과학문화재단 출판지원 선정 도서

물리

영재들을 위한 365일 수학여행
시오니 파파스 지음 | 김홍규 옮김 | 280쪽 | 15,000원

재미있는 수학 문제와 수수께끼를 일기 쓰듯이 하루에 한 문제씩 풀어 가면서 문제해결능력을 키우고 수학과 친해지도록 하는 책. 더불어 수학사의 유익한 에피소드들도 읽을 수 있다.

퀀트: 물리와 금융에 관한 회고
이매뉴얼 더만 지음 | 권루시안 옮김 | 472쪽 | 18,000원

'금융가의 리처드 파인만'으로 손꼽히는 금융가의 전설적인 더만! 그가 말하는 이공계생들의 금융계 진출과 성공을 향한 도전을 책으로 읽는다. 금융공학과 퀀트의 세계에 대한 다채롭고 흥미로운 회고. 수학자 제임스 시몬스는 70세 나이에도 1조 5천억 원의 연봉을 받고 있다. 이공계생들이여, 금융공학에 도전하라!

과학의 새로운 언어, 정보
한스 크리스천 폰 베이어 지음 | 전대호 옮김 | 352쪽 | 18,000원

양자역학이 보여 주는 '반직관적인' 세계관과 새로운 정보 개념의 소개. 눈에 보이는 것이 세상의 전부가 아님을 입증해 주는 '양자역학'의 세계와, 현대 생활에서 점점 더 중요시되는 '정보'에 대해 친근하게 설명해 준다. IT산업에 밑바탕이 되는 개념들도 다룬다.
한국과학문화재단 출판지원 선정 도서

아인슈타인의 베일: 양자물리학의 새로운 세계
안톤 차일링거 지음 | 전대호 옮김 | 312쪽 | 15,000원

양자물리학의 전체적인 흐름을 심오한 질문들을 통해 설명하는 책. 세계의 비밀을 감추고 있는 거대한 '베일'을 양자이론으로 점차 들춰낸다. 고전물리학에서 최첨단의 실험 결과에 이르기까지, 일반 독자들을 위해 쉽게 설명하고 있어 과학 논술을 준비하는 학생들에게 도움을 준다.

엘러건트 유니버스

브라이언 그린 지음 | 박병철 옮김 | 592쪽 | 20,000원

초끈이론의 바이블! 초끈이론과 숨겨진 차원, 그리고 궁극의 이론을 향한 탐구 여행을 이끈다. 초끈이론의 권위자 브라이언 그린은 핵심을 비껴가지 않고도 가장 명쾌한 방법을 택한다.

〈KBS TV 책을 말하다〉와 〈동아일보〉〈조선일보〉〈한겨레〉 선정 '2002년 올해의 책'

우주의 구조

브라이언 그린 지음 | 박병철 옮김 | 747쪽 | 28,000원

'엘러건트 유니버스'에 이어 최첨단 물리를 맛보고 싶은 독자들을 위한 브라이언 그린의 역작! 새로운 각도에서 우주의 본질에 관한 이해를 도모할 수 있을 것이다.

〈KBS TV 책을 말하다〉 테마북 선정, 제46회 한국출판문화상(번역부문, 한국일보사), 아·태 이론물리센터 선정 '2005년 올해의 과학도서 10권'

파인만의 물리학 강의 I

리처드 파인만 강의 | 로버트 레이턴, 매슈 샌즈 엮음 | 박병철 옮김 | 736쪽 | 양장 38,000원 | 반양장 18,000원, 16,000원(I-I, I-II로 분권)

40년 동안 한 번도 절판되지 않았던, 전 세계 이공계생들의 전설적인 필독서, 파인만의 빨간 책.

2006년 중3, 고1 대상 권장 도서 선정(서울시 교육청)

파인만의 물리학 강의 II

리처드 파인만 강의 | 로버트 레이턴, 매슈 샌즈 엮음 | 김인보, 박병철 외 6명 옮김 | 800쪽 | 40,000원

파인만의 물리학 강의 I에 이어 우리나라에 처음 소개되는 파인만 물리학 강의의 완역본. 주로 전자기학과 물성에 관한 내용을 담고 있다.

파인만의 물리학 길라잡이: 강의록에 딸린 문제 풀이

리처드 파인만, 마이클 고틀리브, 랠프 레이턴 지음 | 박병철 옮김 | 304쪽 | 15,000원

파인만의 강의에 매료되었던 마이클 고틀리브와 랠프 레이턴이 강의록에 누락된 네 차례의 강의와 음성 녹음, 그리고 사진 등을 찾아 복원하는 데 성공하여 탄생한 책으로, 기존의 전설적인 강의록을 보충하기에 부족함이 없는 참고서이다.

파인만의 여섯 가지 물리 이야기

리처드 파인만 강의 | 박병철 옮김 | 246쪽 | 양장 13,000원, 반양장 9,800원

파인만의 강의록 중 일반인도 이해할 만한 '쉬운' 여섯 개 장을 선별하여 묶은 책. 미국 랜덤하우스 선정 20세기 100대 비소설 가운데 물리학 책으로 유일하게 선정된 현대과학의 고전.
간행물윤리위원회 선정 '청소년 권장 도서', 서울시 교육청, 경기도 교육청 권장도서 선정, KBS 'TV 책을 말하다' 선정도서

파인만의 또 다른 물리 이야기

리처드 파인만 강의 | 박병철 옮김 | 238쪽 | 양장 13,000원, 반양장 9,800원

파인만의 강의록 중 상대성이론에 관한 '쉽지만은 않은' 여섯 개 장을 선별하여 묶은 책. 블랙홀과 웜홀, 원자 에너지, 휘어진 공간 등 현대물리학의 분수령이 된 상대성이론을 군더더기 없는 접근 방식으로 흥미롭게 다룬다.

일반인을 위한 파인만의 QED 강의

리처드 파인만 강의 | 박병철 옮김 | 224쪽 | 9,800원

가장 복잡한 물리학 이론인 양자전기역학을 가장 평범한 일상의 언어로 풀어낸 나흘간의 여행. 최고의 물리학자 리처드 파인만이 복잡한 수식 하나 없이 설명해 간다.

발견하는 즐거움
리처드 파인만 지음 | 승영조, 김희봉 옮김 | 320쪽 | 9,800원

인간이 만든 이론 가운데 가장 정확한 이론이라는 '양자전기역학(QED)'의 완성자로 평가받는 파인만. 그에게서 듣는 앎에 대한 열정.

문화관광부 선정 '우수학술도서', 간행물윤리위원회 선정 '청소년을 위한 좋은 책' 2010년 미래앤 중2 국어 교과서에 내용 수록

천재: 리처드 파인만의 삶과 과학
제임스 글릭 지음 | 황혁기 옮김 | 792쪽 | 28,000원

'카오스'의 저자 제임스 글릭이 쓴, 천재 과학자 리처드 파인만의 전기. 영재 자녀를 둔 학부형, 과학자, 특히 과학을 공부하는 학생이라면 꼭 읽어야 하는 책.

2006 과학기술부 인증 '우수과학도서', 아·태 이론물리센터 선정 '2006년 올해의 과학도서 10권'

스트레인지 뷰티: 머리 겔만과 20세기 물리학의 혁명
조지 존슨 지음 | 고중숙 옮김 | 608쪽 | 20,000원

20여 년에 걸쳐 입자 물리학을 지배했고 리처드 파인만과 쌍벽을 이루었던 머리 겔만. 그가 이룬 쿼크와 팔중도의 발견은 이후의 입자물리학에서 펼쳐진 모든 것들의 초석이 되었다. 1969년 노벨물리학상을 받았고, 현재도 생존해 있는 머리 겔만의 삶과 학문.

교보문고 선정 '2004 올해의 책'

볼츠만의 원자
데이비드 린들리 지음 | 이덕환 옮김 | 340쪽 | 15,000원

19세기 과학과 불화했던 비운의 천재, 엔트로피 이론을 확립한 루트비히 볼츠만의 생애. 그리고 그가 남긴 과학이론의 발자취.

간행물윤리위원회 선정 '청소년 권장 도서'

타이슨이 연주하는 우주 교향곡 1, 2권
닐 디그래스 타이슨 지음 | 박병철 옮김 | 1권 256쪽, 2권 264쪽 | 각권 10,000원

모두가 궁금해 하는 우주의 수수께끼를 명쾌하게 풀어내는 책! 10여 년간 미국 월간지 〈유니버스〉에 '우주'라는 제목으로 기고한 칼럼을 한 권으로 묶었다. 우주에 관한 다양한 주제를 골고루 배합하여 쉽고 재치있게 설명해 준다.

아·태 이론물리센터 선정 '2008 올해의 과학도서 10권'

초끈이론의 진실 : 이론 입자물리학의 역사와 현주소
피터 보이트 지음 | 박병철 옮김 | 456쪽 | 20,000원

현대물리학의 핵심 개념을 이해하기 위한 훌륭한 안내서. 이 책은 인간이라는 존재와 우주의 활동 원리는 무엇인가에 관한 가장 지적이면서도 매력적인 수수께끼를 풀기 위한 그들의 시도를 담고 있다. 초끈이론, 고리양자이론, 트위스터이론 등 최첨단 입자 이론 입문을 위한 안내서이다.

2009 대한민국학술원 기초학문육성 '우수학술도서' 선정

실체에 이르는 길 : 우주의 법칙으로 인도하는 완벽한 안내서 1, 2권
로저 펜로즈 지음 | 박병철 옮김 | 각권 856쪽 | 각권 30,000원

현대물리학의 핵심개념을 이해하려는 독자들에게 매우 훌륭한 안내서! 세 번째 밀레니엄을 향해 첫 발을 내디딘 지금, 공부하는 학생들에게 그리스 시대 과학의 뿌리부터 최첨단의 현대물리학까지 '가감 없이 솔직하게' 소개한 책이다.

생물

안개 속의 고릴라
다이앤 포시 지음 | 최재천, 남현영 옮김 | 520쪽 | 20,000원

세 명의 여성 영장류 학자(다이앤 포시, 제인 구달, 비루테 갈디카스) 중 가장 열정적인 삶을 산 다이앤 포시. 이 책은 '산중의 제왕' 산악고릴라를 구하기 위해 투쟁하고 그 과정에서 목숨까지 버려야 했던 다이앤 포시가 우림지대에서 13년간 연구한 고릴라의 삶을 서술한 보고서이다. 영장류 야외 장기 생태 연구 분야의 값어치를 매길 수 없이 귀한 고전이다. 시고니 위버 주연의 영화 〈정글 속의 고릴라〉에서도 다이앤 포시의 삶이 조명되었다.

한국출판인회의 '이달의 책' 선정(2007년 10월)

인류 시대 이후의 미래 동물 이야기
두걸 딕슨 지음 | 데스먼드 모리스 서문 | 이한음 옮김 | 240쪽 | 15,000원

인류 시대가 끝난 후의 지구는 어떻게 진화할까? 다윈도 예측하지 못한 신기한 미래 동물의 진화를 기후별, 지역별로 소개하여 우리의 상상력을 흥미롭게 자극한다. 책장을 넘기며 그림을 보는 것만으로도 이 책이 우리의 상상력을 얼마나 흥미롭게 자극하는지 느낄 수 있을 것이다. 나아가 이 책은 단순히 호기심만 부추기는 데 그치지 않고, 진화 원리를 바탕으로 타당하고 예상 가능한 상상의 동물들을 제시하기에 설득력을 갖는다.

도서출판 승산의 다른 책과 어린이 책은 홈페이지(www.seungsan.com)를 방문하면 볼 수 있습니다.

아인슈타인의 우주

1판 1쇄 펴냄 2007년 10월 30일
1판 2쇄 펴냄 2011년 3월 29일

지은이 | 미치오 카쿠
옮긴이 | 고중숙
펴낸이 | 황승기
마케팅 | 송선경
디자인 | 소울
펴낸곳 | 도서출판 승산
등록날짜 | 1998년 4월 2일
주 소 | 서울시 강남구 역삼동 723번지 혜성빌딩 402호
전화번호 | 02-568-6111
팩시밀리 | 02-568-6118
이메일 | books@seungsan.com
웹사이트 | www.seungsan.com

ISBN 978-89-6139-006-4 03420
       978-89-6139-005-7 (세트)

■ 도서출판 승산은 좋은 책을 만들기 위해 언제나 독자의 소리에 귀를 기울이고 있습니다.